JN228264

実データに合わせて
最適な予測モデルを作る

# scikit-learn

# データ分析

# 実装ハンドブック

著 毛利拓也 / 北川廣野 / 澤田千代子 / 谷一徳

 秀和システム

# はじめに

　scikit-learnはデータ分析に使用する機械学習アルゴリズムのフレームワークで、本書はその実装本です。

　本書の目標は以下の2つです。

　●機械学習アルゴリズムの仕組みと実装の両方を理解し、データに合わせた最適な予測モデルを作成する

　●電卓を使うように機械学習を使えるようになる

　1つ目の目標は手元のデータで、最適な予測モデルを作成することです。

　データ分析はデータごとに特徴（前提条件）が異なるため、どのデータにも通用する共通の分析手法はありません。そのため、分析者はデータの特徴に合わせて、最適な予測モデルを作成する必要があります。このとき、分析者は仕組み（Why）と実装（How）の両方の知見を駆使して、仮説を立てます。既に多くの機械学習の書籍がありますが、書籍は大きく2つに分類できます。

1. 機械学習アルゴリズムを数式を用いて、仕組みを丁寧に解説した理論本
2. 数式を用いた解説を極力避け、図解を駆使して直観的な解説を試みる実装本

　本書は1.5のポジションを狙い、仕組み（Why）と実装（How）の双方を同時に理解することを目標に執筆しました。

　機械学習アルゴリズムの裏で動く仕組みは数式で、予測モデルのハイパーパラメータは裏で動く数式をチューニングします。そのため、本書は他の実装本とは異なり、アルゴリズムの解説に敢えて数式を採用し、実装で指定するハイパーパラメータと数式の関係が分かるよう工夫しました。また、ハイパーパラメータの値を増減し、そのときの予測の変化も紙面が許す限り記載しました。

　2つ目の目標はscikit-learnを電卓のように使いこなすことです。

　本書は不動産価格の予測やワイン品種の分類で使用する典型的なデータセットだけでなく、より実践的なデータ分析が学べるよう、タイタニック、気温、

MovieLensのデータセットを採用しています。これらのデータセットを用いて、前処理から予測モデル作成までの分析例を実例で紹介します。

　最後に、「百見は1DOに如かず」という言葉があります。
　今は無料で使えるGoogle Colaboratoryのクラウド環境もあり、初学者でも開始5分でプログラム実行できます。まずは、サンプルプログラムを例に予測モデルを作成して、グラフを出力するところから始めてみましょう。

　本書を通じて、機械学習の魅力とデータ分析の面白さが読者のみなさんに伝われば幸いです。

2019年10月　毛利拓也

## ■ 本書の対象者

　本書は基礎的な本で機械学習の概要を学び、手元のデータを用いてデータ分析を始めたい人、既存の予測モデルを改良したい人を対象にしています。本書の前提知識は次のとおりです。

【前提条件】
・Pythonの基本文法、Numpyの基本操作を理解している
・理工系の大学1、2年生程度の数学の知識を有する（微分積分、線形代数、確率）

## ■ 本書の使い方

　本書は以下の要領で分かれています。

第1～2章　　　：機械学習のアルゴリズム概要、環境構築
第3～6章　　　：機械学習のアルゴリズムの仕組みと実装
第7章　：機械学習の評価
第8章　：実データを用いた前処理と実データ分析
第9章　：scikit-learnのAPIの紹介

■ サンプルコードについて

　本書で使用しているサンプルコードは、以下の秀和システムのWebサイトからダウンロードできます。

https://www.shuwasystem.co.jp/support/7980html/5542.html

# 謝辞

　本書の執筆に際し、協力していただいた以下の方々に感謝の意を表します。

　株式会社ウェブファーマー代表の大政孝充氏には、研究会のディスカッションを通じて、機械学習の仕組みやアルゴリズムを支える数式を理解する際に多大な示唆をいただきました。

　大川洋平氏には機械学習エンジニアの視点で、アルゴリズムの章（3〜6章）の構成について、有益なアドバイスやレビューをしていただきました。

　また、AIエンジニアの半澤寛典氏、データ分析エンジニアの樽見康治郎氏には脱稿前に何度もレビューをしていただき、不足している観点、わかり辛い表現をご指摘いただきました。

　最後に、素粒子物理学をバックグラウンドに現在は機械学習エンジニアとして活躍中の坂口諒輔氏にはPRMLセミナーを開いていただき、セミナーで配布した素晴らしいスライドを何度も参考にさせていただきました。

　お忙しい中、時間を割いていただいたおかげで、本書が完成できたと思っています。心より、感謝いたします。

# 目次

# 第5章　クラスタリング

## 5.1　クラスタリングのアルゴリズム

## 5.2　K-means

## 5.3　混合ガウス分布（GMM）、変分混合ガウス分布（VBGMM）

# 第6章　次元削減

## 6.1　次元削減のアルゴリズム

## 6.2　主成分分析（PCA）

# 第 1 章

# 機械学習とは何か

# 1.1

# 機械学習とは何か

機械学習という用語には、確立した学術的な定義がなく、様々な文脈で使われるため、理解しづらい面があります。そこで、本節では機械学習の歴史や隣接領域である人工知能やデータマイニングなどの技術と比較しながら、機械学習の概念について説明します。

##  機械学習とは何か

機械学習には大きく分けて次の2つの側面があります。

1. 人工知能の一部としての演算や分析の技術
2. 入力データ（＝説明変数）から、基準を学習して判断モデルを構築し、それに基づいて未知の結果（＝目的変数）を予測する技術

機械学習は、当初は上記1の「人工知能の一部」という意味で使われることが多かったのですが、今日では上記2の意味で使われることが多くなっています。

##  機械学習の歴史

■ 図1.1　機械学習の歴史

人工知能(AI)
初期のAIが注目を集める

マシンラーニング
（機械学習）
機械学習が活発化し始める

ディープラーニング
（深層学習）
ディープラーニングのブレイクスルーが
AIブームを巻き起こす

1950　1960　1970　1980　1990　2000　2010

出典[1]

## ● 人工知能（AI）の登場　1950〜

1950年代ごろよりコンピュータに人間のような判断や思考を行わせるための研究・開発が進められるようになりました。いわゆる人工知能（AI）です。このとき、機械学習も、人工知能の演算・判断機能を担う技術として登場しました。

この時代の人工知能とは「コンピュータが人と同じように考える機能」すなわち「ドラえもん」のようなわかりやすく夢のあるイメージだったともいます。しかし、しだいに、その夢が簡単には実現できないという事実もまた広く知られるようになっていきます。

## ● マシンラーニング（機械学習）の登場　1980〜

1980年代ごろより、人間が様々な角度からデータを分析してパターンを割り出すことで予測を行うデータマイニングと呼ばれる技術が活発化します。その発展と共に、人の代わりにコンピュータ（AI）がパターンを割り出すことで予測を行う、機械学習も再び注目されるようになります。つまり、機械学習のもつ「学習しデータを予測する」側面に注目が集まるようになったわけです。

1990年代後半になるとこうした技術の応用として、有名なECサイトAmazonでのおすすめ商品の提示が開始されます。これは、「この商品を購入したユーザーは、こちらの商品も購入しています」といったメッセージと共に、閲覧している商品の関連商品が自動的に同じページに表示されるというものです。また、その他の応用例としては、迷惑メールを削除してくれるスパム（迷惑メール）フィルタがあります。スパムフィルタは、人間が特に何もしなくても自動的に「当選しました」という単語が入ったメールや 怪しいメールアドレスから送られてきたメールをスパムと判定します。最新のスパムメールのデータを与え続ければスパム判定のルールも常に更新されていくので、スパムメールとのイタチごっこに人間が悩むことはなくなります。

しかし、様々な応用技術が実用化される一方で、この時代の機械学習のアルゴリズムには、下記のような課題がありました。

◆ 表　機械学習のアルゴリズムの課題

| | |
|---|---|
| 1 | コンピュータの能力が低く、実用的な時間でデータを処理できなかったこと。またコンピュータの価格も高く、気軽に使えなかったこと |
| 2 | 学習に必要な大量のデータを集めることが難しかったこと |
| 3 | 条件によるフィルタや適切な入力変数の割り出しなど、結局は様々な人の手による調整が必要だったこと |

## ● ディープラーニング（深層学習）の登場　2010〜

やがて、コンピュータが高性能・低価格になって気軽に使えるようになり、またインターネットが一般に普及して大量のデータを集めることも容易になっていく中、2010年代に入ると機械学習の世界に大きなブレイクスルーが起こります。いわゆる、「ディープラーニング（深層学習）」です。ディープラーニングは、機械学習の手法の一つであるニューラルネットワークが発展したアルゴリズムです。これにより、単純な画像などの入力データから飛躍的に高い精度での予測を行うことが可能になり、機械学習が人工知能（AI）と共に大きな脚光を浴びるようになります。

活用メモ

### 将棋ソフトへの応用

2005年には、将棋のプログラムに機械学習を取り入れた「Bonanza（ボナンザ）」が登場します。Bonanzaはプロが指した将棋やネットで公開されている将棋の棋譜をプログラムが読み込んで学習し、学習した情報を元に項目の重要度を調整する仕組みを備えていました。その後Bonanzaのプログラムが公開されたことで、機械学習を取り込んだプログラムが多数出現して将棋ソフトの実力は急激に上昇し、2017年には将棋の名人を倒し、完全にソフトが人間を上回りました。

# 1.2

# 機械学習の種類

> 本節では事前に準備するデータの形式に基づく機械学習の基本的な種類について説明します。具体的には、教師あり学習・教師なし学習・強化学習の3種類があります。

##  機械学習の種類

◆ 機械学習の種類

| | 入力に関するデータ（質問） | 出力に関するデータ（教師データ：正解） | 主な活用事例 |
|---|---|---|---|
| 教師あり学習 | 与えられる | （○）与えられる | スパムメールフィルタ |
| 教師なし学習 | 与えられる | （×）与えられない | アマゾンのおすすめ商品 |
| 強化学習 | 与えられる（試行する） | （△）間接的　正解はないが、報酬が与えられる | 将棋、囲碁など |

出典 [1]

### ● 教師あり学習

　教師あり学習では、事前に正解（教師データ）が必要となります。例えば、スパムメールフィルタでは、事前にそのメールがスパムかどうかという正解付きのデータを用意する必要があります。教師あり学習の主な分析手法には「回帰」や「分類」があります。

　「回帰」の主な目的は、連続値などの値の予測です。例えば、今日の気温の高さとアイスの売上金額の関係を予測します。回帰には、線形回帰・多項式回帰などの様々な手法が存在します。

　図1.2は過去のアイスの売上データを基に線形回帰直線を作成したものです。この直線を利用して、今日の気温から今日のアイスの売上金額を予測することが可能になります。

■図1.2 気温とアイスの売上金額の回帰直線

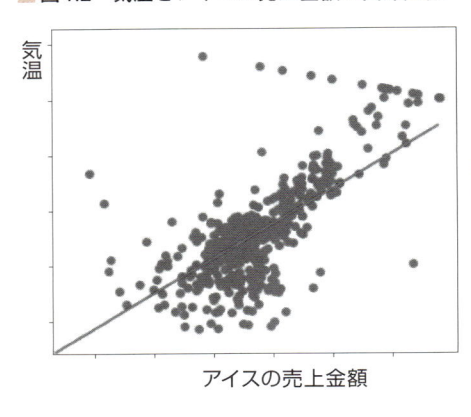

説明変数：気温
目的変数：アイスの売上金額

　これに対して、「分類」の主な目的は、データが属するクラス（1,2のような値）を予測することです。特に、予測するクラス数が2クラスの場合、2値分類と呼びます。例えば、ECサイトで顧客のプロフィール情報に基づき「その製品を買うか買わないか」を予測します。

　また、分類の結果が2クラスより多い場合を多クラス分類と呼びます。例えば、今日の気温や湿度・などの情報から、「その日売れそうな商品（アイス、おでん、フランクフルト…）」を予測します。

　先ほど説明した「回帰」と「分類」との違いを図1.3にまとめました。

■図1.3 回帰と分類の違い

過去のデータ

回帰

新しいアイスの「売上金額がいくらか」を予測

例）気温 15 度：12,342 円
　　気温 35 度：1,056,300 円

分類

新しいアイスが「売れる」か「売れない」かを予測

例）気温 15 度：「売れない」
　　気温 35 度：「売れる」

## ◉教師なし学習

　教師なし学習では、事前に正解（教師データ）を用意する必要はなく、コンピュータが自分で演算により正解を導き出します。例えば、Amazonでのおすすめ商品の提示では、商品の過去の売上データを基にある商品と一緒に購入される可能性の高い商品をコンピュータが計算によって判断しています。このようなシステムはレコメンドシステムと呼ばれ様々なECサイトで使用されています。

　また、教師なし学習では、正解を予測するだけではなく、高精度の予測のためにデータの潜在的な特徴を明らかにすることが可能です。このための分析手法に「クラスタリング」や「次元削減」があります。

　「クラスタリング」（Clustering）とは異なる性質のものが混ざり合った集団から、似た性質を持つもの同士を一定の規則・共通項に従って分類・グルーピングする手法のことです。

■ 図1.4　クラスタリングによる分類対象の分割

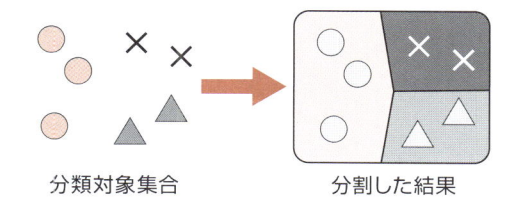

分類対象集合　　　　　　分割した結果

　「次元削減」とは、文字どおりデータの次元数を減らすことを指します。具体的には、多次元からなる情報を、その意味を変えずに、より少ない次元の情報に落とし込みます。主な目的はデータの圧縮やデータの可視化です。

　図1.5はウエストと体重の関係を示したグラフです。

■ 図1.5　ウエストと体重の関係

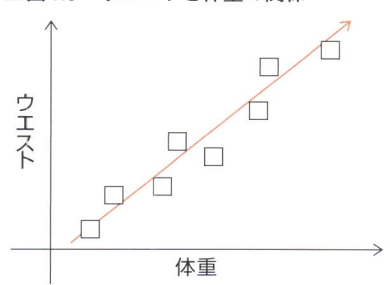

■ 図1.6　次元削減後のウエストと体重の関係

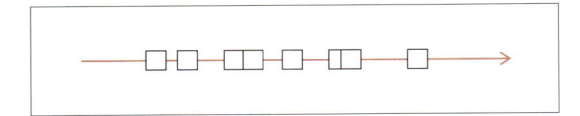

　このグラフにおいて、プロットされている□は体型を示したものです。

　これを1次元の線上に落とし込んだものが図1.6になります。

　二次元から一次元に情報を落とし込んでも、「体重」「ウエスト」という2つの特徴量を保持できます。

### ● 強化学習

　強化学習とは、報酬を最大化する行動を試行錯誤で学習するものです。例えば、将棋に関する強化学習では、敵の王将をとることに最大の報酬として設定し、コンピュータに報酬を高める指し方を繰り返し学習させます。将棋では、詰め将棋を除いて正解の教師データはありませんが、勝利した場合に最大の報酬を与え、勝利に近い局面ほど高い報酬を与えることは可能です。

　なお、強化学習は、一般に統計的機械学習およびscikit-learnの範疇外のため、以降、本書では扱いません。

> **本章のまとめ**
>
> ・機械学習とは、入力データ（＝説明変数）から、基準を学習して判断モデルを構築し、それに基づいて未知の結果（＝目的変数）を予測する技術のことを指します。
> ・機械学習の種類には、教師あり学習・教師なし学習・強化学習の3つがあります。

# scikit-learn と
# 開発環境

# scikit-learnとは

scikit-learn（サイキットラーン）はPythonのオープンソース機械学習ライブラリです。

基本的な機械学習のアルゴリズムと、モデルを構築するために必要なデータセットを備えており、単純で定型的なコードで実装が可能なため手軽に機械学習を始めることができます。また、基本的なアルゴリズムを網羅していることから、データサイエンスのコンベンションなどでも多く採用されています。

本節では、scikit-learnに含まれる6つのパッケージについて概要を解説します。各パッケージの詳細については、3章以降で説明します。

##  scikit-learnの6つのパッケージ

### ● 回帰（regression）

「回帰」に関するアルゴリズムを集めたパッケージです。「回帰」とは、正解データの必要な教師あり学習の1つで、主な目的は、連続値などの値の予測です。詳細は1章の2節「機械学習の種類」を参照してください。

scikit-learnでは、基本的な線形回帰の他、サポートベクトル回帰（SVR）・リッジ回帰（Ridge）・ラッソ回帰（Lasso）などのアルゴリズムを使用できます。

「サポートベクトル回帰」（SVR）は、「予測に最適な一部の入力データ」のみを取り出した「サポートベクトル」を使って回帰モデルを生成します。これは、極端に的外れのデータを含めてモデル構築を行うことで、予測の精度が下がるのを回避するためです。

「リッジ回帰」と「ラッソ回帰」は、どちらも線形回帰に正則化の概念を加えた手法です。正則化とは、モデルの精度を上げるために追加の項目（ペナルティ）を導入することを指します。

「リッジ回帰」はペナルティの導入によって過学習を抑えつつ、相関を見つけたい場合に適しています。過学習とは、入力データに予測モデルが適合し過ぎてしまって本当に予測したい未知のデータへの予測の精度が落ちてしまうことをいいます。

「ラッソ回帰」は、不要な入力データをペナルティにより除外したモデルで予測

を行うため、どの入力パラメータが結果に影響を与えているのかを識別するのに適しています。

### ● 分類 (classification)

「分類」に関するアルゴリズムを集めたパッケージです。「分類」の主な目的は、データが属するクラス（1,2のような値）を予測することです。詳細は1章2節の「機械学習の種類」を参照してください。

scikit-learnでは、サポートベクトルマシン（SVM）、k近傍法（kNN）、ランダムフォレスト（Random forest）などのアルゴリズムを使用できます。

「サポートベクトルマシン」（SVM）は、線形（2次元）の入力データを利用して2クラスのパターンに識別を行います。サポートベクトル回帰と同様に「予測に最適な一部の入力データ」のみを取り出した「サポートベクトル」を使って予測を行うことで予測精度を上げます。現在知られている手法の中でもっとも優れた認識性能を持つ手法の1つといわれています。

「k近傍法」は、未知のデータが与えられたとき、まずは、もっとも近い位置にあるk個の入力データを取り出し、次に、未知のデータを取り出したデータの中からもっとも数が多いデータと同じクラスに分類する手法です。分類のアルゴリズムの中ではもっとも単純です。

図2.1はk=3のときの場合を示しています。k＝3なので、まずは、未知のデータ■の周りからもっとも近い位置にある3つのデータを取り出します。次に、取り出した3個のデータを見ると、○が2つで△が1つなので、未知のデータ■は○に分類されます。

■ **図2.1　k近傍法の概念図（k=3のとき）**

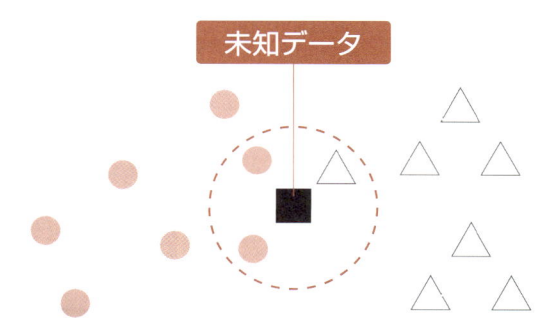

　「ランダムフォレスト」は複数の予測手法を組み合わせるアンサンブル法の1つで、複数の決定木を組み合わせて使用することで高い精度で予測を行います。決定木とは、その名のとおり木構造でデータを分類していく手法ですが、単体では、あまり高い精度での予測は期待できません。

■図2.2　ランダムフォレストの概念図

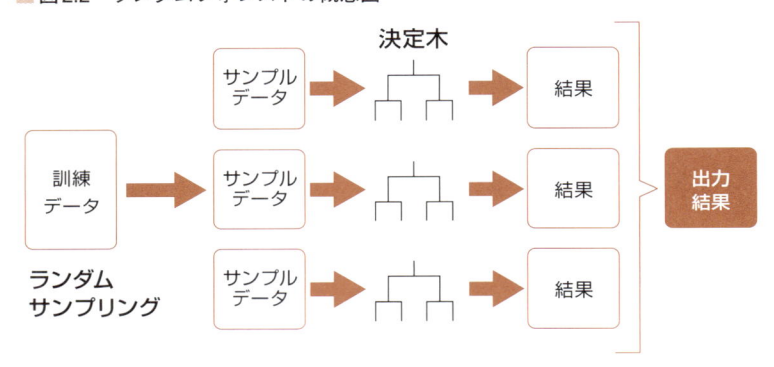

### ● クラスタリング（clustering）

　「クラスタリング」に関するアルゴリズムを集めたパッケージです。「クラスタリング」（Clustering）とは異なる性質のものが混ざり合った集団から、似た性質を持つもの同士を一定の規則・共通項に従って分類・グルーピングする手法のことです。詳細は1章の2節「機械学習の種類」を参照してください。

　scikit-learnでは、k-平均法（k-Means）、スペクトラルクラスタリング（spectral clustering）、ミーンシフト（mean-shift）などのアルゴリズムを使用できます。

　「k-平均法」では、まず、クラスタの数（k個）を決め、ランダムに選んだデータをクラスタ中心とします。次に、残りのデータをもっとも近いクラスタ中心のクラスタに割り当てることで、クラスタを形成します。

　「スペクトラルクラスタリング」は、グラフの類似性に着目したクラスタリングです。例えば、クラスタが2次元の図面のネストされた円（＝◎）のような場合など、k-平均法のようなクラスタの中心点からの距離に基づくクラスタリングがうまく機能しない場合に有用な手法です。

　「ミーンシフト」は、平均的に分布する対象データの中でもっとも密度の高い点が弓形の領域を発見することによりクラスタを形成します。

■図2.3　ミーンシフトの概念図

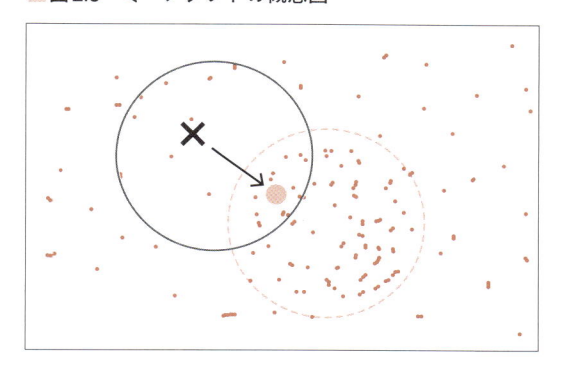

## ● 次元削減（dimentionally reduction）

　「次元削減」に関するアルゴリズムを集めたパッケージです。「次元削減」とは、文字通り、データの次元数を減らすことを指します。詳細は「1.2 機械学習の種類」を参照してください。

　scikit-learnでは主成分分析（PCA）、特徴選択（feature selection）、非負値行列因子分解（non-negative matrix factorization）などのアルゴリズムを使用できます。

　「PCA」（主成分分析）とは、対象のデータの分散が最大になるような軸を探すことにより、データの次元数を削減する手法です。

■**図2.4　PCAの概念図**

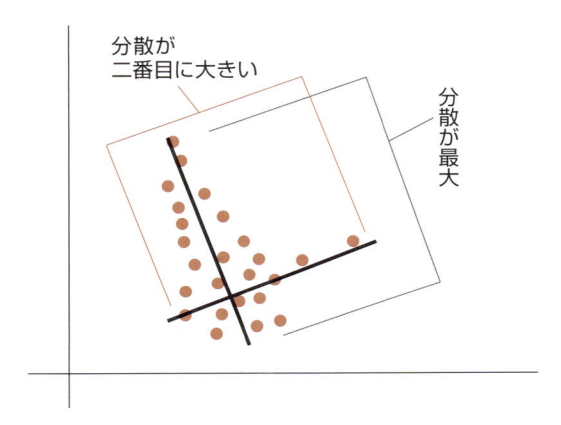

■**図2.5　PCAによる次元削減**

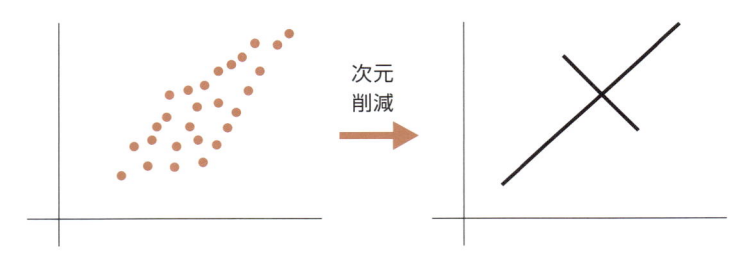

　「特徴量選択」とは、予測の精度を上げるために、入力データの中から予測により強い関連がある入力データ（＝特徴量）のセットを選択することを指します。
　「非負値行列因子分解」とは、入力データが正の値（＝非負値）であることを保証するようにデータを圧縮する手法です。

## ● モデルの評価（Model selection）

　機械学習のモデルやパラメータを評価するためのモジュールを集めたパッケージです。最終目標はパラメータを最適化してモデルによる予測の精度を上げることです。グリッドサーチ（grid search）、交差検証（cross validation）、メトリクス（metrics）などのモジュールが使用できます。

　「グリッドサーチ」とは、すべての入力パラメータの組み合わせを試す手法です。
　「交差検証」とは、入力データを分割し、その一部をまず解析して、残りのデータでその解析のテストを行い、解析自身の妥当性の検証・確認に当てる手法です。
　「メトリクス」とは入力データに計算や分析を加えて、予測に適したデータに変換する手法です。
　詳細は7章を参照してください。

## ● データの前処理（Preprocessing）

　機械学習のモデル構築に必要な入力データを最適な形に変換するためのモジュールを集めたパッケージです。プリプロセッシング（preprocessing）、特徴選択（feature extraction）などのモジュールが使用できます。

　詳細は8章を参照してください。

活用メモ

### scikit-learnでは次の基準を満たした実績のある アルゴリズムが採用されています。

・発表から3年以上たっている。
・学術論文に200回以上引用されている。
・広い分野で使用でき、有用である。

このため最新のアルゴリズムがすぐに使えるわけではなく、また、高度な演算のためのGPUなどのハードウェアにも対応していません。そのため、最近注目されている深層学習や強化学習はほとんど実装することはできませんが、それらを理解し活用するために必要な機械学習の基本知識を学ぶのに最適です。
深層学習や強化学習を実装したい場合にはChainerやTensorFlowなどの別のPythonライブラリを使用するとよいでしょう。

## 2.2

# scikit-learnのセットアップ

本節では、scikit-learnを使用するための環境構築の具体的な方法を説明します。まず、最初にPython上で動く仮想環境を作成します。作成した仮想環境上にscikit-learnに必要なモジュールをインストールすることで、仮想環境が作成できれば、OSに関係なく同様の手順でscikit-learnを使用した機械学習を実装することができます。また、開発環境としては、データ分析に適した機能を持つJupyter Notebookを使います。

 ## システムの前提条件

・Windows 7 以上。またはmacOS 10.6 以上
・Python 3.5 以上
・scikit-learn 0.20 以上

 ## Pythonのインストール

Pythonをインストールする手順を解説します。OSにより手順が異なることに注意して作業を進めましょう。

### ● Windowsの場合

Python公式サイト（https://www.python.org/downloads/）から、Python 3.6.6を選択し、環境に合わせて、下記のインストーラをダウンロードして実行します。

◆ ダウンロードするインストーラ（Windowsの場合）

| 32bit版 | Windows x86 executable installer |
|---|---|
| 64bit版 | Windows x86-64 executable installer |

インストーラに表示される「Add Python3.6 to path」に必ずチェックを入れましょう。もし、チェックを入れ忘れた場合は、あとで必ず環境変数にPythonへのパスを設定してください。

### ● Macの場合

Python公式サイト（https://www.python.org/downloads/）から、Python 3.6.6を選択し、環境に合わせて、下記のインストーラをダウンロードして実行します。

◆ ダウンロードするインストーラ（Macの場合）

| macOS 10.6以降 | mac OS 64bit/32bit installer |
| --- | --- |
| macOS 10.9以降 | mac OS 64bit installer |

**活用メモ**

## システム環境が違っても手順やソースコードは同じ

仮想環境が作成できれば、OSに関係なく同様の手順でscikit-learnを使うことができるので、WindowsやmacOSだけでなく、Linuxでも、仮想環境作成後の手順やソースコードはすべて同じになります。

# 仮想環境の作成

Python上に仮想環境を作成します。仮想環境は先ほどOSにインストールしたPythonから切り離された独立した実行環境です。仮想環境上で作業することにより、OS上のPython環境に影響を与えることなく安全に作業することができます。この手順は、OSにより異なることに注意して作業を進めましょう。

### ● 仮想環境の作成

まずは、ユーザーに書き込み権限がある場所に「my_scikit」という名前のフォルダを作成します。

次に、「my_scikit」フォルダをターミナル（windowsでは管理者権限で開いたコマンドプロンプト）で開き、下記のコマンドを実行します。

▼ Windowsの場合

```
> python -m venv env
```

▼ Macの場合
```
$ python3 -m venv env
```

これで「env」という名前の仮想環境が作成されます。

活用メモ

## 管理者権限でコマンドプロンプトを開くには

Windows10において、管理者権限でコマンドプロンプトを開くには、
Windowsキー → windowsシステムツール → コマンドプロンプト を右
クリックして、「管理者として実行」を選択します。

### ● 仮想環境の有効化

次に作成した仮想環境を有効化します。下記のコマンドを実行します。

▼ Windowsの場合
```
> env\Scripts\activate]
```

▼ Macの場合
```
$ source env/bin/activate]
```

プロンプト名（ > または $ ）の前に（env）と表示されていれば仮想環境が有効
になっています。

活用メモ

## 仮想環境を無効にしたい場合には

仮想環境を無効にしたい場合には「deactivate」コマンドを使用します。この
コマンドは仮想環境上で使用するので、WindowsでもMacでも共通です。

#  scikit-learnと関連モジュールのインストール

仮想環境上にscikit-learnと関連モジュールをインストールします。以降の手順はすべて仮想環境上で行うため、WindowsでもMacでも共通となります。

### インストール済みモジュールの確認

仮想環境を有効にした状態で下記のコマンドを実行してインストール済みのモジュールを確認します。

```
pip list
```

#  scikit-learnのインストール

### SciPyのインストール

まず、scikit-learnの前提モジュールであるSciPyをインストールする必要があります。SciPyは科学計算用のライブラリです。インストールには、下記のコマンドを実行します。

```
pip install scipy
```

### scikit-learnのインストール

下記のコマンドを実行します。

```
pip install scikit-learn
```

#  関連モジュールのインストール

### matplotlibのインストール

matplotlibはグラフ描画ツールです。下記のコマンドを実行します。

```
pip install matplotlib
```

31

### ● seabornのインストール

seabornはより美しくグラフを可視化するツールです。下記のコマンドを実行します。

```
pip install seaborn
```

### ● numpyのインストール

numpyは高度な数値計算をするためのライブラリです。下記のコマンドを実行します。

```
pip install numpy
```

### ● pandasのインストール

pandasは機械学習に使用するデータを格納するためのモジュールです。下記のコマンドを実行します。

```
pip install pandas
```

### ● Jupyter Notebookのインストール

Jupyter Notebookはデータ分析や機械学習に適したPythonエディタです。インストールするには下記のコマンドを実行します。

```
pip install jupyter notebook
```

##  Jupyter Notebookの起動

Jupyter Notebookファイルを格納するフォルダ「notebook」を、「my_scikit」フォルダの下に作成して開き、下記のコマンドを実行します。

```
jupyter notebook
```

しばらくするとブラウザが起動し、下記の画面が表示されます。

■ 図2.6　Jupyter Notebookの起動画面

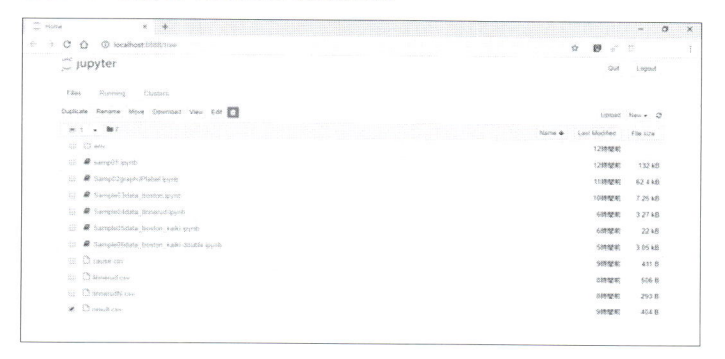

## ● Jupyter Notebookの準備

「jupyter notebook」コマンドで起動後、「New」→「Python3」でエディタ画面を開きます。

■ 図2.7 Jupyter Notebookの起動方法

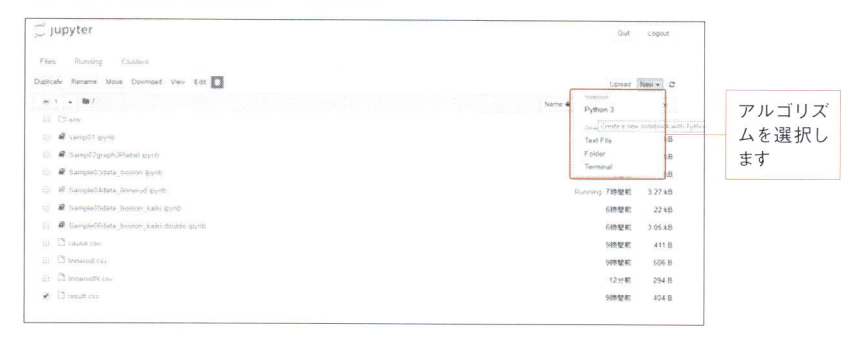

アルゴリズムを選択します

下記の画面になれば、Pythonコードを入力できます。

■図2.8 Jupyter Notebook のエディタ画面

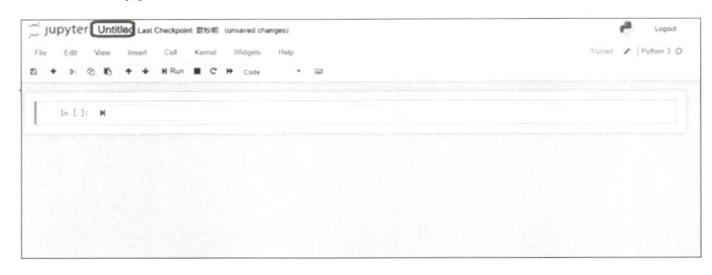

　今後の作業のために、View ➡ Toggle Line Numbersを選択し、行番号を表示します。

　以上でセットアップは完了です。

**ファイル名を変更するには**

図2.8で、「Untitled」をクリックするとファイル名を変更できます。ファイルの拡張子は「.ipynb」となります。

## Colaboratory（クラウド環境）のプログラム実行方法

　クラウド環境でプログラミングを実行する場合は、Colaboratoryを使用できます。ColaboratoryはGoogleが推進している機械学習の教育研究を目的としたプロジェクトで、設定不要なJupyter Notebook環境を提供しています。Colaboratoryはクラウドで動くJupyter Notebook環境なので、PCに環境を準備しなくても、クラウド環境でscikit-learnを動かすことができます。Colaboratoryは最初からscikit-learn、numpy、matplotlib、pandasなどの基本ライブラリがプリインストールされています。Colaboratoryは環境構築が不要なので、手早くプログラミングを動かしたい初心者におすすめです。

Colaboratoryは、Chromeなどのwebブラウザで動作し、Jupyter Notebookのプログラムは Google Drive のフォルダ Colab Notebooks に保存されます。現状はPython2.7とPython3.6に対応しています。

### ●Colaboratoryのwebページ

https://colab.research.google.com/

最初に、初期設定の手順を解説します。上記のURLをwebブラウザで開くと、ポップアップが表示されます。ここでは、キャンセルを選択します。なお、Colaboratoryを使用する際、Googleアカウントでのサインインが必要になるので、事前にアカウントを準備してください。

■図2.9 URLクリック時のポップアップ

「こんにちはColaboratory」のブラウザが表示されるので、ドライブにコピーをクリックします。

■ 図2.10 こんにちは Colaboratory

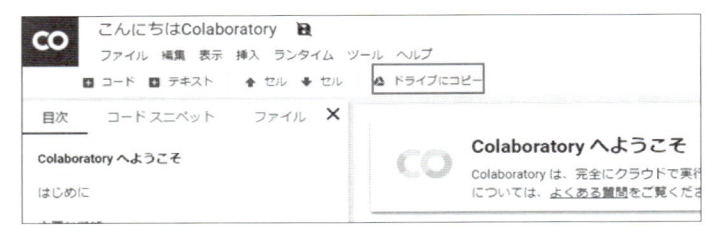

　その後、Google Drive に Google アカウントでログインすると、Colab Notebooks のフォルダが作成されています。先ほど、ドライブにコピーしたファイルはこのフォルダの中に保存されています。これで、Colaboratory の新規プログラムの保存先ディレクトリの準備は完了です。以上が初期設定の手順です。

■ 図2.11 プログラムが保存される Colab Notebooks のフォルダ

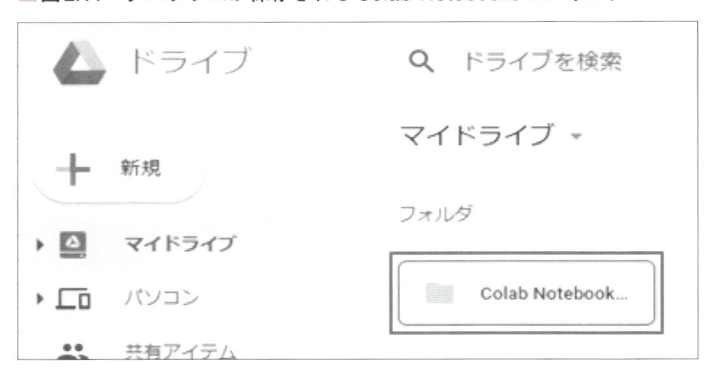

　次に、PC などのローカル環境にダウンロードしたサンプルソースコードのフォルダ scikit_handbook を Google Drive の Colab Notebooks の中にドラッグアンドドロップします。フォルダのアップロードが完了すると、以下のようにフォルダ Colab Notebooks の直下にフォルダ scikit_handbook が作成されます。これで、サンプルソースコードのアップロードが完了です。

■図2.12　フォルダColab Notebooksへのサンプルソースコードのアップロード

あとは、フォルダscikit_handbookを開き、実行したいサンプルプログラムの
ファイルをダブルクリックして、Colaboratoryで開くをクリックします。なお、3
～6章のプログラムの実行結果は、Colaboratoryの環境で実行したものです。

**活用メモ**

## Colaboratory の Tips

Colaboratory で便利な Tips をご紹介します。

### プログラム実行の初期化
Colaboratory でエラー等発生して、最初から処理を実行する場合は、タブの
「ランタイム」→「ランタイムを再起動」を選択してください。

### ローカルファイルのアップロード
ファイルを指定して、ローカル環境からColaboratoryの環境にアップロー
ドする場合、以下の処理を実行します。

▼ローカルファイルのアップロード

```
# ローカルファイルをアップロード
from google.colab import files
uploaded = files.upload()
```

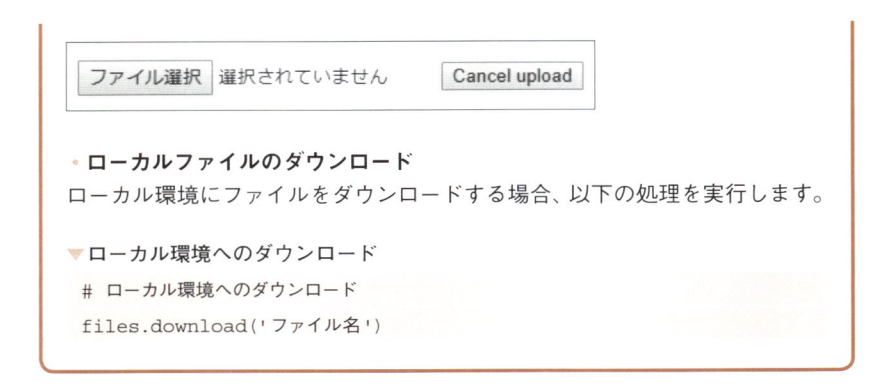

**・ローカルファイルのダウンロード**
ローカル環境にファイルをダウンロードする場合、以下の処理を実行します。

▼ローカル環境へのダウンロード

```
# ローカル環境へのダウンロード
files.download('ファイル名')
```

■ 図2.13　フォルダscikit_handbookの中のsection3_2_1.ipynbをダブルクリック

　ColaboratoryがJupyter Notebookと同じ形式で起動します。 操作はJupyter Notebookと同じで、実行したいセルを選択しShift+Enterでプログラム実行できます。

■ 図2.14　Colabの実行画面

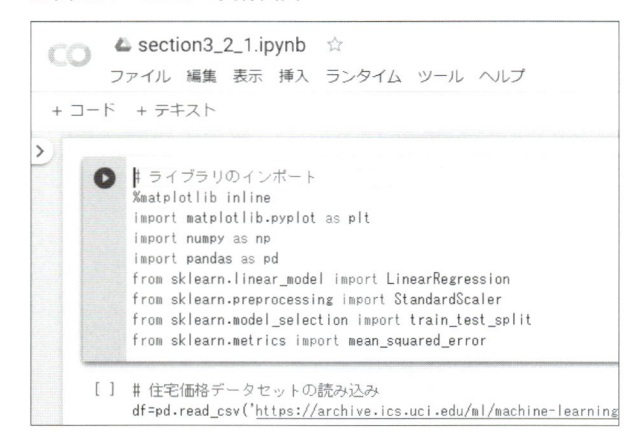

# 2.3

# scikit-learnによる
# 機械学習の基本的な実装

本節では、機械学習の基本的な実装の手順を説明します。
scikit-learnでは、使用するアルゴリズムにかかわらず、基本的な実装の手順は共通です。

##  基本的な実装の手順

実装手順の流れは次のようになります。

1. 必要なデータの読み込み
2. 訓練データと評価データの準備
3. アルゴリズム選択
4. 学習
5. 予測
6. モデルの評価

それでは、簡単な例で基本的な実装方法を確認していきましょう。

### ● データを手動で作成する場合

まずは、必要なデータをCSV形式で用意し、シンプルな機械学習のアルゴリズム（分類の決定木）を実装してみましょう。

次の例では、体型（体重とウエストのサイズ）からジャンプ力を予測するモデルを作ります。

### ◆ 説明変数と目的変数

| 説明変数 | weight（体重 / 単位kg）、waist（ウエスト / 単位inch） |
|---|---|
| 目的変数 | JumpSkill（ジャンプ力 /1＝低、2＝中、3＝高） |

## ● 事前準備

下記のようなCSVデータ「in.csv」を作成し、「notebook」フォルダに保存します。

※ Windowsの場合は文字コードをShift-JIS（CP932）にしてデータを保存してください。

### ◆ 体型とジャンプ力の関係

| ID | Weight | Waist | JumpSkill |
|----|--------|-------|-----------|
| 0 | 191 | 36 | 2 |
| 1 | 189 | 37 | 2 |
| 2 | 193 | 38 | 3 |
| 3 | 162 | 35 | 1 |
| 4 | 189 | 35 | 2 |
| 5 | 182 | 36 | 1 |
| 6 | 211 | 38 | 1 |
| 7 | 167 | 34 | 1 |
| 8 | 176 | 31 | 1 |
| 9 | 154 | 33 | 3 |
| 10 | 169 | 34 | 1 |
| 11 | 166 | 33 | 3 |
| 12 | 154 | 34 | 3 |
| 13 | 247 | 46 | 2 |
| 14 | 193 | 36 | 1 |
| 15 | 202 | 37 | 3 |
| 16 | 176 | 37 | 1 |
| 17 | 157 | 32 | 2 |
| 18 | 156 | 33 | 2 |
| 19 | 138 | 33 | 2 |

活用メモ

# CSVファイルを作るには

Jupyter Notebook上でCSVファイルを作成するには　New ➡ Text File を選択します。

▓図2.15　新規テキストファイル作成画面

エディタ画面が表示されたら下記のように入力し「in.csv」と名前をつけます。

▓図2.16　新規テキストファイルエディタ画面

　続いて、Jupyter Notebook上でPythonファイルを作成し、「Sample2.1」と名前をつけます。このファイルにコードを入力していきます。

　これで事前準備は完了です。

##  必要なデータの読み込み

numpyの配列にCSVデータを読み込みます。

▼必要なデータの読み込み

```
import numpy as np
#1.必要なデータの読み込み
npArray = np.loadtxt("in.csv", delimiter = ",", dtype =
"float",skiprows=1)
x = npArray[:, 1:3]//説明変数WeightとWaistを要素とする2次元配列を作成
y = npArray[:, 3:4].ravel()//従属変数JumpSkillを要素とする1次元配列を高速
に作成
#print("説明変数を出力\n", x)
#print("目的変数を出力\n", y
```

x=npArray[:,1:3]は、in.csvファイルの内容を読み込み、説明変数である
WeightとWaistの要素のセットの1次元配列を内包する2次元配列を作成しま
す。

```
[[191.  36.]
 [189.  37.]
 [193.  38.]
 [162.  35.]
 [189.  35.]
 [182.  36.]
 [211.  38.]
 [167.  34.]
 [176.  31.]
 [154.  33.]
 [169.  34.]
 [166.  33.]
 [154.  34.]
 [247.  46.]
 [193.  36.]
```

```
[202.   37.]
[176.   37.]
[157.   32.]
[156.   33.]
[138.   33.]]
```

y = npArray[:, 3:4].ravel( ) は、in.csv ファイルの内容を読み込み、従属変数である JumpSkill を要素とする1次元配列を作成します。また、.ravel( ) を使用することで、元の numpy 配列オブジェクトの参照を使用して高速に下記のような一次元配列を生成することができます。

```
[2. 2. 3. 1. 2. 1. 1. 1. 1. 3. 1. 3. 3. 2. 1. 3. 1. 2. 2. 2.]
```

上のコードを実行するには Jupyter Notebook の「▶ | RUN」をクリックします。また、print 文のコメントを外して実行すると、ここまでの結果（上記の配列の内容）が確認できます。

##  訓練データと評価データの準備

訓練データと評価データを準備します。ここでは、1で読み込んだデータを訓練用と評価用に分割して使用します。下記は評価データが全体の3割の場合です。

▼訓練データと評価データの準備
```
from sklearn.model_selection import train_test_split
#2.訓練データと評価データに分割
x_train, x_test, y_train, y_test = train_test_split(x, y, test_
size=0.3)
#print("訓練データの説明変数を出力\n", x_train)
#print("訓練データの目的変数を出力\n", y_train)
#print("評価データの説明変数を出力\n", x_test)
#print("評価データの目的変数を出力\n", y_test)
```

#  アルゴリズム選択

　使用する機械学習のアルゴリズムを選択します。今回は決定木を使用します。

▼アルゴリズム選択

```
from sklearn import tree
#3.アルゴリズム選択 → 決定木
clf = tree.DecisionTreeClassifier()
```

#  学習

　訓練データを元に予測モデルを生成します。学習によるモデル生成には、どのアルゴリズムを使用する場合にも、基本的にfit()関数を使用します。

▼学習

```
#4.学習
clf.fit(x_train, y_train)
```

　なお、ここまでのコードで実行すると下記の画面が表示されます。

■図2.17　決定木モデルの初期化パラメータ

```
Out[4]: DecisionTreeClassifier(class_weight=None, criterion='gini', max_depth=None,
                    max_features=None, max_leaf_nodes=None,
                    min_impurity_decrease=0.0, min_impurity_split=None,
                    min_samples_leaf=1, min_samples_split=2,
                    min_weight_fraction_leaf=0.0, presort=False, random_state=None,
                    splitter='best')
```

 **予測**

評価用データを使って予測を行います。予測には、どのアルゴリズムを使用する場合にも、基本的にpredict()関数を使用します。

▼予測
```
#5.予測
predict = clf.predict(x_test)
print("予測結果を出力\n", predict)
```

 **モデルの評価**

予測結果の精度を評価します。今回は正解率が高いほど精度の高いモデルということになります。

▼モデルの評価
```
from sklearn.metrics import accuracy_score
#6. モデルの評価
print("正解率を出力\n", accuracy_score(y_test, predict))
```

以上で、このサンプルは完成になります。実行すると下記のような画面が表示されます。

■図2.18　決定木モデルの予測実行結果

```
評価結果を出力
 [1. 2. 1. 2. 1. 2.]
正解率を出力
 0.6666666666666666
```

# scikit-learn付属のデータを使用する場合

次に、scikit-learn付属のデータを使用し線形回帰のアルゴリズムを実装してみ
ましょう。

この例では、scikit-learn付属のデータからボストン住宅街のデータを使用しま
す。RM（平均部屋数）から住宅の価格を予測するモデルを作ります。

◆ 説明変数と目的変数

| 説明変数 | RM（平均部屋数） |
|---|---|
| 目的変数 | MEDV（住宅の価格） |

 ## 事前準備

Jupyter Notebook上でPythonファイルを作成し、「Sample2.2」と名前をつけま
す。

### ● 必要なデータの読み込み

scikit-learn付属のボストン住宅街のデータを読み込みます。

▼ ボストン住宅街のデータを読み込み

```
from sklearn.datasets import load_boston
boston = load_boston()
#print(boston.DESCR)
```

pandasモジュールのdataframeにボストン住宅街データを読み込みます。

▼ pandasへの必要なデータの読み込み

```
import pandas as pd
#1.必要なデータの読み込み
df=pd.DataFrame(boston.data,columns = boston.feature_names) #説明変
数を読み込み
df['MEDV'] = boston.target #目的変数を読み込み
x=df.RM.to_frame()
y=df.MEDV
```

```
#print(x)
#print(y)
```

## 訓練データと評価データの準備

訓練データと評価データを準備します。ここでは、1で読み込んだデータを訓練用と評価用に分割して使用します。下記は評価データが全体の3割の場合です。

▼訓練データと評価データの準備
```
from sklearn.model_selection import train_test_split
#2.訓練データと評価データの準備
(x_train, x_test, y_train, y_test) = train_test_split(x, y, test_
size=0.3)
```

## アルゴリズム選択

使用する機械学習のアルゴリズムを選択します。今回は線形回帰を使用します。

▼#3.アルゴリズム選択 → 線形回帰
```
from sklearn.linear_model import LinearRegression
#3.アルゴリズム選択 → 線形回帰
lr = LinearRegression()
```

## 学習

訓練データを基に予測モデルを生成します。fit()関数を使用します。

▼学習
```
#4.学習
lr.fit(x_train, y_train)
```

## 予測

評価用データを使って予測を行います。predict()関数を使用します。

```
#5. 評価用データを使った予測
```

```
y_pred=lr.predict(x_test)
print(y_pred[0]*1000)
```

なお、ここまでのコードで実行すると下記の画面が表示されます。

■ 図2.21　線形回帰モデルの初期化パラメータ

```
Out[5]: LinearRegression(copy_X=True, fit_intercept=True, n_jobs=None,
                          normalize=False)
```

● **モデルの評価**

　予測結果の精度を評価します。具体的には、評価用データと予測データの平均平方二乗誤差を求めます。この値は小さいほど良いモデルといます。

▼ モデルの評価

```
from sklearn.metrics import mean_squared_error
#6.モデルの評価
mse=mean_squared_error(y_test, y_pred)
print(mse)
```

　以上で、このサンプルは完成になります。

◆ ボストン住宅街のデータに含まれる説明変数一覧

| | |
|---|---|
| CRIM | 人口1人当たりの犯罪発生数 |
| ZN | 25,000平方フィート以上の住居区画の占める割合 |
| INDUS | 小売業以外の商業が占める面積の割合 |
| CHAS | チャールズ川によるダミー変数（1：川の周辺、0：それ以外） |
| NOX | NOxの濃度 |
| RM | 住居の平均部屋数 |
| AGE | 1940年より前に建てられた物件の割合 |
| DIS | 5つのボストン市の雇用施設からの距離 |
| RAD | 環状高速道路へのアクセスしやすさ |

| TAX | $10,000ドル当たりの不動産税率の総計 |
| --- | --- |
| PTRATIO | 町ごとの児童と教師の比率 |
| B | 町ごとの黒人（Bk）の比率を次の式で表したもの。$1000(Bk - 0.63)^2$ |
| LSTAT | 給与の低い職業に従事する人口の割合（%） |

活用メモ

## 説明変数の一覧

このサンプルの説明変数「RM」を「LSTAT」など別のものに変わてみましょう。説明変数は、上記「ボストン住宅街のデータに含まれる説明変数一覧」を参考に選びます。

評価結果の値の変化を見ることで、どのパラメータが結果に影響しているかを確認することができます。

活用メモ

## scikit-learn付属のデータセット

・ボストン市の住宅価格データ（Boston house prices dataset）
・アヤメの品種データ（Iris plants dataset）
・糖尿病患者の診療データ（Diabetes dataset）
・数字の手書き文字データ（Digits dataset）
・生理学的特徴と運動能力の関係についてのデータ（Linnerrud dataset）
・ワインの品質データ（Wine recognition dataset）
・乳がんデータ（Breast cancer wisconsin [diagnostic] dataset）

# 2.4

# アルゴリズムチートシート

　機学習においては、アルゴリズムは基本的にブラックボックスになっています。
このため、最適なアルゴリズムを選択することが重要になります。
　scikit-learnでは、この選択に役立つチートシートが提供されています。このシートにより、データの数や特性についての質問にこたえていくことで最適なアルゴリズムを選択できます。

##  チートシートに含まれるアルゴリズムの一覧

　アルゴリズムチートシートには様々なアルゴリズムが含まれます。詳細は、巻末のAPIドキュメントを参照してください。

■ 図2.21　アルゴリズムチートシート

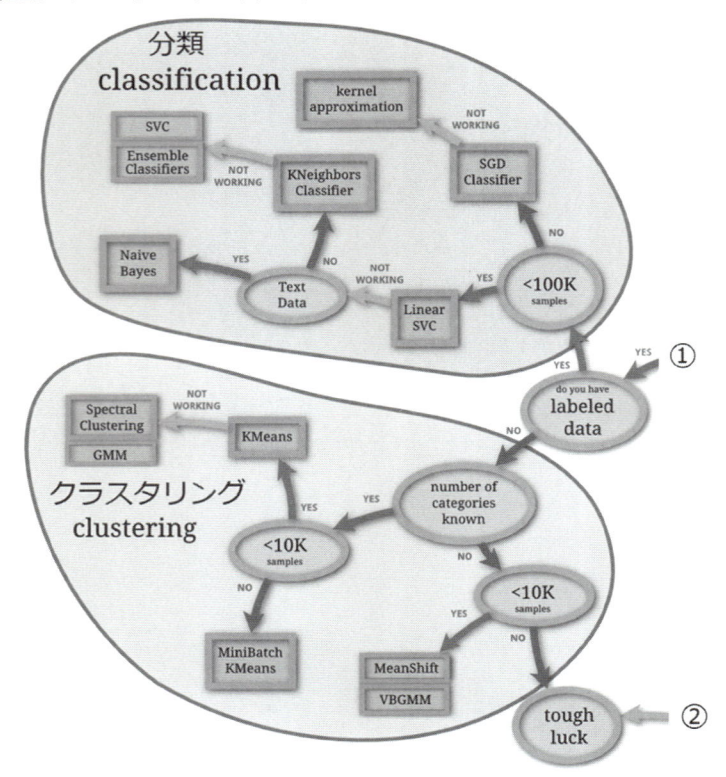

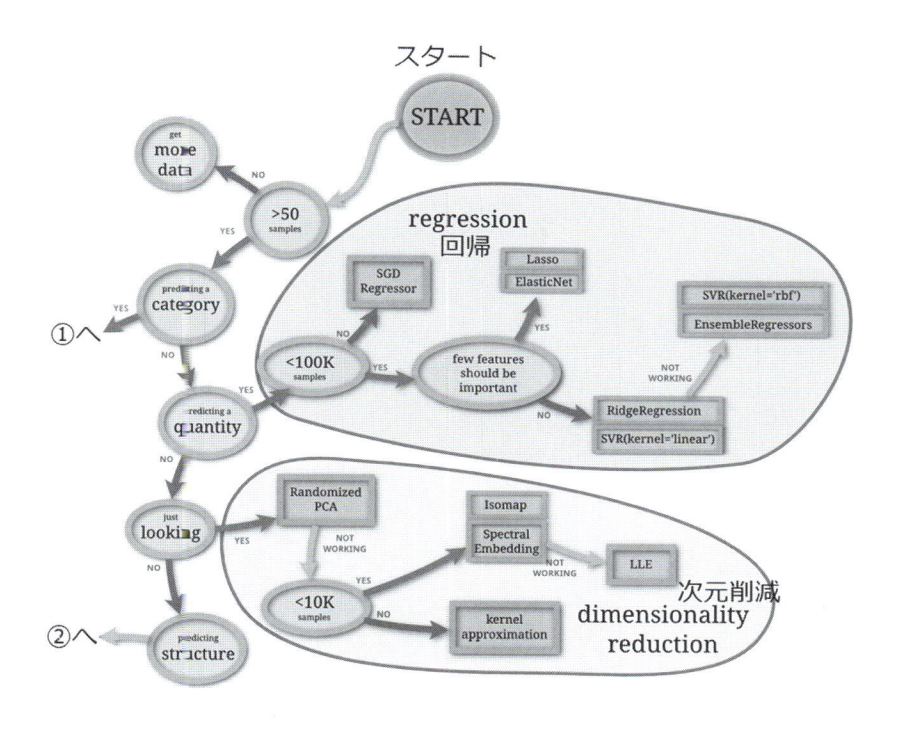

◆ チートシートのアルゴリズム一覧

| 大分類 | 小分類 | 代表的なクラス | 概要 |
|---|---|---|---|
| regression<br>（回帰） | SGDRegressor<br>（確率的線形<br>勾配降下法） | linear_model.<br>SGDRegressor | SGDを回帰に適用した手法。SGDとは、目的関数による平面を仮に設定し、その谷に到達するまで平面の勾配を下り方向に向かって移動して最適解を導く手法。ランダムに取り出した訓練データに対して勾配を計算しながら最適解を目指す |

| regression<br>（回帰） | Lasso（ラッソ） | linear_model.<br>Lasso | 線形回帰に正則化の概念を加えた回帰手法。正則化とは、モデルの精度をあげるために追加の項目（ペナルティ）を導入することで、「ラッソ回帰」は、不要な入力データをペナルティにより除外したモデルで予測を行うため、どの入力パラメーターが結果に影響を与えているのかを識別するのに適している |
| | RidgeRegression<br>（リッジ） | linear_model.<br>Ridge | ラッソ回帰同様、線形回帰に正則化の概念を加えた回帰手法。ペナルティの導入によって過学習を抑えつつ相関を見つけたい場合に適す |
| | ElasticNet<br>（エラスティックネット） | linear_model.<br>ElasticNetCV | ラッソとリッジの組み合わせによる回帰手法 |
| | SVR（サポートベクタマシン） | svm.SVR | 「予測に最適な一部の入力データ」のみを取り出した「サポートベクタ」を使用する回帰手法。極端な的外れのデータを含めてモデル構築を行うことで予測の精度が下がるのを回避する |
| | Ensemble<br>Regressors<br>（アンサンブル法） | ensemble.<br>Random<br>Forest<br>Regressor | 複数の予測手法を組み合わせることで精度をあげる回帰手法 |
| clafssification<br>（分類） | SGD Classifier<br>（確率的線形勾配法） | linear_model.<br>SGDClassifier | SGDを分類に適用した手法。SGDとは、目的関数による平面を仮に設定し、その谷に到達するまで平面の勾配を下り方向に向かって移動して最適解を導く手法 |

| clafssification (分類) | kernel approxi mation (カーネル近似) | kernel_approxi mation. RBFSampler | 非線形（多次元）データを写像して線形法を適用することで最適解を見つけるカーネル近似を分類に適用した手法 |
|---|---|---|---|
| | Linear SVC (線形SVC) | svm.LinearSVC | カーネルを使用しないSVM（サポートベクタマシン）に基づく分類手法 |
| | KNeighbors Classifier (k近傍法) | neighbors. KNeighbors Classifier | 未知のデータが与えられたとき、まずは最も近い位置にあるk個の入力データをとりだし、次に未知のデータを取り出したデータの中から最も数が多いデータと同じクラスに分類する手法 |
| | SVC（サポートベクタマシン） | svm.SVC | 「予測に最適な一部の入力データ」のみを取り出した「サポートベクタ」を使用する分類手法 |
| | Ensemble Classifiers (アンサンブル法) | ensemble. Random Forest Classifier | 複数の予測手法を組み合わせることで精度をあげる分類手法 |
| | Naive Bayes (ナイーブベイズ) | naive_bayes. MultinomialNB | 説明変数の独立性を仮定し、単純な確率モデルを基にベイズの識別法則（単純に事後確率が最大となるクラスに観測したデータを分類するという法則）に沿って予測を行う分類手法。単純なアルゴリズムで高精度の予測が可能なことで知られる |
| clustering (クラスタリング) | KMeans (k平均法) | cluster.Kmeans | クラスタの数（k個）を決め、ランダムに選んだデータをクラスタ中心とし、次に残りのデータを最も近いクラスタ中心のクラスタに割り当てることでクラスタを形成する手法 |

| clustering（クラスタリング） | MiniBatch KMeans（ミニバッチk平均法） | cluster.Mini BatchKMeans | ミニバッチk-平均法によるクラスタリング手法。各点の中心をバッチで更新して計算量を減らしているため、大規模データに適している |
| --- | --- | --- | --- |
| | MeanShift（ミーンシフト法） | cluster.MeanShift | 平均的に分布する対象データの中でもっとも密度の高い点が円形の領域を発見することによりクラスタを形成する手法 |
| | Spectral Clustering（スペクトラルクラスタリング） | cluster.Spectral Clustering | グラフの類似性に着目したクラスタリング手法。例えばクラスタが2次元の図面のネストされた円（=◎）のような場合などk-平均法のようなクラスタの中心点からの距離に基づくクラスタリングがうまく機能しない場合に有用な手法 |
| dimensionality reduction（次元削減） | GMM（混合ガウスモデル） | mixture.Gaussian Mixture | ガウス分布の線形重ね合わせモデルを用いる手法。十分な数のガウス分布を用いれば、ほぼどのような非線形モデルでも任意の精度で線形に近似することが可能。 |
| | VBGMM（ベイズ版混合ガウスモデル） | mixture.Bayesian Gaussian Mixture | 混合ガウスモデルのベイズバージョン。事前確率を混合ガウス分布のパラメータとして近似的な事後分布を高精度で推定する |
| | Randomized PCA（ランダム主成分分析） | decomposition.PCA | 対象のデータの分散が最大になるような軸をランダムに探すことにより、データの次元数を削減する手法 |
| | Kernel Approximation（カーネル近似） | decomposition.KernelPCA | 非線形（多次元）データを写像して線形法を適用することで最適解を見つけるカーネル近似を次元削減に適用した手法。 |

| dimensionality reduction （次元削減） | Isomap （Isomap 埋め込み） | manifold.Isomap | Isomap埋め込みによる非線形データの次元削減手法 |
|---|---|---|---|
| | Spectral Embedding （スペクトル埋め込み） | manifold. spectral_ embedding | スペクトル埋め込みによる非線形データの次元削減手法 |
| | LLE （局所線形埋め込み） | manifold.Locally Linear Embedding | 局所線形埋め込みによる非線形データの次元削減手法 |

## この章のまとめ

- scikit-learn は、分類・回帰・クラスタリング・次元削減・モデルの評価・データの前処理の6つのパッケージから成り立っています。
- 本書では OS にインストールされた Python から切り離された仮想環境上で scikit-learn を動かします。
- scikit-learn を使った機械学習の基本的な実装では、fit()関数で学習を行い、predict()関数で予測を行います。
- 機械学習アルゴリズムはチートシートを参考に選択が可能です。

# 第3章

回帰

# 3.1

# 回帰のアルゴリズム

本節は回帰の基礎と、本章で共通して使用する予備知識をまとめます。予測モデルの訓練の6ステップは、3.2節以降の実装で共通で使用する基礎知識になります。アルゴリズムのMSE結果一覧は、3.2節〜3.7節の各アルゴリズムの誤差評価の結果になります。本節で基礎知識をおさえ、興味があるアルゴリズム（節）から読み進めてください。なお、実装の細かい説明は、3.2節で解説します。

##  回帰のアルゴリズム

3章で紹介する回帰アルゴリズムは機械学習の中の教師あり学習の1つです。教師あり学習は入力データ $x$ の集合 $\{x^{(1)}, x^{(2)}, \cdots, x^{(m)}\}$ とそれに対応する出力データ $y$ の集合 $\{y^{(1)}, y^{(2)}, \cdots, y^{(m)}\}$ を用意し、訓練データ $(x, y)$ を使って入力データから出力データを予測するモデル $h_\theta(x)$（以降、必要に応じて「予測モデル」と記載）を作成します。この作業を「モデルの訓練」と呼びます。訓練の結果、予測モデルは未知の入力データ $x^{(m+1)}$ に対して、出力結果 $h_\theta(x^{(m+1)})$ を予測します。

3章の回帰は出力データ $y$ に連続値を使用し、部屋数 $x$ から住宅価格などの連続的な結果を予測するモデル $h_\theta(x)$ を実装します。なお、3章は訓練データ $(x, y)$ の入力データ $x$ を「特徴量」、出力データ $y$ を「正解」と呼ぶことにします。

##  予測モデルの訓練の流れ

回帰の各アルゴリズムに入る前に予測モデルの訓練の流れを解説します。流れは次の6ステップになります。

ステップ1. データセットを訓練データとテストデータに分割
ステップ2. 特徴量の標準化
ステップ3. 予測モデルの指定
ステップ4. 損失関数の指定
ステップ5. 訓練データと損失関数を用いたモデルの訓練
ステップ6. テストデータを用いたモデルの評価

### ●ステップ1

全体のデータセットを訓練データとテストデータに分割します。訓練データはステップ5、テストデータはステップ6で使用し、予測モデルの訓練と評価で異なるデータを使用します。訓練データとテストデータの分割比率は7:3または8:2が一般的です。

### ●ステップ2

標準化は特徴量$x$に複数の特徴量が混在する場合、異なる特徴量が同じスケールになるよう標準化し基準を揃えます。標準化することで特徴量の平均がゼロになり、標準偏差が1になります。

### ●ステップ3

予測モデル$h_\theta(x)$を指定します。予測モデルは完全にゼロから作成するのではなく、アルゴリズムごとに予測モデルの数式を用意してモデルの前提条件を定めます。例えば、線形回帰アルゴリズムの単回帰は「$h_\theta(x) = \theta_0 + \theta_1 x$」の1次関数の式になります。ステップ5のモデルの訓練は数式の中のパラメータ$\theta$を計算します。予測モデルの出力$h_\theta(x)$は入力$x$とパラメータ$\theta$の計算結果になります。

### ●ステップ4

損失関数$J(\theta)$を指定します。損失関数は誤差を評価する関数でステップ5のモデルの訓練で使用します。誤差の定義と損失関数の数式はアルゴリズムごとに異なり、損失関数$J(\theta)$は予測モデル$h_\theta(x)$とセットでアルゴリズムの前提を決める大変重要な関数になります。

●ステップ5

　モデルの訓練は予測モデルと損失関数を用いて訓練データ全体の誤差を計算し、損失関数$J(\theta)$が最小化するパラメータ$\theta$計算します。損失関数は予測モデルの出力$h_\theta(x)$と正解$y$を比較し、誤差を計算します。この誤差が小さくなるよう、パラメータを更新します。

●ステップ6

　モデルの評価はステップ5で得られたパラメータ$\theta$とテストデータを用いて、テストデータの予測$h_\theta(x)$を出力し、予測$h_\theta(x)$と正解$y$を比較し、モデルを評価します。回帰の評価指標は複数ありますが、3章はMSE（Mean Squared Error）を使用します。

##  特徴量の標準化

　ステップ2の標準化は複数の特徴量があり、スケールを揃える場合に使用します。例えば、住宅価格のデータセットの部屋数の特徴量は1桁の数字が一般的ですが、部屋の広さは2桁または3桁の数字（単位は㎡）のため、部屋数と広さを同じ基準で評価できません。そのため、特徴量のスケールを揃えてからモデルを訓練する必要があります。この作業を「特徴量の標準化」と呼びます。標準化は平均0、標準偏差1になるよう特徴量を変換します。標準化後の特徴量$x_{std}$は以下の式で、$\mu$は特徴量$x$の平均、$\sigma$は標準偏差になります。

$$x_{std} = \frac{x - \mu}{\sigma}$$

##  パラメトリックモデルとノンパラメトリックモデル

　訓練の流れで触れたとおり、ステップ3は予測モデルを指定し、ステップ4は損失関数を指定し、ステップ5は損失関数を最小化するパラメータを計算します。このように予測モデルを数式化し、自由度を制限するモデルを「パラメトリックモデル」と呼びます。一方、3.7節の決定木、ランダムフォレストの予測モデルは区間を小さく区切り、区間を繋ぎ合わせて予測モデルを作成するため、モデルを

数式化できません。このようなモデルを「ノンパラメトリックモデル」と呼びます。予測モデルは2つのモデルに分けることができます。それぞれの特徴を表にまとめます。

◆ パラメトリックモデルとノンパラメトリックモデルの整理

| 予測モデル | 特徴 | アルゴリズムの例 |
|---|---|---|
| パラメトリック | ・予測モデルを説明する数式がある<br>・パラメータ数は固定<br>・モデルの自由度が制限されていて、過学習のリスクが低い<br>・予測時は訓練で得られたパラメータを使用するので訓練データは不要 | 線形回帰、ロジスティック回帰 |
| ノンパラメトリック | ・訓練データの増加に伴い、パラメータ数が増加<br>・モデルの自由度が制限されず、過学習のリスクが高い<br>・予測時に訓練データを使用 | 決定木、ランダムフォレスト、サポートベクトルマシン（カーネルを使用）、KNN |

##  アルゴリズムごとのMSE結果一覧

　ステップ6のモデルの評価はMSEを使用します。MSE（Mean Squared Error）は予測$h_\theta(x^{(i)})$と正解$y^{(i)}$の平均二乗和誤差を計算します。式は以下のとおりでインデックス$i$は$m$個のデータを区別し、$m$個の誤差を合計して平均を計算します。MSEは小さいほどモデルの性能が良く、テストデータのMSEで予測モデルの性能を評価します。

$$MSE = \frac{1}{m} \sum_{i=1}^{m} (h_\theta(x^{(i)}) - y^{(i)})^2$$

　下表は住宅価格データセットの13個の特徴量を用いて、アルゴリズムごとにMSEを計算した結果です。各節をお読みになるときに、ぜひ参考にしてください。

◆ 予測モデルごとのMSE

| 節 | 予測モデル | 特徴量 | 正則化 | 訓練データMSE | テストデータMSE |
|---|---|---|---|---|---|
| 3.2 | 重回帰 | 1次 | なし | 19.33 | 33.45 |
| | 多項式回帰 | 2次多項式 | なし | 4.34 | 31.28 |
| 3.3 | Lasso回帰 | 2次多項式 | L1 | 11.93 | 23.94 |
| | Elastic Net | 2次多項式 | L1+L2（比率は6:4） | 12.16 | 25.06 |
| 3.4 | 確率的勾配降下法回帰 | 1次 | なし（非常に小さい） | 19.57 | 34.04 |
| 3.5 | 線形サポートベクトル回帰 | 線形カーネル | L2 | 20.28 | 35.84 |
| 3.6 | サポートベクトル回帰 | ガウスカーネル | L2 | 3.13 | 18.10 |
| 3.7 | ランダムフォレスト回帰 | 1次 | なし | 1.39 | 18.81 |

##  ボストン市の住宅価格データセット

　以降、回帰の予測モデルの訓練にBoston house − pricesのデータセットを共通して使用します。Boston house − prices（ボストン市の住宅価格）は1970年代のボストン近郊の住宅価格に関するデータセットであり、部屋数、犯罪率、高速道路への利便性などの特徴量及び住宅価格の正解データから構成されます。データセットは13個の特徴量を持つ506個のデータが含まれています。13個の特徴量の中で住居の平均部屋数（RM）と低所得者の人口の割合（LSTAT）の2つの特徴量が住宅価格（MDEV）との相関が強い傾向にあります。（特徴量の重要度は3.7節のランダムフォレスト回帰の重要度ランキングをご参照ください）。

◆ 特徴量

| | |
|---|---|
| CRIM | 犯罪発生率 |
| 以降、中略 | 以降、中略 |
| RM | 住居の平均部屋数 |
| 以降、中略 | 以降、中略 |
| LSTAT | 給与の低い職業に従事する人口の割合（%） |

◆ 正解

| | |
|---|---|
| MDEV | 住宅価格 |

# 3.2

# 線形回帰

本節は回帰の基本となる線形回帰のアルゴリズムを紹介します。線形回帰アルゴリズムは、単回帰、重回帰、多項式回帰の3つの予測モデルがあり、それぞれの特徴を理解します。続いて、線形回帰の誤差の定義と損失関数を紹介し、3.1節で触れた学習の6ステップの理解を目指します。最後に、住宅価格データセットを用いて予測モデルを実装し、重回帰と多項式回帰のMSEを評価します。本節は実装の解説に紙面に割いているので、初心者の方は最初に本節の実装を確認してください。

##  単回帰の予測モデル

単回帰の予測モデルは特徴量が1個で、予測モデル $h_\theta(x)$ は特徴量 $x$ の1次関数になります。1次関数には切片 $\theta_0$ と傾き $\theta_1$ の2つのパラメータがあり、パラメータ次第で1次関数は無数に存在します。

$$h_\theta(x) = \theta_0 + \theta_1 x$$

図3.1の例を使って無数の1次関数の中から理想的なパラメータを定性的に確認します。左図は10件の訓練データ $(x, y)$、右図は訓練データの散布図と訓練データに沿って引いた直線です。直線は訓練データの間をとおり、訓練データの特徴を捉えているように見えます。直線を引くと1次関数の式が決まり、同時にモデルのパラメータの切片 $\theta_0$、傾き $\theta_1$ も決まります。

■図3.1　訓練データの散布図と単回帰モデル

| インデックス i | 特徴量 x | 正解 y |
|:---:|:---:|:---:|
| 1 | 2 | 1.2 |
| 2 | 3 | 4.5 |
| 3 | 4 | 5.3 |
| 4 | 5 | 3.1 |
| 5 | 6 | 5.0 |
| 6 | 7 | 8.1 |
| 7 | 8 | 8.5 |
| 8 | 9 | 7.8 |
| 9 | 10 | 9.6 |
| 10 | 11 | 12.3 |

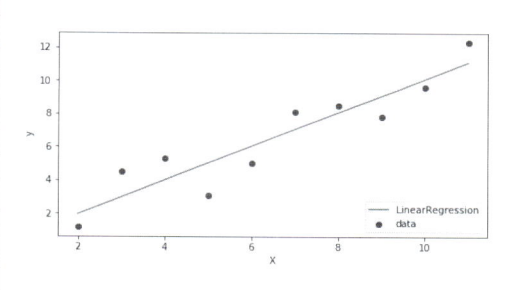

活用メモ

**訓練データの $(x,y)$ の呼び方**

訓練データの $(x,y)$ の呼び方は（説明変数，目的変数）、（入力変数，出力変数）、（独立変数，従属変数）などが一般的ですが、3章では（特徴量，正解）と呼びます。

##  単回帰の損失関数

先程はデータの間を通るよう直線を引き、定性的にパラメータを決定しました。次は損失関数を用いて定量的に誤差を評価し、パラメータを計算します。線形回帰アルゴリズムの誤差は正解 $y$ と特徴量 $x$ の予測 $h_\theta(x)$ の $y$ 軸方向の残差と定義します（図3.2）。

■ 図3.2　$y$ 軸方向の誤差のイメージ

誤差（残差）$= h_\theta(x) - y$

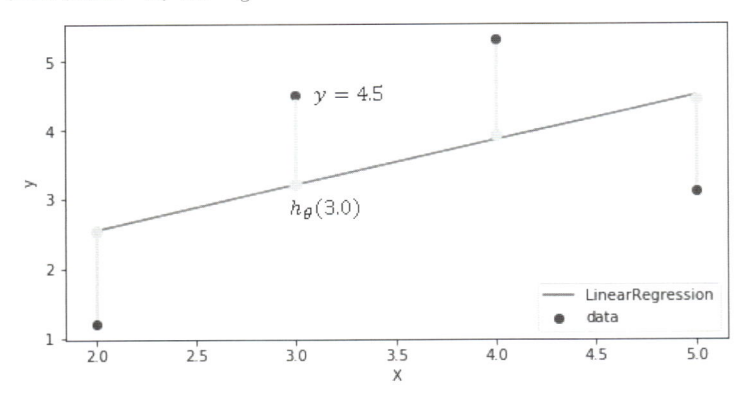

　誤差は予測が正解より大きい場合（$h_\theta(x) > y$）と小さい場合（$h_\theta(x) < y$）の2パターンがあり、損失関数は誤差を二乗して符号をプラスに統一します。

　訓練データ1個の線形回帰の損失関数は次の式になります。

$$J(\theta_0, \theta_1) = \frac{1}{2}\left(h_\theta(x) - y\right)^2$$

同様に、訓練データ $m$ 個の損失関数は $m$ 個の訓練データごとの平均二乗誤差（Mean Squared Error：MSE）を計算します。訓練データ $(x^{(i)}, y^{(i)})$ のインデックス $i$ は $m$ 個の訓練データの中の $i$ 番目のデータを指します。

3

回帰

$$J(\theta_0, \theta_1) = \frac{1}{2m} \sum_{i=1}^{m} (h_\theta(x^{(i)}) - y^{(i)})^2$$

$$h_\theta(x^{(i)}) = \theta_0 + \theta_1 x^{(i)}$$

単回帰の損失関数 $J(\theta_0, \theta_1)$ はパラメータ $\theta_0$ と $\theta_1$ の2変数の関数になります。損失関数 $J(\theta_0, \theta_1)$ の平均二乗誤差を最小化する問題はパラメータ $\theta_0$ と $\theta_1$ の空間の中で損失関数 $J(\theta_0, \theta_1)$ の最小値を計算する問題に置き換えることができます。

損失関数 $J(\theta_0, \theta_1)$ は2つのパラメータの関数のため、図3.3のように可視化でき、おわんのような形になります。損失関数 $J(\theta_0, \theta_1)$ の値が小さいほど、誤差は小さくなるので、損失関数が最小となる $(\theta_0, \theta_1)$ が求めるパラメータです。最小値 $(\theta_0, \theta_1)$ は予測モデル $h_\theta(x) = \theta_0 + \theta_1 x$ の切片 $\theta_0$ と傾き $\theta_1$ のパラメータになり、単回帰の予測モデルである1次関数を定量的に決定することができます。

■図3.3　損失関数 $J(\theta_0, \theta_1)$ とパラメータの3次元グラフ

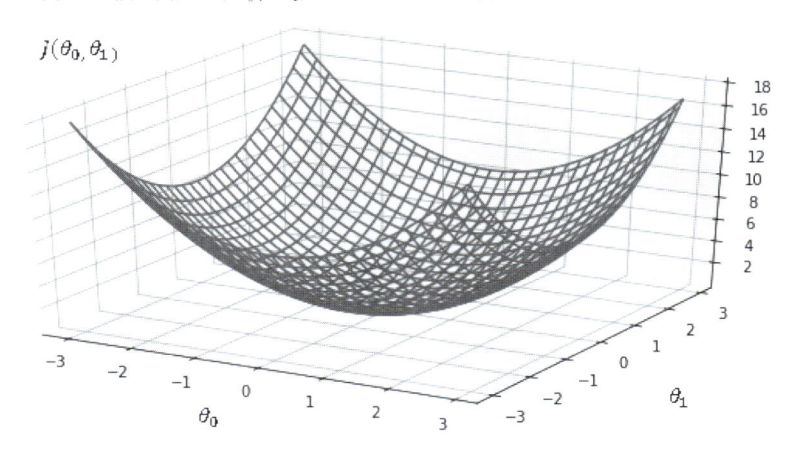

## 単回帰による住宅価格予測モデルの実装

　住宅価格データセットを用いて、平均部屋数（RM）の特徴量から住宅価格（MDEV）を予測するモデルを実装します。特徴量は1個なので、単回帰モデルになります。予測モデルは平均部屋数$x$と住宅価格$h_\theta(x)$の1次関数になり、モデルには傾き$\theta_1$と切片$\theta_0$の2つのパラメータがあります。この2つのパラメータを計算して、平均部屋数と住宅価格のプロットを作成します。

$$h_\theta(x) = \theta_0 + \theta_1 x$$

　最初に、プログラムで使用するライブラリをインポートします。matplotlibはグラフを作成時、numpyは計算時、pandasはデータフレーム利用時に使用します。それぞれplt、np、pdの省略名をasの後に記載して、ライブラリの呼び出し時は省略名を使用します。続いて、scikit-learnで使用するライブラリをインポートします。

▼ライブラリのインポート

`In`

```
# ライブラリのインポート
%matplotlib inline
import matplotlib.pyplot as plt
import numpy as np
import pandas as pd
from sklearn.linear_model import LinearRegression
from sklearn.preprocessing import StandardScaler
from sklearn.model_selection import train_test_split
from sklearn.metrics import mean_squared_error
```

　リンク先から住宅価格のcsvファイルをダウンロードして、pandasというライブラリのデータフレームにデータを格納します。データフレームはデータを格納して、行や列を指定することで簡単にデータ操作できる便利なツールです。

**活用メモ**

## pandasの基本操作1（csvファイルのデータフレームへの格納）

pandasの省略名はpdなので、pd.read_csvメソッドでファイルを読込み、データフレームdfに保存します。続いて、columnsメソッドで列ラベル名をdfに追加します。headメソッドでデータフレームワークdfの先頭5行を表示すると、13列の特徴量（CRIM）〜（LSTAT）と1列の正解（MDEV）を確認できます。

▼住宅価格データセットのデータフレームへの格納

`In`

```
# 住宅価格データセットの読み込み
df=pd.read_csv('https://archive.ics.uci.edu/ml/machine-learning
-databases/housing/housing.data', header=None, sep='\s+')

df.columns=['CRIM','ZN', 'INDUS', 'CHAS', 'NOX', 'RM', 'AGE',
'DIS', 'RAD', 'TAX', 'PTRATIO', 'B', 'LSTAT', 'MEDV']

# 先頭5行の表示
pd.DataFrame(df.head())
```

`Out`

| | CRIM | ZN | INDUS | CHAS | NOX | RM | AGE | DIS | RAD | TAX | PTRATIO | B | LSTAT | MEDV |
|---|---|---|---|---|---|---|---|---|---|---|---|---|---|---|
| 0 | 0.00632 | 18.0 | 2.31 | 0 | 0.538 | 6.575 | 65.2 | 4.0900 | 1 | 296.0 | 15.3 | 396.90 | 4.98 | 24.0 |
| 1 | 0.02731 | 0.0 | 7.07 | 0 | 0.469 | 6.421 | 78.9 | 4.9671 | 2 | 242.0 | 17.8 | 396.90 | 9.14 | 21.6 |
| 2 | 0.02729 | 0.0 | 7.07 | 0 | 0.469 | 7.185 | 61.1 | 4.9671 | 2 | 242.0 | 17.8 | 392.83 | 4.03 | 34.7 |
| 3 | 0.03237 | 0.0 | 2.18 | 0 | 0.458 | 6.998 | 45.8 | 6.0622 | 3 | 222.0 | 18.7 | 394.63 | 2.94 | 33.4 |
| 4 | 0.06905 | 0.0 | 2.18 | 0 | 0.458 | 7.147 | 54.2 | 6.0622 | 3 | 222.0 | 18.7 | 396.90 | 5.33 | 36.2 |

　データセットの形状はshapeメソッドで、506行×14列だと確認できます。行数は訓練データの件数で、列数は14列（特徴量13列＋正解1列）になります。

▼データフレームの形状

In

```
# データフレームの形状
print('dfの形状', df.shape)
```

Out

```
dfの形状 (506, 14)
```

特徴量Xに平均部屋数の先頭20件、正解yに住宅価格の先頭20件を設定します。特徴量Xと正解yの先頭5行を試しに表示します。

活用メモ

## pandasの基本操作2（行と列の絞り込み）

dfは2次元で1次元目の[:20]で行数、2次元目の[['RM']]で列を絞り込みます。特徴量Xは2次元の（scikit-learnの）仕様のため、['RM']ではなく[['RM']]の条件で絞り込みます。正解yは1次元の仕様のため、['MEDV']の条件で絞り込みます。また、valuesメソッドを使用すると、numpyのarrayの配列でデータを取り出せます。

▼特徴量Xと正解yの設定

In

```
# 特徴量に平均部屋数(RM)の20件を設定
X = df[:20][['RM']].values
# 正解に住宅価格(MDEV)の20件を設定
y = df[:20]['MEDV'].values

# 特徴量と正解の先頭5行を表示
X[:5], y[:5]
```

Out

```
(array([[6.575],
        [6.421],
```

```
      [7.185],
      [6.998],
      [7.147]]), array([24. , 21.6, 34.7, 33.4, 36.2]))
```

　特徴量Xと正解yの形状をshapeメソッドで確認します。特徴量Xの形状は2次元で、1次元目はデータセットの件数、2次元目は特徴量の数になっています。単回帰の特徴量は1個ですが、一般的にはモデルは複数の特徴量を持つことが可能です。そのため、scikit-learnでは、特徴量Xはデータごとに複数の特徴量を管理できるよう2次元配列になります。

　一方、正解yは20件の正解の住宅価格の数値が格納され1次元配列になります。

▼特徴量Xと正解yの形状

In

```
# 特徴量と正解の形状
X.shape, y.shape
```

Out

```
((20, 1), (20,))
```

　モデル格納用の変数modelに線形回帰の「LinearRegression」をセットし、訓練データXと正解yを引数にして、fitメソッドでモデルの訓練を実行します。

活用メモ

**特徴量Xを大文字で表記する理由**

今回は単回帰なので特徴量は部屋数の1個ですが、後述する重回帰を含め、一般的に回帰モデルは訓練データ1個に複数の特徴量（特徴量ベクトル）を使用します。そのため、特徴量は大文字Xで表記します。一方、訓練データ1個の正解は1個の数値（スカラー）のため、正解yは小文字で表記します。

### ▼ 線形回帰モデルの訓練

In

```
# 線形回帰モデルを作成
model = LinearRegression()

# モデルの訓練
model.fit(X, y)
```

Out

```
LinearRegression(copy_X=True, fit_intercept=True, n_jobs=None,
normalize=False)
```

モデルの訓練後、coef_メソッドでパラメータ $\theta_1$、intercept_メソッドでパラメータ $\theta_0$ をモデルから取り出します。これで、予測モデルの1次関数が完成しました。

$$h_\theta(x) = -41.24 + 10.35x$$

このモデルは平均部屋数が1つ増えると、住宅価格が10.35上昇することがわかります。また、平均部屋数が0の場合は住宅価格は $-41.24$ というマイナス価格になり、4部屋以上あると住宅価格はプラスになります。この現象は訓練データの平均部屋数が4部屋以上のため、発生しています。

### ▼ パラメータの取り出し

In

```
print('傾き: %.2f' % model.coef_)
print('切片: %.2f' % model.intercept_)
```

Out

```
傾き: 10.35
切片: -41.24
```

モデルのパラメータを計算したので、次にモデルの特徴量Xに6を入力し、predictメソッドを実行します。特徴量Xは2次元配列の形式で入力します。これで、平均部屋数が6部屋の住宅価格が予測できました。

▼予測モデルによる予測

In

```
# モデルを使い、部屋数から住宅価格を予測
new_data = np.array([[6]])
model.predict(new_data)
```

Out

```
array([20.86892399])
```

続いて、プロット作成用に特徴量Xの変数X_pltを5から8までnp.arangeでカウントアップして作成します。ただし、予測モデルは2次元配列を入力する必要があります。そこで、[:, np.newaxis]を用いて、1次元配列を2次元配列に変換します。

▼部屋数の変数X_pltを作成し、モデルを使った予測

In

```
# 1次関数作成用に部屋数の変数X_pltを作成
X_plt = np.arange(5, 9, 1)
print('1次元配列のX_plt', X_plt)
# X_pltを2次元配列に変換
X_plt = np.arange(5, 9, 1)[:, np.newaxis]
print('2次元配列のX_plt',X_plt)
```

Out

```
1次元配列のX_plt [5 6 7 8]
2次元配列のX_plt [[5]
 [6]
 [7]
 [8]]
```

　2次元配列の部屋数をモデルに入力し、predictメソッドで5部屋から8部屋の住宅価格を予測します。最後に、訓練データの部屋数と住宅価格の散布図、および予測した住宅価格を同時に表示します。これで、部屋数から住宅価格を予測する単回帰モデルが完成しました。

▼ 散布図と1次関数

`In`

```
plt.figure(figsize=(8,4)) #プロットのサイズ指定

# モデルのプロット
y_pred = model.predict(X_plt)

# 部屋数と住宅価格の散布図と1次関数のプロット
plt.scatter(X, y, color='blue', label='data')
plt.plot(X_plt, y_pred, color='red', linestyle='-',
label='LinearRegression')
plt.ylabel('Price in $1000s [MEDV]')
plt.xlabel('Average number of rooms [RM]')
plt.title('Boston house-prices')
plt.legend(loc='lower right')

plt.show()
```

`Out`

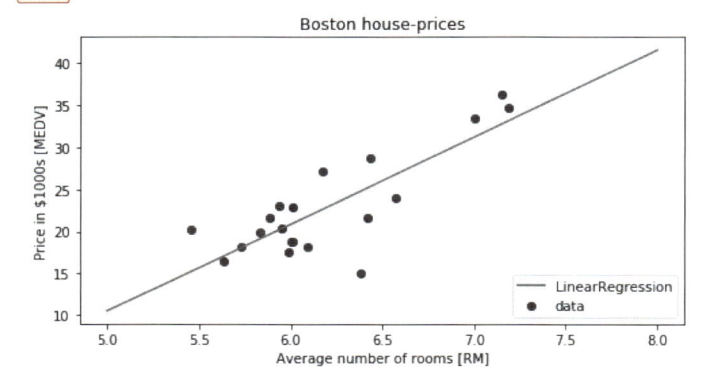

##  線形回帰アルゴリズムの予測モデル

本節のタイトルになっている線形回帰は回帰アルゴリズムの1つで予測モデルは単回帰、重回帰、多項式回帰の3つがあります。ここで、3つのモデルの違いを整理します。

線形回帰アルゴリズムの予測モデルは$n$個の特徴量$(x_1, x_2, \cdots, x_n)$と$n$個のパラメータ$(\theta_1, \theta_2, \cdots, \theta_n)$の線形和にバイアスパラメータ$\theta_0$をプラスした式になります。

$$h_\theta(x) = \theta_0 + \theta_1 x_1 + \theta_2 x_2 + \cdots + \theta_n x_n$$

### ● 単回帰

$n=1$のとき、予測モデルの特徴量は1つで単回帰の予測モデル（1次関数）になります。

$$h_\theta(x) = \theta_0 + \theta_1 x_1$$

### ● 重回帰

$n \geqq 2$のとき、予測モデルの特徴量は2つ以上で重回帰になります。

この式は$n$次元のパラメータベクトル$\theta = (\theta_1, \theta_2, \cdots, \theta_n)^T$と n次元の特徴量ベクトル$x = (x_1, x_2, \cdots, x_n)^T$の内積に書き直すことができます。内積の計算結果は値（スカラー）で$h_\theta(x)$は住宅価格などの数値になります。

また、特徴量$x_j$の下の添え字$j$は特徴量を区別するインデックスです。バイアスパラメータ$\theta_0$は特徴量$x_j$に依存しないパラメータです。

$$h_\theta(x) = \theta^T x + \theta_0 = \sum_{j=1}^{n} \theta_j x_j + \theta_0$$

さらに、バイアスパラメータ$\theta_0$の特徴量を$x_0 = 1$とすると、予測モデル$h_\theta(x)$はバイアスパラメータ$\theta_0$まで含めた$n+1$次元のパラメータベクトル$\theta = (\theta_0, \theta_1, \cdots, \theta_n)^T$と$n+1$次元の特徴量ベクトル$x = (x_0, x_1, \cdots, x_n)^T$の内積になり、$\theta_0$

も内積の中に含めることができます。

$$h_\theta(x) = \theta^T x = \sum_{j=0}^{n} \theta_j x_j$$

> 活用メモ
> ## ベクトルの表記
> 本書のベクトルは縦ベクトルですが、紙面の都合で縦ベクトル$x$に転置行列Tを付けて横ベクトルで記載します。$x = (x_0, x_1, \cdots, x_n)^T$

### ● 多項式回帰

　重回帰は複数の特徴量を使って予測しますが、特徴量ベクトル$x = (x_0, x_1, \cdots, x_n)^T$の次数が1次のため、表現力に乏しく、特徴量に対して非線形な$sin$関数のような曲線データはモデル化できません。そこで、特徴量ベクトル$x$に高次の項を追加したモデルが多項式回帰です。

$$h_\theta(x) = \theta_0 + \theta_1 x + \theta_2 x^2 + \cdots + \theta_n x^n$$

　多項式回帰は高次の項のおかげで、曲線の表現力を獲得し、$sin$関数のモデル化が可能です。多項式回帰の特徴量ベクトルの次数は高次ですが、パラメータベクトル$\theta = (\theta_0, \theta_1, \cdots, \theta_n)^T$の次数は1次の線形モデルのため、多項式回帰は線形回帰アルゴリズムになります。

> 活用メモ
> ## 非線形モデル
> 非線形モデルは$h_\theta(x) = exp(\theta^T x)$などパラメータ$\theta$が1次以外の項を持つモデルです。4.2節のロジスティック回帰で使用するシグモイド関数も非線形モデルになります。

##  線形回帰アルゴリズムの損失関数

　予測モデルと同様、損失関数も $n$ 個の特徴量を持つ式に拡張します。$J(\theta)$ を最小化するパラメータのベクトル $\theta = (\theta_0,\ \theta_1,\ \cdots,\theta_n)^T$ は $n+1$ 個のパラメータがあり、訓練データを用いて、損失関数が最小化する $n+1$ 個のパラメータを計算します。

$$J(\theta) = \frac{1}{2m}\sum_{i=1}^{m}(h_\theta(x^{(i)}) - y^{(i)})^2$$

$$h_\theta(x^{(i)}) = \theta^T x^{(i)} = \theta_0 + \theta_1 x_1^{(i)} + \theta_2 x_2^{(i)} + \cdots + \theta_n x_n^{(i)} = \sum_{j=0}^{n}\theta_j x_j^{(i)}$$

　線形回帰モデルの場合、損失関数 $J(\theta)$ の最小値はパラメータ $\theta = (\theta_0,\ \theta_1,\ \cdots,\theta_n)^T$ の線形性のおかげで、正規方程式を用いて解析的に計算できます。正規方程式は結果を解析計算できる方程式のことでパラメータ $\theta$ の数式は以下になります。

$$\theta = (X^T X)^{-1} X^T y$$

　一方、4.2節で紹介するロジスティック回帰はパラメータ $\theta$ の非線形性が原因で解析計算できません。この場合、3.4節で紹介する勾配降下法で、損失関数 $J(\theta)$ の最小値を近似計算します。

　正規方程式の計算に用いる $X$ は $n+1$ 個の特徴量と $m$ 個の訓練データで構成された行列になります。実際、scikit‒learn の線形回帰モデルのライブラリ「LinearRegression」は正規方程式を使って、パラメータ $\theta$ を計算します。そのため、線形回帰の実装は勾配降下法で必須となる繰り返し回数などのハイパーパラメータ指定が不要になります。

**重回帰による住宅価格予測モデルの実装**

　単回帰の実装では、住宅価格データセットの平均部屋数（RM）の特徴量から、住宅価格（MDEV）を予測するモデル$h_\theta(x) = \theta_0 + \theta_1 x$を作成しました。しかし、実際の住宅価格は平均部屋数だけでなく、築年数、立地、犯罪率など複数の特徴量で総合的に決まります。そこで、次は複数の特徴量で住宅価格を予測する重回帰モデルを実装します。住宅価格データセットは全部で13個の特徴量があるので、予測モデルは13個の特徴量とパラメータの線形和にバイアスパラメータをプラスした式になります。

$$h_\theta(x) = \theta_0 + \theta_1 x_1 + \theta_2 x_2 + \cdots + \theta_{13} x_{13}$$

　ただし、今度は特徴量が13個あり単回帰のようにモデルをプロットで可視化できません。そこで、平均二乗和誤差（Mean Squared Error:MSE）と残差プロットの2つの方法でモデルの性能を評価します。

　残差プロットは横軸に予測、縦軸に残差（予測－正解）をプロットして、誤差のばらつきを視覚的に把握する方法です。

　ここからは具体的な実装の手順に進みます。最初に実装に必要なscikit－learnのライブラリをインポートします。

▼ライブラリのインポート

`In`

```
# ライブラリのインポート
%matplotlib inline
import matplotlib.pyplot as plt
import numpy as np
import pandas as pd
from sklearn.linear_model import LinearRegression
from sklearn.preprocessing import StandardScaler
from sklearn.model_selection import train_test_split
from sklearn.metrics import mean_squared_error
```

　住宅価格データセットをデータフレームに格納し、ヘッダを追加し、先頭の5行を表示します。

▼ **住宅価格データセットのデータフレームへの格納**

In

```
# 住宅価格データセットの読み込み
df=pd.read_csv('https://archive.ics.uci.edu/ml/machine−learning
−databases/housing/housing.data', header=None, sep='\s+')

df.columns=['CRIM','ZN', 'INDUS', 'CHAS', 'NOX', 'RM', 'AGE',
'DIS', 'RAD', 'TAX', 'PTRATIO', 'B', 'LSTAT', 'MEDV']

# 先頭5行の表示
pd.DataFrame(df.head())
```

Out

| | CRIM | ZN | INDUS | CHAS | NOX | RM | AGE | DIS | RAD | TAX | PTRATIO | B | LSTAT | MEDV |
|---|---|---|---|---|---|---|---|---|---|---|---|---|---|---|
| 0 | 0.00632 | 18.0 | 2.31 | 0 | 0.538 | 6.575 | 65.2 | 4.0900 | 1 | 296.0 | 15.3 | 396.90 | 4.98 | 24.0 |
| 1 | 0.02731 | 0.0 | 7.07 | 0 | 0.469 | 6.421 | 78.9 | 4.9671 | 2 | 242.0 | 17.8 | 396.90 | 9.14 | 21.6 |
| 2 | 0.02729 | 0.0 | 7.07 | 0 | 0.469 | 7.185 | 61.1 | 4.9671 | 2 | 242.0 | 17.8 | 392.83 | 4.03 | 34.7 |
| 3 | 0.03237 | 0.0 | 2.18 | 0 | 0.458 | 6.998 | 45.8 | 6.0622 | 3 | 222.0 | 18.7 | 394.63 | 2.94 | 33.4 |
| 4 | 0.06905 | 0.0 | 2.18 | 0 | 0.458 | 7.147 | 54.2 | 6.0622 | 3 | 222.0 | 18.7 | 396.90 | 5.33 | 36.2 |

　特徴量Xに1列目から13列目のデータを設定し、正解yに14列目の住宅価格を設定します。なお、データフレームのインデックスを0から開始するので、インデックス12までを特徴量に設定します。Xとyの先頭を表示すると、正しく設定されていることがわかります。

活用メモ

# pandasの基本操作3 (ilocを用いた行と列の絞り込み)

dfのデータを絞り込む方法にilocがあります。ilocは ['MEDV'] などラベル名を指定する代わりに、行番号と列番号のインデックスを指定します。Xの1次元目は全件取得するため「:」を指定して、2次元目は「0:13」を指定し、0列目のCRIMから12列目のLSTATまで取得します。

▼特徴量Xと正解yの設定

`In`

```
# すべての特徴量を選択
X=df.iloc[:, 0:13].values
# 正解に住宅価格 (MDEV) を設定
y = df['MEDV'].values

# 特徴量と正解の先頭3行を表示
X[:3], y[:3]
```

`Out`

```
(array([[6.3200e-03, 1.8000e+01, 2.3100e+00, 0.0000e+00, 5.3800e
-01,
        6.5750e+00, 6.5200e+01, 4.0900e+00, 1.0000e+00,
2.9600e+02,
        1.5300e+01, 3.9690e+02, 4.9800e+00],
       [2.7310e-02, 0.0000e+00, 7.0700e+00, 0.0000e+00, 4.6900e
-01,
        6.4210e+00, 7.8900e+01, 4.9671e+00, 2.0000e+00,
2.4200e+02,
        1.7800e+01, 3.9690e+02, 9.1400e+00],
       [2.7290e-02, 0.0000e+00, 7.0700e+00, 0.0000e+00, 4.6900e
-01,
        7.1850e+00, 6.1100e+01, 4.9671e+00, 2.0000e+00,
2.4200e+02,
        1.7800e+01, 3.9283e+02, 4.0300e+00]]), array([24. ,
21.6, 34.7]))
```

特徴量Xと正解yを関数train_test_splitで8:2の割合に分割し、訓練データとテストデータにそれぞれ使用します。訓練データはパラメータ($\theta_0, \theta_1, \cdots, \theta_{13}$)を計算するために使用し、テストデータは計算したパラメータの性能を評価するためMSEの計算に使用します。分割後のX_trainの行数は404行になり、1行ごとに13個の特徴量があることを確認できます。なお、8:2に分割される訓練データとテストデータの組み合わせは分割するつど変わります。そこで、繰り返し実行しても、同じ分割結果になるようrandom_stateで分割するデータを固定します。

▼訓練データとテストデータの分割（3.1節のステップ1）

`In`

```
# 特徴量と正解を訓練データとテストデータに分割
X_train, X_test, y_train, y_test = train_test_split(X, y, test_size=0.2, random_state=0)
print('X_trainの形状:',X_train.shape,' y_trainの形状:',y_train.shape,' X_testの形状:',X_test.shape,' y_testの形状:',y_test.shape)
```

`Out`

```
X_trainの形状: (404, 13)  y_trainの形状: (404,)  X_testの形状: (102, 13)  y_testの形状: (102,)
```

次に分割した特徴量X_trainとX_testを標準化します。scikit – learnは標準化の変換器のライブラリStandardScalerを提供していて、変換器を用いると簡単に標準化できます。特徴量の標準化の変換器StandardScalerをscに設定します。訓練データを引数にして、fitメソッドで標準化の変換器を訓練し、続けてtransformメソッドで標準化を実行します。

fit_transformメソッドは訓練と変換を同時に実行し、標準化された訓練データの特徴量はX_train_stdに設定します。なお、X_testはテスト用なので、fitメソッドは不要で訓練データで訓練された変換器を使用して標準化します。

X_train_std[0]で1件目の特徴量を確認すると、各特徴量は標準化され、同程度の大きさになっています。

---

✒ **活用メモ**

## fit_transform（X_test）を実行しない理由

テストデータは性能を評価するために分けたデータなので、予測モデルの作成に使用してはいけません。また、標準化の変換器の訓練にも、テストデータは使ってはいけません。そのため、訓練データで標準化の変換器を訓練し、訓練した変換器を使ってテストデータを標準化します。

---

▼訓練データとテストデータの標準化（ステップ2）

`In`

```
# 特徴量の標準化
sc = StandardScaler()
# 訓練データで標準化モデルを作成し変換
X_train_std = sc.fit_transform(X_train)
# 作成した標準化モデルでテストデータを変換
X_test_std = sc.transform(X_test)
# 標準化された訓練データ
X_train_std[0]
```

`Out`

```
array([−0.37257438, −0.49960763, −0.70492455,  3.66450153,
−0.42487874,
        0.93567804,  0.69366877, −0.4372179 , −0.16224243,
−0.56165616,
       −0.48463784,  0.3716906 , −0.41100022])
```

　LinearRegressionをmodelに設定して、標準化した特徴量X_train_stdと正解の住宅価格y_trainを引数にして、fitメソッドで線形回帰モデルを訓練します。

▼モデルの訓練（ステップ3,4,5）

`In`

```
# 線形回帰モデルを作成
model = LinearRegression()
```

```
# モデルの訓練
model.fit(X_train_std, y_train)
```

Out

```
LinearRegression(copy_X=True, fit_intercept=True, n_jobs=None,
normalize=False)
```

　訓練後のモデルはパラメータ$(\theta_0, \theta_1, \cdots, \theta_{13})$の計算結果を持っていて、coef_ メソッドはモデルからパラメータ$(\theta_1, \theta_2, \cdots, \theta_{13})$、intercept_ メソッドはパラメータ$\theta_0$を取り出します。結果、特徴量13個で訓練した予測モデルは以下の式になります。

$$h_\theta(x) = 22.61 - 0.97x_1 + 1.06x_2 + \cdots - 3.59x_{13}$$

　予測モデル$h_\theta(x)$は特徴量を標準化してから、パラメータを計算しています。そのため、未知のデータ$x = (x_1, x_2, \cdots, x_{13})^T$の住宅価格を予測する場合、訓練データで作成したtransform メソッドを用いて、$x = (x_1, x_2, \cdots, x_{13})^T$を標準化してから予測モデルに入力する点にご注意ください。

▼ モデルからのパラメータの取り出し

In

```
print('傾き:', model.coef_)
print('切片:', model.intercept_)
```

Out

```
傾き: [-0.97082019  1.05714873  0.03831099  0.59450642 -1.8551476
2.57321942
 -0.08761547 -2.88094259  2.11224542 -1.87533131 -2.29276735
0.71817947
 -3.59245482]
切片: 22.611881188118804
```

　本実装の最後に予測モデルの性能を2つの方法で評価します。モデルに特徴量

を入力して、predict メソッドを実行すると、住宅価格を出力します。MSE は数値が低いほど性能が良いモデルになります。訓練データとテストデータを使って、MSE を計算すると以下の結果になります。

　ここで大事なのはテストデータの MSE になります。モデルは訓練データを使ってパラメータを計算しているため、訓練データの MSE は訓練データに最適化された状態（3.3節の過学習）の可能性があります。そのため、テストデータの MSE の方がモデルの性能を客観的に評価しています。

▼ MSE の計算（ステップ6）

`In`

```
# 訓練データ、テストデータの住宅価格を予測
y_train_pred = model.predict(X_train_std)
y_test_pred = model.predict(X_test_std)

# MSEの計算
print('MSE train: %.2f, test: %.2f' % (
    np.mean((y_train - y_train_pred) ** 2),
    np.mean((y_test - y_test_pred) ** 2)))
```

`Out`

```
MSE train: 19.33, test: 33.45
```

　なお、scikit - learn は関数 mean_squared_error を提供していて、この関数の結果は1つ上の実行結果と同じになります。以降はこの関数を使って MSE を計算します。

▼ 関数 mean_squared_error を使用した MSE の計算

`In`

```
# 正解の住宅価格と予測の住宅価格の差をMSEを計算
print('MSE train: %.2f, test: %.2f' % (
        mean_squared_error(y_train, y_train_pred),
        mean_squared_error(y_test, y_test_pred)))
```

```
MSE train: 19.33, test: 33.45
```

　もう1つの回帰の評価方法の残差プロットを実行します。残差プロットは訓練データとテストデータそれぞれの予測の住宅価格を横軸、住宅価格の残差（予測－正解）を縦軸に設定してプロットします。

▼残差プロット

In

```
# 残差プロット
plt.figure(figsize=(8,4)) #プロットのサイズ指定

plt.scatter(y_train_pred,  y_train_pred － y_train,
            c='red', marker='o', edgecolor='white',
            label='Training data')
plt.scatter(y_test_pred,  y_test_pred － y_test,
            c='blue', marker='s', edgecolor='white',
            label='Test data')
plt.xlabel('Predicted values')
plt.ylabel('Residuals')
plt.legend(loc='upper left')
plt.hlines(y=0, xmin=－10, xmax=50, color='black', lw=2)
plt.xlim([－10, 50])
plt.tight_layout()

plt.show()
```

Out

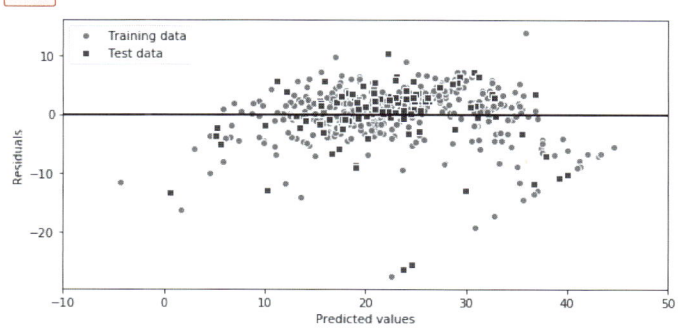

83

　上図は、残差プロットは誤差のばらつきを視覚化したもので、ばらつきが小さいほど性能が良いモデルになります。プロットを確認すると、− 10 から 10 くらいの範囲に誤差のばらつきが見られます。このプロットだけだと、誤差の大きさを比較できないので、MSE が小さい 3.6 節にて、3.6 節のプロットと本実装のプロットを比較します。

##  多項式回帰の予測モデル

　最後に多項式回帰の予測モデルを紹介します。重回帰モデルは特徴量が 1 次のため、表現力が乏しく非線形データのモデル化ができない問題がありました。

$$h_\theta(x) = \theta_0 + \theta_1 x_1 + \theta_2 x_2 + \cdots + \theta_n x_n$$

　この問題を克服するため、特徴量に高次の項を追加し、非線形データを表現できるようにします。簡単な例として、重回帰モデルの特徴量を $x$ の 1 個に絞り、2 次の特徴量 $x^2$ の項を追加します。結果、予測モデルは 2 次関数の非線形データの表現力を獲得し、パラメータ $\theta_0$，$\theta_1$，$\theta_2$ を計算できたら、2 次関数のモデル化が可能になります。

$$h_\theta(x) = \theta_0 + \theta_1 x + \theta_2 x^2$$

　この例のように、特徴量に 2 次以上の項を追加し、追加した特徴量のパラメータを計算することで曲線のモデル化が可能です。多項式回帰は特徴量の次数が高次であるほど、複雑な曲線になります。多項式回帰の予測モデルは多項式変換関数 $\phi(x)$ で 1 次の特徴量を 2 次以上の特徴量に変換して作成します。

$$h_\theta(x) = \theta_0 + \theta_1 x$$

$$h_\theta(\phi(x)) = \theta_0 + \theta_1 x + \theta_2 x^2$$

## 多項式回帰のシンプルな実装

　多項式回帰を用いたsin関数や住宅価格の予測モデル実装前に、簡単な多項式回帰の実装例を紹介します。特徴量Xに2を設定し、Xを変換器PolynomialFeaturesで多項式に変換します。変換器のハイパーパラメータ「degree=6」を指定します。結果、X_polは$2^1$, $2^2$, …, $2^6$の配列が格納され、特徴量は6次の多項式になりました。また、変換器のハイパーパラメータ「include_bias =True」の場合は、X_polに$2^0=1$が追加されます。結果、バイアスパラメータが$\theta_0+1$になるので、変換前のバイアスパラメータを変更したくない場合は「include_bias =False」を指定します。

◆ 多項式変換のハイパーパラメータ指定

| degree | 多項式変換の次数 |
|---|---|
| include_bias | バイアスパラメータに多項式変換の0乗を追加する場合にTrueを指定（デフォルトはFalse） |

▼ 1次の特徴量を6次の特徴量に変換する例

`In`
```python
import numpy as np
from sklearn.preprocessing import PolynomialFeatures
# Xは1次の特徴量
X = [[2]]
# 特徴量の変換
POLY = PolynomialFeatures(degree=6 , include_bias = False)
# X_polは6次の特徴量
X_pol = POLY.fit_transform(X)
X_pol
```

`Cut`
```
array([[ 2.,   4.,   8., 16., 32., 64.]])
```

活用メモ

### 変換器へ入力する際の配列の次元

scikit - learnの変換器は2次元配列を入力する仕様です。そのため、1次元配列 [2] だとエラーになります。

## 多項式回帰による sin 関数の実装

次は、多項式回帰を用いて sin 関数の予測モデルを実装します。sin 関数のデータセットはないので、最初に訓練データを作成します。

▼ライブラリのインポート

In

```
# ライブラリのインポート
%matplotlib inline
import matplotlib.pyplot as plt
import numpy as np
from sklearn.linear_model import LinearRegression
from sklearn.preprocessing import PolynomialFeatures
```

訓練データのXは0から4の範囲で15個のデータを作成し、[:, np.newaxis]で2次元配列にします。正解yはXのsin関数にノイズを加えて作成します。sin関数yの計算結果は2次元配列なので、ravelメソッドを使い1次元配列にします。また、ノイズは同じ結果が再現できるようseedメソッドで乱数を固定します。

訓練データの作成に続いて、予測モデルを作成します。特徴量Xが1次の項だとsin関数は表現できないので、変換器PolynomialFeaturesにハイパーパラメータ「degree=3」を指定し、fit_transformメソッドで3次の多項式に変換します。これで訓練前の前処理は完了です。

◆多項式変換のハイパーパラメータ指定

| degree | 多項式変換の次数 |
|---|---|
| include_bias | バイアスパラメータに多項式変換の0乗を追加する場合にTrueを指定（デフォルトはFalse） |

▼訓練データ（sin関数）の作成と多項式変換

`In`

sin関数の作成と特徴量の多項式変換

```
# sin関数にノイズを追加して訓練データ(X, y)を作成
np.random.seed(seed=8) #乱数を固定
X = np.random.uniform(0, 4, 15)[:, np.newaxis]
y = np.sin(1/4 * 2 * np.pi * X ).ravel()+np.random.normal(0, 0.3,
15)


# 特徴量の多項式変換
POLY = PolynomialFeatures(degree=3, include_bias = False)
X_pol = POLY.fit_transform(X)
```

活用メモ

## scikit‐learnの特徴量Xの仕様

scikit‐learnの特徴量Xは2次元配列を使用する仕様になっています。その
ため、[:, np.newaxis] を使い、X_pltを1次元配列から2次元配列に変換し
てからモデルもしくは変換器に入力します。

活用メモ

## scikit‐learnの正解yの仕様

scikit‐learnの正解yは1次元配列を使用する仕様になっています。そのた
め、ravelメソッドを使って2次元配列を1次元配列に変換します。

　線形回帰の予測モデルを訓練します。訓練の引数に多項式変換された特徴量
X_polと正解yを指定し、fitメソッドを実行します。

▼線形回帰モデルの訓練

In

```
# 線形回帰モデルを作成
model = LinearRegression()

# 多項式変換した特徴量と正解を用いてモデルの訓練
model.fit(X_pol, y)
```

Out

```
LinearRegression(copy_X=True, fit_intercept=True, n_jobs=None,
normalize=False)
```

　プロット作成用の変数X_pltは1次元配列np.arangeを[:, np.newaxis]で2次元配列にして、多項式変換器PolynomialFeaturesのtransformメソッドで3次の多項式に変換します。

　結果、正解と予測のsin関数を比較します。予測モデルは3次に拡張した特徴量を用いたおかげで、曲線になり、正解に近い予測モデルが実装できました。

▼sin関数のプロット

In

```
plt.figure(figsize=(8,4)) #プロットのサイズ指定

# プロット用にデータX_pltを作成
X_plt = np.arange(0, 4, 0.1)[:, np.newaxis]
# 正解のプロット
y_true = np.sin(1/4 * 2 * np.pi * X_plt ).ravel()
# 予測モデルのプロット
y_pred = model.predict(POLY.transform(X_plt))

# sin関数の線形回帰によるモデル化
plt.scatter(X, y, color='blue', label='data')
plt.plot(X_plt, y_true, color='lime', linestyle='ー', label='True
sin(X)')
plt.plot(X_plt, y_pred, color='red', linestyle='ー',
```

```
label='LinearRegression')
plt.legend(loc='upper right')

plt.show()
```

Out

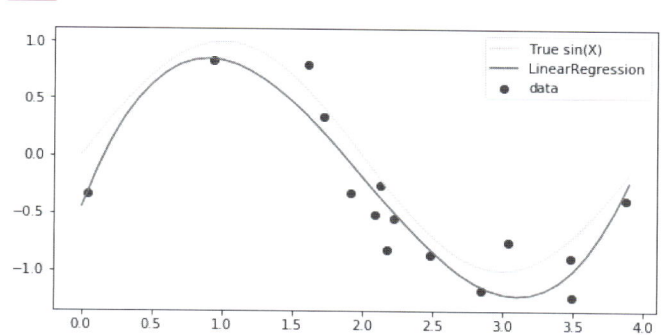

##  多項式回帰による住宅価格予測モデルの実装

多項式回帰の最後の実装は住宅価格の予測モデルです。重回帰は13個の特徴量を用いたモデルですが、特徴量は1次で表現が乏しいモデルでした。本実装は特徴量を2次まで拡張して、重回帰と比べてどの程度がMSE改善するか確認します。

▼ライブラリのインポート

In

```
# ライブラリのインポート
%matplotlib inline
import matplotlib.pyplot as plt
import numpy as np
import pandas as pd
from sklearn.linear_model import LinearRegression
from sklearn.preprocessing import StandardScaler
from sklearn.preprocessing import PolynomialFeatures
from sklearn.model_selection import train_test_split
```

```
from sklearn.metrics import mean_squared_error
```

▼**住宅価格データセットのデータフレームへの格納**

In

```
# 住宅価格データセットの読み込み
df=pd.read_csv('https://archive.ics.uci.edu/ml/machine-learning
-databases/housing/housing.data', header=None, sep='\s+')

df.columns=['CRIM','ZN', 'INDUS', 'CHAS', 'NOX', 'RM', 'AGE',
'DIS', 'RAD', 'TAX', 'PTRATIO', 'B', 'LSTAT', 'MEDV']

# データフレームの形状
print('dfの形状', df.shape)
```

Out

```
dfの形状 (506, 14)
```

▼**住宅価格データセットのすべての特徴量を使い訓練データ、テストデータに分割**

In

```
# すべての特徴量を選択
X=df.iloc[:, 0:13].values
# 正解に住宅価格(MDEV)を設定
y = df['MEDV'].values

# 特徴量と正解を訓練データとテストデータに分割
X_train, X_test, y_train, y_test = train_test_split(X, y, test_
size=0.2, random_state=0)
print('X_trainの形状:',X_train.shape,' y_trainの形状:',y_train.
shape,' X_testの形状:',X_test.shape,' y_testの形状:',y_test.shape)
```

Out

```
X_trainの形状: (404, 13)  y_trainの形状: (404,)  X_testの形状: (102,
13)  y_testの形状: (102,)
```

#### ◆ 多項式変換のハイパーパラメータ指定

| degree | 多項式変換の次数 |
|---|---|
| include_bias | バイアスパラメータに多項式変換の0乗を追加する場合に Trueを指定（デフォルトはFalse） |

多項式回帰の変換器にPolynomialFeaturesハイパーパラメータ「degree=2」を指定し、13個の特徴量を2次の多項式に変換します。結果、本来は105項ができますが、「include_bias=False」のため1項少ない104項の配列になります。

活用メモ

### 多項式変換後の項数

多項式変換後の項数 $n$ 個の特徴量を $d$ 次元に変更した場合の項数は $((n+d)!)/d!n!$ になります。

#### ▼ 13個の特徴量を2次多項式に変換

In

```
# 特徴量を2次多項式に変換
POLY = PolynomialFeatures(degree=2, include_bias = False)

X_train_pol = POLY.fit_transform(X_train)
X_test_pol = POLY.transform(X_test)
X_train_pol.shape, X_test_pol.shape
```

Out

```
((404, 104), (102, 104))
```

次に104項に拡張した特徴量を標準化します。訓練データで標準化の変換器StandardScalerを訓練し、その変換器を用いてテストデータを変換します。変換後の訓練データの特徴量は標準化されていることがわかります。

### ▼多項式変換した特徴量の標準化

`In`

```
# 特徴量の標準化
sc = StandardScaler()
# 訓練データを変換器で標準化
X_train_std = sc.fit_transform(X_train_pol)
# テストデータを作成した変換器で標準化
X_test_std = sc.transform(X_test_pol)

# 標準化された訓練データ
X_train_std[0]
```

`Out`

```
array([-0.37257438, -0.49960763, -0.70492455,  3.66450153,
-0.42487874,
        0.93567804,  0.69366877, -0.4372179 , -0.16224243,
-0.56165616,
       -0.48463784,  0.3716906 , -0.41100022, -0.15828849,
-0.40401763,
(以降、省略)
```

多項式回帰の場合も線形回帰モデルを使用します。モデルに標準化後の特徴量と正解の引数を渡し、fit メソッドで訓練を実行します。

### ▼線形回帰モデルの訓練

`In`

```
# 線形回帰モデルを作成
model = LinearRegression()

# モデルの訓練
model.fit(X_train_std, y_train)
```

Out

```
LinearRegression(copy_X=True, fit_intercept=True, n_jobs=None,
normalize=False)
```

　最後に、訓練データとテストデータのMSEを計算します。結果、訓練データの MSE は重回帰に比べて、大幅に減少しました。ただし、テストデータの MSE はわずかしか減少していません。

▼線形回帰モデルのMSE

In

```
# MSEの計算
y_train_pred = model.predict(X_train_std)
y_test_pred = model.predict(X_test_std)

print('MSE train: %.2f, test: %.2f' % (
        mean_squared_error(y_train, y_train_pred),
        mean_squared_error(y_test, y_test_pred)))
```

Out

```
MSE train: 4.34, test: 31.28
```

　3章は住宅価格データセットの全特徴量を用いて、予測モデルを実装し、アルゴリズムごとのMSEを比較します。重回帰モデルは特徴量が1次のため表現力乏しく、学習不足なモデルになっています。その結果、訓練データ、テストデータのMSEはともにイマイチな結果になっています。一方、多項式回帰モデルは特徴量を2次に拡張し表現力が増えたため、訓練データのMSEが大幅に低下しました。しかし、テストデータのMSEは僅かに低下したのみです。このモデルは過学習しています。3.3節は正則化を用いて、過学習を抑制する方法を紹介します。

# 3.3

# 線形回帰の正則化

本節は Ridge、Lasso、Elasic Net の正則化の効果を持つ予測モデルを紹介します。正則化はモデルの過学習を抑制し、モデルの汎化性能を改善します。過学習はモデルの特徴量が複雑になり、モデルが訓練データに過剰適合するため発生します。そのため、実装は複雑な特徴量を持つ予測モデルに Ridge、Lasso、Elasic Net の正則化を加え、過学習の抑制を確認します。

##  多項式回帰の過学習

　3.2節の多項式回帰の予測モデル（線形回帰モデル）は3次の特徴量のおかげで、曲線の表現力を獲得し、sin関数の予測モデルを実装しました。ただし、モデルの特徴量を高次にすることで、予測モデルが機能しなくなる場合があります。図はsin関数にノイズを追加した非線形データに対し、1, 3, 6, 9次の多項式でモデル化した例です。

■ 図3.4　1次の多項式回帰

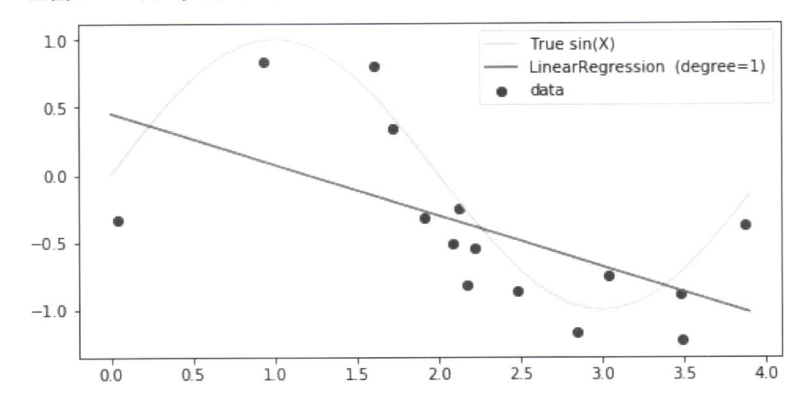

■図3.5 3次の多項式回帰

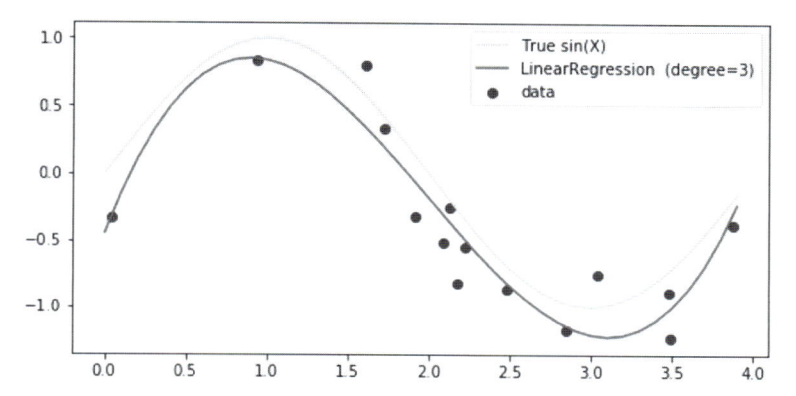

■図3.6 6次の多項式回帰

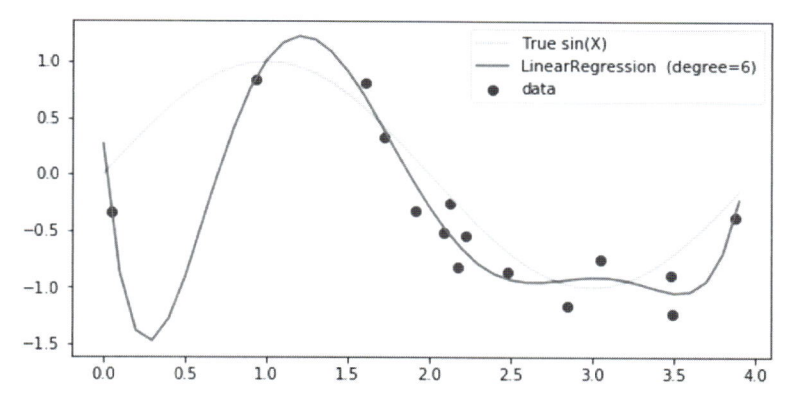

■図3.7 9次の多項式回帰

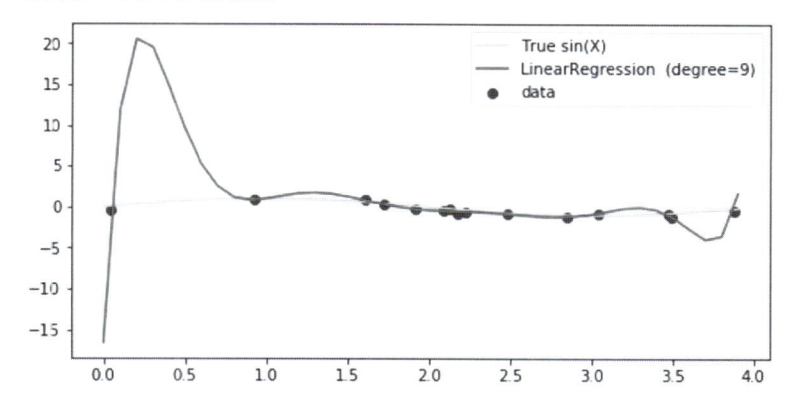

　特徴量の次数が増えるほど複雑な曲線を描き、モデルのプロットは訓練データの点を通るようになります。しかし、6次と9次の多項式のモデルはデータに過剰適合して、sin関数の予測モデルとしては機能していません。この状態を「過学習」と呼びます。逆に、1次の特徴量のモデルは次数が小さく「学習不足」なモデルです。結果、3次の多項式回帰モデルが学習不足でも過学習でもなく、最もsin関数に近いモデルです。

　過学習は訓練データの誤差は小さく、テストデータの誤差は大きくなる傾向があります。過学習への対応は特徴量をシンプルにする（特徴量の項数を減らす、次数を下げる）、もしくは訓練データを増やすことです。ただし、実際は訓練データを十分に準備できず、特徴量もシンプルにできない場合もあります。本節で紹介する正則化は訓練データを増やすことなく、過学習を抑制できる有効な方法です。

**活用メモ**

**学習不足と過学習の関係**

学習不足の場合はモデルの特徴量がシンプル過ぎる状態です。逆に、過学習の場合はモデルの特徴量が複雑過ぎる状態です。両者はトレードオフの関係にあります。

##  Ridge回帰による過学習の抑制

　正則化は損失関数のパラメータが大きくなり過ぎないようペナルティを課します。正則化はL2正則化、L1正則化、L1+L2正則化はの3つがありますが、最も基本的なL2正則化から紹介します。L2正則化ありの線形回帰モデルを「Ridge回帰」と呼びます。

　L2正則化ありの損失関数は以下の式です。$m$は訓練データの数、$n$は特徴量の数です。損失関数の平均二乗誤差の項は訓練データ$m$個の和、正則化の項は$n$個のパラメータ$\theta$の2乗和になります。正則化項の特徴量はインデックス$j=1$から開始して、バイアスパラメータ$\theta_0$を含めない点にご注意ください。バイアスパラメータは特徴量$x_0^{(i)}=1$の定数の前提のため、正則化の対象外です。

$$J(\theta) = \frac{1}{2m}\left[\sum_{i=1}^{m}(h_\theta(x^{(i)}) - y^{(i)})^2 + \alpha\sum_{j=1}^{n}\theta_j^2\right]$$

$$h_\theta(x^{(i)}) = \theta^T x = \theta_0 + \theta_1 x_1^{(i)} + \theta_2 x_2^{(i)} + \cdots + \theta_n x_n^{(i)}$$

　損失関数がイメージし辛いので、予測モデルの特徴量$x$は2次式で$h_\theta(x) = \theta_0 + \theta_1 x + \theta_2 x^2$と単純化して考えます。このとき損失関数は特徴量数$n = 2$で、正則化は$\theta_1$と$\theta_2$の2つのパラメータに2乗でペナルティを課し以下の式になります。

$$J(\theta) = \frac{1}{2m}\left[\sum_{i=1}^{m}(\theta_0 + \theta_1 x^{(i)} + \theta_2 x^{(i)2} - y^{(i)})^2 + \alpha(\theta_1^2 + \theta_2^2)\right]$$

　予測モデルは過学習すると、パラメータベクトルの成分の絶対値は大きくなる傾向があります。そのため、モデルが過学習して、平均二乗誤差の損失関数を下げようとするとパラメータ$\theta$の絶対値が大きくなり、L2正則化の損失関数が大きくなります。つまり、もし過学習によって平均二乗誤差が減少したとしても、その減少以上に正則化が増加した場合、損失関数全体は減少しないことになります。

　ハイパーパラメータ$\alpha$は正則化項の強さをコントロールして、$\alpha$が大きいほど正則化が強くなります。$\alpha$は平均二乗誤差と正則化の損失関数のバランスを調整します。

　パラメータ$\theta_1$と$\theta_2$で2次元の等高線で損失関数$J(\theta)$を可視化すると、1項目の平均二乗誤差は右上の円で、2項目の正則化項は原点の円です。2つの円の中心に近い程$J(\theta)$は小さくなります。2項目のハイパーパラメータ$\alpha$が小さいと原点の円の半径が大きくなり、パラメータ$\theta_1$と$\theta_2$は自由に動けるので、平均二乗誤差の損失関数の最小値が損失関数の最小値になります。逆に、$\alpha$が大きいと半径が小さくなり、パラメータが取りうる範囲は円の中心部近辺に制限されます。そのため、正則化ありの損失関数の最小値は最小値平均二乗誤差（右上の円の中

心）と正則化の最小値（原点の円の中心）の双方に近い円周上の点 $\theta^*$ になります。

■図3.8　L2正則化の損失関数 $J(\theta)$ の等高線

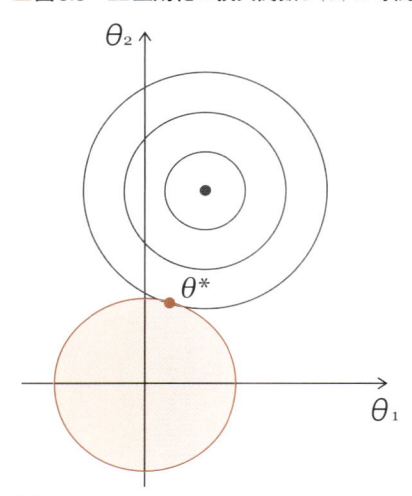

出典 [3]

##  Ridge回帰による sin関数の実装

3.2節は3次の特徴量を持つ線形回帰モデルを作成し、sin関数をモデル化しました。本節は6次の特徴量の線形回帰モデルを作成し、過学習を起こします。続いて、Ridge回帰の予測モデルを作成し、過学習の抑制を確認します。

▼ライブラリのインポート

`In`

```
# ライブラリのインポート
%matplotlib inline
import matplotlib.pyplot as plt
import numpy as np
from sklearn.linear_model import LinearRegression
from sklearn.linear_model import Ridge
from sklearn.preprocessing import PolynomialFeatures
```

3.2節と同じ条件でノイズを追加したsin関数を訓練データに使用します。特徴量は6次の項まで追加するよう変換器PolynomialFeaturesのハイパーパラメータ「degree=6」を指定し、fit_transformメソッドを実行します。

▼ sin関数の作成と特徴量の多項式変換

`In`

```
# sin関数にノイズを追加して訓練データ(X,y)を作成
np.random.seed(seed=8) #乱数を固定
X = np.random.uniform(0, 4, 15)[:, np.newaxis]
y = np.sin(1/4 * 2 * np.pi * X ).ravel()+np.random.normal(0, 0.3, 15)


# 特徴量の多項式変換
POLY = PolynomialFeatures(degree=6, include_bias = False)
X_pol = POLY.fit_transform(X)
```

ハイパーパラメータ「alpha」はL2正則化の強さを指定します。正則化なしの線形回帰モデルとRidgeモデル(L2正則化ありの線形回帰モデル)を用意して、それぞれfitメソッドで訓練します。

◆ Ridge回帰のハイパーパラメータ

| alpha | L2正則化の強さ |
| --- | --- |

▼ 線形回帰モデルとRidge回帰モデルの訓練

`In`

```
# 正則化無しとL2正則化のモデルを作成
model = LinearRegression()
model2 = Ridge(alpha=0.1)
#model2 = Ridge(alpha=0.00001)

# 多項式変換した特徴量と正解を用いてモデルの訓練
model.fit(X_pol, y)
```

```
model2.fit(X_pol, y)
```

Out

```
Ridge(alpha=0.1, copy_X=True, fit_intercept=True, max_iter=None,
      normalize=False, random_state=None, solver='auto',
tol=0.001)
```

　sin関数の線形回帰モデルとRidge回帰の予測モデルを訓練データの散布図の上にプロットします。正則化なしの線形回帰モデルは特徴量が複雑なため、訓練データに過学習したプロットになっています。一方、点線のRidgeモデルは複雑な特徴量が正則化で抑制され正解のsin関数に近いプロットになっています。

▼過学習した線形回帰モデルとRidge回帰（ α = 0.1）

In

```
plt.figure(figsize=(8,4)) #プロットのサイズ指定

# プロット用にデータX_pltを作成
X_plt = np.arange(0, 4, 0.1)[:, np.newaxis]
# 正解のプロット
y_true = np.sin(1/4 * 2 * np.pi * X_plt ).ravel()
# 予測モデルのプロット
y_pred = model.predict(POLY.transform(X_plt))
y_pred2 = model2.predict(POLY.transform(X_plt))

# sin関数への正則ありとなしの線形回帰モデル
plt.scatter(X, y, color='blue', label='data')
plt.plot(X_plt, y_true, color='lime', linestyle='－' ,label='True
sin(X)')
plt.plot(X_plt, y_pred, color='red', linestyle='－
' ,label='LinearRegression')
plt.plot(X_plt, y_pred2, color='blue', linestyle='－－
' ,label='Ridge')
plt.legend(loc='upper right')
```

```
plt.show()
```

Out

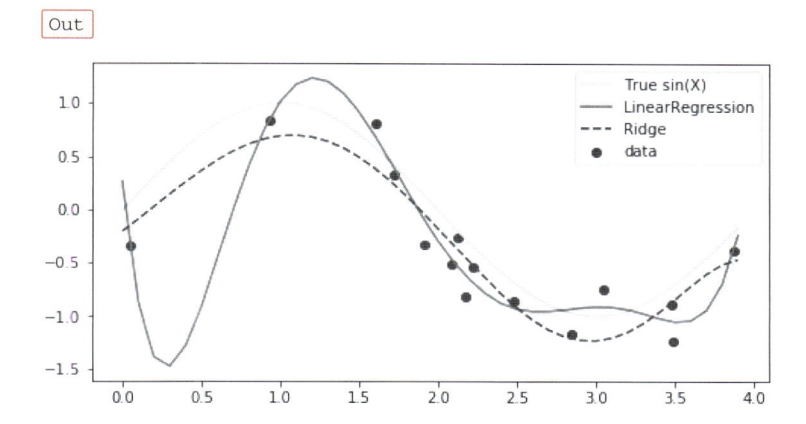

　なお、Ridge回帰モデルのハイパーパラメータ $\alpha = 0.00001$ の場合、L2正則化の効果はゼロに近くなり、線形回帰のLinearRegressionと近い予測モデルになります。

■図3.9　過学習した線形回帰モデルとRidge回帰（$\alpha = 0.00001$）

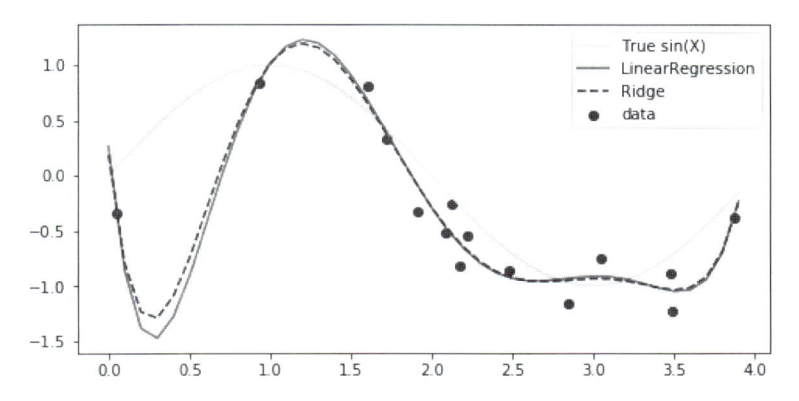

**Lasso回帰による過学習の抑制**

L2正則化は平均二乗誤差の中の$\theta_0$を除く全パラメータに公平にペナルティを課しました。一方、L1正則化は重要度が高い特徴量に絞ってペナルティを課し、重要度が低い特徴量を削除します。そのため、L1正則化は特徴量の数が多く重要でない特徴量を含む予測モデルの特徴量をシンプルにする際に有効です。

L1正則化ありの損失関数は以下の式で、正則化はパラメータの絶対値の和の式になります。L1正則化ありの線形回帰モデルを「Lasso回帰」と呼びます。

$$J(\theta) = \frac{1}{2m} \left[ \sum_{i=1}^{m} (h_\theta(x^{(i)}) - y^{(i)})^2 + \alpha \sum_{j=1}^{n} |\theta_j| \right]$$

$$h_\theta(x^{(i)}) = \theta^T x = \theta_0 + \theta_1 x_1^{(i)} + \theta_2 x_2^{(i)} + \cdots + \theta_n x_n^{(i)}$$

損失関数の一般式だとイメージし辛いので、予測モデルの特徴量は1次の$x_1$, $x_2$で$h_\theta(x) = (\theta_0 + \theta_1 x_1 + \theta_2 x_2)$と単純化します。このとき、パラメータ数は$n$=2になり、損失関数は以下の式になります。

$$J(\theta) = \frac{1}{2m} \left[ \sum_{i=1}^{m} (\theta_0 + \theta_1 x_1^{(i)} + \theta_2 x_2^{(i)} - y^{(i)})^2 + \alpha (|\theta_1| + |\theta_2|) \right]$$

損失関数を等高線で表現します。2項目の正則化項は原点中心の菱形になり、2個のパラメータが取りうる値は菱形の中になるよう制約を受けています。この場合、1項目の平均二乗誤差の最小値と近い点は菱形の$\theta^*$の点で$\theta_1$のパラメータが0になっていることがわかります。パラメータ$\theta^*$の点ではL1正則化により、重要度が低い特徴量$x_1$は削除され、モデルが$h_\theta(x) = \theta_0 + \theta_2 x_2$のシンプルな式になります。

■図3.10 L1正則化の損失関数 $J(\theta)$ の等高線

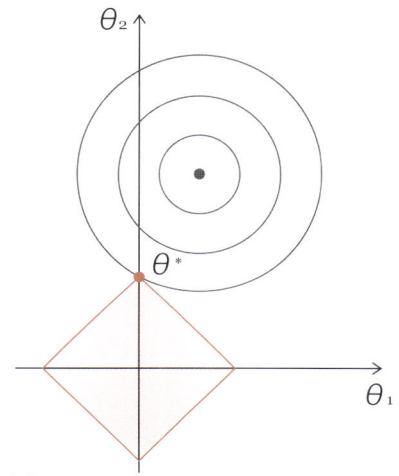

出典[3]

##  Lasso回帰による住宅価格予測モデルの実装

本実装はL1正則化を用いて、不要な特徴量を削除します。住宅価格データセットには13個の特徴量がありますが、この中には住宅価格を予測する上で重要度が低い特徴量も含まれています。また、1次の特徴量そのままでは表現力が乏しいモデルになりますが、多項式回帰にすると過学習が発生します。そこで、特徴量を2次の多項式に拡張して（3.2節の多項式の実装を参照）、表現力の高いモデルを作成し、このモデルの特徴量をL1正則化を用いて過学習を抑制します。L1正則化の効果を確認するため、正則化なしの線形回帰モデルとL1正則化ありのLasso回帰モデルをそれぞれ作成して、2つのモデルのMSEを比較します。

▼ ライブラリのインポート

In

```
# ライブラリのインポート
%matplotlib inline
import matplotlib.pyplot as plt
import numpy as np
import pandas as pd
from sklearn.linear_model import LinearRegression
```

```
from sklearn.linear_model import Lasso
from sklearn.linear_model import ElasticNet
from sklearn.preprocessing import StandardScaler
from sklearn.preprocessing import PolynomialFeatures
from sklearn.model_selection import train_test_split
from sklearn.metrics import mean_squared_error
```

　住宅価格データセットの読込みから特徴量の多項式変換及び標準化までの実装は3.2節と同じなので、ソースコードは省略します。

　Lasso回帰モデルのハイパーパラメータ「alpha」はL1正則化の強さを指定します。線形回帰モデルとLasso回帰モデルは標準化後の特徴量と正解を引数にfitメソッドで訓練します。

◆ Lasso回帰のハイパーパラメータ

| alpha | L1 正則化の強さ |
|---|---|

▼ 線形回帰モデルとLasso回帰モデルの訓練

`In`

```
# 正則化無しとL1正則化のモデルを作成
model = LinearRegression()
model2 = Lasso(alpha=0.1)

# モデルの訓練
model.fit(X_train_std, y_train)
model2.fit(X_train_std, y_train)
```

`Out`

```
Lasso(alpha=0.1, copy_X=True, fit_intercept=True, max_iter=1000,
      normalize=False, positive=False, precompute=False, random_
state=None,
      selection='cyclic', tol=0.0001, warm_start=False
```

　正則化なしの線形回帰モデルのパラメータを表示します。パラメータ数は拡張した特徴量の数と同じ104個になります（特徴量とパラメータは1:1の関係）。

▼ 線形回帰モデルのパラメータ

In

```
# 正則化無しの傾きと切片
print(model.intercept_)
print(model.coef_.shape)
print(model.coef_)
```

Out

```
22.611881188119
(104,)
[-1.73238190e+01   5.57338146e+00  -4.13882888e+01   4.23848940e+00
   4.11601424e+00   5.43841210e+00   3.14362235e+01  -2.49746252e+01
   1.26131503e+01   8.46984514e+00   8.70501997e+00  -1.02385225e+0
省略
```

　次に、正則化ありのLasso回帰モデルのパラメータを確認すると、パラメータの多くが0になっています。これは住宅価格を予測する上で重要度が低い特徴量が削除されたためです。

▼ Lasso回帰モデルのパラメータ

In

```
# L1正則化の傾きと切片
print(model2.intercept_)
print(model2.coef_.shape)
print(model2.coef_)
```

Out

```
22.611881188118844
(104,)
[-0.          0.          0.          0.         -0.
 0.
  0.         -0.          0.          0.         -0.
 0.
 -0.          0.          0.24633868 -0.          0.56721098
```

－ 0.26764504

**省略**

　線形回帰のMSEは3.2節の最後で触れたとおり、過学習しています。

#### ▼ 線形回帰のMSE

In

```
# 正則化無しのMSE
y_train_pred = model.predict(X_train_std)
y_test_pred = model.predict(X_test_std)

print('MSE train: %.2f, test: %.2f' % (
        mean_squared_error(y_train, y_train_pred),
        mean_squared_error(y_test, y_test_pred)))
```

Out

```
MSE train: 4.34, test: 31.28
```

　一方、Lasso回帰のMSEは、訓練データのMSEが増加してますが、テストデータのMSEは大幅に減少しています。L1正則化のおかげで予測モデルの特徴量がシンプルになり、過学習を抑制できました。

#### ▼ Lasso回帰のMSE

In

```
# L1正則化有りのMSE
y_train_pred = model2.predict(X_train_std)
y_test_pred = model2.predict(X_test_std)

print('MSE train: %.2f, test: %.2f' % (
        mean_squared_error(y_train, y_train_pred),
        mean_squared_error(y_test, y_test_pred)))
```

Out

```
MSE train: 11.93, test: 23.94
```

# Elastic Netによる過学習の抑制

最後の正則化のElastic NetはL1正則化とL2正則化を折衷した手法です。Elastic NetはL1正則化項とL2正則化項の和の式で、ハイパーパラメータ$r$はL1正則化とL2正則化をブレンドする比率を指定します。$r=1$のときにElastic NetはL1正則化の損失関数になり、$r=0$のときL2正則化の損失関数になります。$r$はL1正則化の比率を指定します。この損失関数の予測モデルをElastic Netモデルと呼びます。

$$J(\theta) = \frac{1}{2m}\left[\sum_{i=1}^{m}(h_\theta(x^{(i)}) - y^{(i)})^2 + r\alpha\sum_{j=1}^{n}|\theta_j| + \frac{1-r}{2}\alpha\sum_{j=1}^{n}\theta_j^2\right]$$

$$h_\theta(x^{(i)}) = \theta^T x = \theta_0 + \theta_1 x_1^{(i)} + \theta_2 x_2^{(i)} + \cdots + \theta_n x_n^{(i)}$$

■図3.11　L2+L1正則化の損失関数$J(\theta)$の等高線

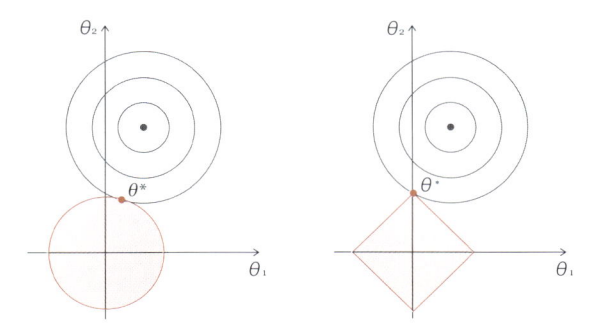

 # Elastic Netによる住宅価格予測モデルの実装

本実装のElastic NetモデルはLasso回帰のハイパーパラメータ「alpha」と同じ正則化の強さ0.1を指定し、L1正則化とL2正則化の比率が6:4になるようハイパーパラメータ「l1_ratio」に0.6を指定し訓練します。

◆ Elastic Netのハイパーパラメータ

| alpha | L1正則化とL2正則化の強さ（共通のハイパーパラメータ） |
|---|---|
| l1_ratio | L1正則化の比率 |

### ▼ Elastic Net モデルの訓練

```
In
```

```
# L1+L2正則化のモデルを作成
model3 = ElasticNet(alpha=0.1, l1_ratio=0.6)

# モデルの訓練
model3.fit(X_train_std, y_train)
```

```
Out
```

```
ElasticNet(alpha=0.1, copy_X=True, fit_intercept=True, l1_
ratio=0.6,
          max_iter=1000, normalize=False, positive=False,
precompute=False,
          random_state=None, selection='cyclic', tol=0.0001,
warm_start=False)
```

　モデルのパラメータを取り出すと、Lasso回帰のモデルに比べてパラメータの値0が減っています。これはL2正則化を40%追加したためです。

### ▼ Elastic Net モデルのパラメータ

```
In
```

```
# L1+L2正則化の傾きと切片
print(model3.intercept_)
print(model3.coef_.shape)
print(model3.coef_)
```

```
Out
```

```
22.61188118811884
(104,)
[-0.          0.          0.          0.         -0.
0.96962931
  0.         -0.17794494  0.40611044  0.         -0.25150181  0.
 -0.          0.          0.28264552 -0.          0.66207521
-0.14156505
```

**省略**

　モデルのMSEを計算すると、L2正則化を40%追加したため、MSEがL1正則化だけのLasso回帰モデルに比べて増加しました。住宅データセットは不要な特徴量も多いデータセットのため、L1正則化はL2正則化よりも過学習の抑制に有効なことが確認できました。

▼ Elastic Net モデルの MSE

`In`

```
# L1+L2正則化有りのMSE
y_train_pred = model3.predict(X_train_std)
y_test_pred = model3.predict(X_test_std)

print('MSE train: %.2f, test: %.2f' % (
        mean_squared_error(y_train, y_train_pred),
        mean_squared_error(y_test, y_test_pred)))
```

`Out`

```
MSE train: 12.16, test: 25.06
```

　本節では、正則化項を持つアルゴリズムで住宅価格データセットの予測モデルを作成し、アルゴリズムごとのMSEを比較しました。Lasso回帰モデルは重要度が低い特徴量を削除しました。結果、訓練データ、テストデータのMSEが減少しました。3.2節の多項式回帰のMSEと比べると、Lasso回帰は非常に有効に機能し、過学習を抑制することがわかります。また、Elastic NetはLasso回帰を60%に設定し40%のRidge回帰を追加した結果、MSEはLasso回帰に比べて上昇しました。住宅価格データセットはRidge回帰やElastic Netよりも、Lasso回帰の方が相性が良くMSEの低下に有効なことが確認できました。

# 3.4

# 線形回帰の確率的勾配降下法

3.2節の線形回帰は、正規方程式を用いてパラメータを解析的に計算しました。しかし、正規方程式は使える場面が限られています。そこで、本節は汎用的で大規模なデータでも計算可能な「確率的勾配降下法」という新しい計算方法を紹介します。

##  正規方程式の限界

3.2節の線形回帰モデル LinearRegression は、正規方程式 $\theta = (X^T X)^{-1} X^T y$ を用いて、パラメータ $\theta = (\theta_0, \theta_1, \cdots, \theta_n)^T$ を解析的に計算しました。しかし、正規方程式は解析的に解ける場面が限られている問題と解ける場合も訓練データが大規模だと計算できない2つの問題があります。

### ● 解析的に解ける場面が限られている問題

正規方程式は予測モデルのパラメータベクトル $\theta = (\theta_0, \theta_1, \cdots, \theta_n)^T$ の成分の次数が1次（線形回帰アルゴリズム）の場合に限り計算できます。そのため、4.2節で紹介するロジスティック回帰の損失関数はシグモイド関数のため、パラメータベクトルが非線形になり、正規方程式で計算できません。

### ● 訓練データが大規模だと計算できない問題

$X$ は $n$ 個の特徴量と $m$ 個の訓練データで構成された行列です。正規方程式は特徴量の数 $n$ が増えると急激に計算量が増える特徴があります。また、訓練データ数 $m$ は線形に計算量が増えます。そのため、メモリに収まらない大規模な訓練データは正規方程式で計算できません。

本節で紹介する確率的勾配降下法「SGDRegressor」のモデルは訓練データが大規模で、LinearRegression で計算できない場合に使用します。ただし、確率的勾配降下法は近似計算のため、正規方程式を使った計算に比べて、計算精度が劣ります。また、モデルの作成時に学習率 $\eta$、実行回数 max_iter のハイパーパラメータの指定が必要になります。

#  勾配降下法の計算イメージ

勾配降下法は損失関数の最小値を計算する汎用的な計算方法です。勾配降下法は予測モデルのパラメータ $\theta$ が非線形でも計算可能で、4.2節のロジスティック回帰のパラメータの計算に使用します。

勾配降下法は損失関数 $J(\theta)$ の勾配 $(\partial/\partial\theta)J(\theta)$ を計算して、損失関数が小さくなるよう $\theta$ を勾配の符号と逆方向に更新します。例えば、図のように $x$ 軸が $\theta$、$y$ 軸が $J(\theta)$ の損失関数のグラフで、$J(\theta)$ の最小点 $\theta^*$ を計算する例を考えます。

初期値 $\theta$ の勾配がプラス $(\partial/\partial\theta)J(\theta)>0$ の場合、$\theta$ をマイナス方向に更新して、初期値 $\theta$ を $\theta^*$ に近づけます。逆に、勾配がマイナス $(\partial/\partial\theta)J(\theta)<0$ の場合、$\theta$ をプラス方向に更新します。つまり、勾配の符号とは逆向きに初期値の $\theta$ を少しずつ更新し、この作業を繰り返すことで最小点 $\theta^*$ を近似的に計算します。勾配降下法は以下の式になります。

$$\theta := \theta - \eta \frac{\partial}{\partial\theta} J(\theta)$$

$\eta$ は「学習率」と呼び、小さいプラスの値を設定します。学習率は更新する勾配のステップ幅を決めます。初期値 $\theta$ は最小値の $\theta^*$ から離れていると勾配 $(\partial/\partial\theta)J(\theta)$ は大きく $\theta$ の更新幅も大きくなります。逆にパラメータ $\theta$ が $\theta^*$ に近くなると、勾配は小さくなり更新幅も次第に小さくなります。そのため、学習率 $\eta$ は固定値でも更新幅が次第に小さくなり、最小値の $\theta^*$ に到達します。

■ **図3.12 勾配降下法は勾配の符号と逆に反対運動し坂を下る**

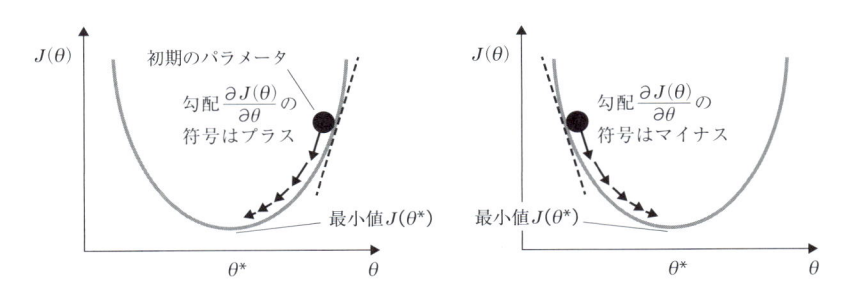

学習率 $\eta$ は小さ過ぎると学習に時間がかかり過ぎて、大き過ぎると更新幅が大きく発散します。

**■図3.13 学習率 $\eta$ が小さい場合と大きい場合の更新幅**

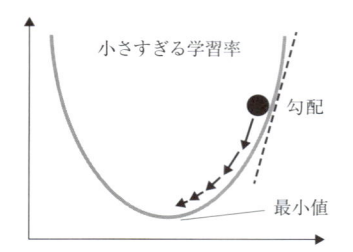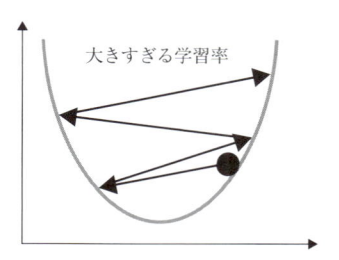

## バッチ勾配降下法の計算方法

勾配降下法の感覚的なイメージを踏まえて、次は勾配降下法に3.2節で紹介した平均二乗誤差の損失関数を代入します。$n$ 個の特徴量があるモデルはパラメータ $\theta = (\theta_0, \theta_1, \cdots, \theta_n)^T$ があり、パラメータ $\theta_j$ ごとに損失関数 $J(\theta)$ の勾配 $(\partial/\partial \theta_j) J(\theta)$ を計算する必要があります。3.2節で紹介したとおり、平均二乗誤差の損失関数は以下の式でした。

$$J(\theta_0, \theta_1) = \frac{1}{2m} \sum_{i=1}^{m} (h_\theta(x^{(i)}) - y^{(i)})^2$$

$$h_\theta(x^{(i)}) = \theta^T x = \theta_0 + \theta_1 x_1^{(i)} + \theta_2 x_2^{(i)} + \cdots + \theta_n x_n^{(i)}$$

損失関数 $J(\theta)$ を $\theta_j$ で偏微分すると、パラメータの勾配を計算できます。

$$\frac{\partial}{\partial \theta_j} J(\theta) = \frac{1}{m} \sum_{i=1}^{m} (h_\theta(x^{(i)}) - y^{(i)}) x_j^{(i)}$$

この勾配を勾配降下法の式に代入すると、パラメータ $\theta_j$ は以下の式になり、こ

の計算を繰り返せば損失関数を最小化するパラメータ $\theta_j$ を計算できます。

$$\theta_j := \theta_j - \eta \frac{\partial}{\partial \theta_j} J(\theta) = \theta_j - \frac{\eta}{m} \sum_{i=1}^{m} (h_\theta(x^{(i)}) - y^{(i)}) x_j^{(i)}$$

　バッチ勾配降下法の計算は図のように2重ループの構造です。内側のループは訓練データ $m$ 個の平均の勾配を計算し、インデックス $j$ でパラメータ $\theta = (\theta_0, \theta_1, \cdots, \theta_n)^T$ を平均の勾配で更新します。外側のループは max_iter の回数ぶんパラメータを更新します。つまり、バッチ勾配降下法は全訓練データを用いた平均勾配計算が終わってから、パラメータを一度に (バッチで) 更新します。次のパラメータ更新は全訓練データを用いて、平均の勾配を再度計算した後になります。パラメータを1回分にまとめて (バッチで) 更新するので、「バッチ勾配降下法」と呼ばれます。

　バッチ勾配降下法は訓練データが大規模データだとメモリに格納できない問題があります。しかし、小・中規模のデータであれば、平均の勾配を使用するため、学習率が十分に小さく、max_iter の回数が十分に大きければ損失関数は最小値に収束し、確率的勾配降下法より正確なパラメータを計算できます。なお、訓練データ全体を1周することを、「1エポック」と呼び、「エポック数」で訓練データを何周するか指定します。外側のループの max_iter はエポック数を指定するハイパーパラメータです。

**【バッチ勾配降下法の計算】**

$$for\,(iter = 1, 2, \cdots, max\_iter)\{$$
$$for\,(j = 0, 1, \cdots, n)\{$$
$$\theta_j := \theta_j - \eta \frac{1}{m} \sum_{i=1}^{m} (h_\theta(x^{(i)}) - y^{(i)}) x_j^{(i)}$$
$$\}$$
$$\}$$

**活用メモ**

## scikit‐learnの回帰と分類の計算方法の整理

回帰は正規方程式で計算できる場合は線形回帰モデル「LinearRegression」を使用し、データが大規模で計算できない場合は確率的勾配降下法のモデル「SGDRegressor」を使用します。分類は計算できる場合は、ロジスティック回帰モデル「LogisticRegression」のバッチ勾配降下で計算し、データが大規模で計算できない場合は確率的勾配降下法のモデル「SGDClassifier」を使用します。なお、表は単純化して、正則化はなしの前提で考えています。

| アルゴリズム | データが小・中規模 | データが大規模 |
| --- | --- | --- |
| 回帰 | 正規方程式 | 確率的勾配降下法 |
| 分類 | バッチ勾配降下法 | 確率的勾配降下法 |

 ## 確率的勾配降下法の計算方法

バッチ勾配降下法はすべての訓練データを用いて、平均の勾配を計算しパラメータを1回分にまとめて（バッチで）更新しました。一方、確率的勾配降下法は1訓練データごとにデータを分けて勾配を計算し、パラメータ $\theta = (\theta_0, \theta_1, \cdots, \theta_n)^T$ を1データごとに分けて更新する計算方法です。これにより、バッチ勾配降下法で必要な計算結果のメモリ格納が不要になり、大規模な訓練データでも勾配の計算が可能になります。勾配の計算に使用するデータは訓練データからランダム（確率的）に選択されるため、この計算方法を「確率的勾配降下法」と呼びます。

アルゴリズムは図のとおり3重ループの構造です。内側のループはインデックス $j$ で1訓練データの全特徴量の勾配を計算します。中央のループはインデックス $i$ で訓練データからランダムに1データを取り出して、全ての訓練データを網羅するまで計算します。外側のループは訓練データ全体を何周するか指定します。max_iterはエポック数になります。

確率的勾配降下法はランダムに選択された1データの勾配でパラメータを更新するため、損失関数の最小値の周辺をうろうろして最小値に収束しません。そのため、学習率を次第に小さくするなどハイパーパラメータをチューニングする手間が発生し、バッチ勾配降下法に比べてパラメータ計算の精度は劣ります。

【確率的勾配降下法の計算方法】

$$for\ (iter = 1, 2, \cdots, max\_iter)\{$$
$$for\ (\ i = 1, 2, \cdots, m)\{$$
$$for\ (\ j = 0, 1, \cdots, n)\{$$
$$\theta_j := \theta_j - \eta\ (h_\theta(x^{(i)}) - y^{(i)})x_j^{(i)}$$
$$\}$$
$$\}$$
$$\}$$

# 確率的勾配降下法回帰による 住宅価格予測モデルの実装

3.2節の重回帰の実装と同様に住宅価格データセットの13個の特徴量ベクトルを使って、確率的勾配降下法のモデルを訓練し、住宅価格の予測モデルを実装します。

▼ライブラリのインポート

In

```
# ライブラリのインポート
%matplotlib inline
import matplotlib.pyplot as plt
import numpy as np
import pandas as pd
from sklearn.linear_model import SGDRegressor
from sklearn.preprocessing import StandardScaler
from sklearn.model_selection import train_test_split
from sklearn.metrics import mean_squared_error
from sklearn.datasets import load_boston
```

▼訓練データとテストデータの作成

In

```
# 住宅価格データセットのダウンロード
```

```
boston = load_boston()
X = boston.data
y = boston.target

# 特徴量と正解を訓練データとテストデータに分割
X_train, X_test, y_train, y_test = train_test_split(X, y, test_
size=0.2, random_state=0)
print('X_trainの形状:',X_train.shape,' y_trainの形状:',y_train.
shape,' X_testの形状:',X_test.shape,' y_testの形状:',y_test.shape)
```

Out

```
X_trainの形状: (404, 13)  y_trainの形状: (404,)  X_testの形状: (102,
13)  y_testの形状: (102,)
```

　13個の特徴量はスケールが異なるので、特徴量を標準化します。標準化により特徴量のスケールが同程度になります。

活用メモ

## scikit-learnのデータセット

3.2節ではcsvファイルで住宅価格データセットを取り込みましたが、scikit-learnのデータセットに同じファイルが格納されています。そのため、csvファイルを取込まなくても住宅価格データセットを取得できます。4.2節のワイン分類のデータセットも同様です。

▼特徴量の標準化

In

```
# 特徴量の標準化
sc = StandardScaler()
# 訓練データを変換器で標準化
X_train_std = sc.fit_transform(X_train)
# テストデータを作成した変換器で標準化
X_test_std = sc.transform(X_test)
```

　確率的勾配降下法のモデルは複数のハイパーパラメータを指定する必要があります。

　ハイパーパラメータ「loss」は平均二乗誤差のsquared_lossを指定します。

　ハイパーパラメータ「max_iter」は確率的勾配降下法で訓練データのエポック数を指定します。「eta0」は学習率 $\eta$ の初期値で0.01など小さい数値、「learning_rate」は学習率の関数を指定します。

　ハイパーパラメータ「alpha」「penalty」「l_ratio」は3.3節で紹介した正則化のハイパーパラメータです。本実装は正則化を無効にするため、「alpha」に非常に小さな数値を設定します。

　ハイパーパラメータ「random_state」は予測モデルの訓練を繰り返し実行しても同じ計算結果になるよう乱数のシード番号を固定します。予測モデルのパラメータはシード番号に応じて異なる計算結果になります。

◆ 確率的勾配降下法回帰のハイパーパラメータ指定

| loss | 損失関数を 'squared_loss', 'huber', 'epsilon_insensitive', or 'squared_epsilon_insensitive' から選択 |
|---|---|
| max_iter | 勾配降下法で訓練データを何周するか指定 |
| eta0 | 学習率の初期値 |
| learning_rate | 学習率の関数 'constant', 'optimal', 'invscaling', 'adaptive' から選択 |
| alpha | 正則化の強さで値が大きいほど正則化が強くなる（3.3節で解説） |
| penalty | 正則化を 'l1', 'l2', 'elasticnet' から選択（3.3節で解説） |
| l1_ratio | penalty が elasticnet のときのL1正則化の割合（3.3節で解説） |
| random_state | 乱数のシードを指定 |

▼ 確率的勾配降下法の回帰モデルの訓練

In

```
# 確率的勾配降下法の回帰モデルを作成
model = SGDRegressor(loss='squared_loss', max_iter=100,
eta0=0.01, learning_rate='constant', alpha=1e－09, penalty='l2',
l1_ratio=0, random_state=0)
# モデルの訓練
model.fit(X_train_std, y_train)
```

Out

```
SGDRegressor(alpha=1e-09, average=False, early_stopping=False,
epsilon=0.1,
             eta0=0.01, fit_intercept=True, l1_ratio=0,
             learning_rate='constant', loss='squared_loss',
max_iter=100,
             n_iter_no_change=5, penalty='l2', power_t=0.25,
random_state=0,
             shuffle=True, tol=0.001, validation_fraction=0.1,
verbose=0,
             warm_start=False)
```

　本実装は3.2節の重回帰モデルと同じ前提条件で計算していますが、訓練データ、テストデータともにMSEが少し増加しました。

▼訓練データとテストデータのMSE

In

```
# 訓練データ、テストデータの住宅価格を予測
y_train_pred = model.predict(X_train_std)
y_test_pred = model.predict(X_test_std)

# MSEの計算
print('MSE train: %.2f, test: %.2f' % (
        mean_squared_error(y_train, y_train_pred),
        mean_squared_error(y_test, y_test_pred)))
```

Out

```
MSE train: 19.57, test: 34.04
```

　今回実装した確率的勾配降下法は3.2節の重回帰モデルと比較するため、正則化をゼロに近づけています。結果、重回帰より僅かに大きいMSEになりました。重回帰は解析解なのでMSEは不変ですが、確率的勾配降下法回帰は勾配降下法を用いた近似計算なので、「学習率」などのハイパーパラメータをチューニングすることで、MSEは上下します。確率的勾配降下法はハイパーパラメータ指定のデメリットもありますが、大規模データの計算が可能な汎用的なアルゴリズムです。

# 3.5

# 線形サポートベクトル回帰

　　サポートベクトルマシンは回帰と分類のどちらにも使える汎用的なアリゴリズム
で、本節はその回帰アルゴリズムを紹介します。サポートベクトル回帰の予測モデ
ルはハイパーパラメータの指定が必要ですが、線形回帰アルゴリズムとは異なる予
測モデルを作成できます。また、ハイパーパラメータの1つの「カーネル」を変更す
ることで、線形データと非線形データの両方のモデルを作成できます。本節はサ
ポートベクトル回帰の中の線形データの予測モデルを解説します（非線形データの
予測モデルは3.6節で紹介します）。実装は住宅価格データセットの平均部屋数から
住宅価格を予測するモデルを作成し、3.2節で紹介した線形回帰の単回帰モデルと
プロットを比較します。また、全特徴量を用いて、住宅価格の予測モデルを作成し、
MSE を計算します。

## 線形サポートベクトル回帰のイントロダクション

　線形サポートベクトル回帰の予測モデルを解説する前に、線形サポートベクト
ル回帰と線形回帰の予測モデルの違いを視覚的に確認します。なお、サポートベ
クトル回帰の英語名はSupport Vector Regressionで必要に応じて「SVR」と省略
して記載します。

　図3.14は訓練データの散布図と予測モデルを同時に表示した図です。部屋数は
標準化しています。直線「LinearRegression」は部屋数と住宅価格の線形回帰モデ
ル（単回帰モデル）になります。単回帰の予測モデルは3.2節の図3.2で図示したと
おり、予測の$h_\theta(x)$と正解の$y$の$y$軸方向の平均二乗誤差を最小化するようパラ
メータを計算します。

　SVRの予測モデルは直線「SVR」で単回帰と異なるパラメータ（傾きと切片）に
なります。「SVR」は$y$軸方向に広げた（上下に移動した）点線の「マージン」を用
いて、マージンの中にデータが含まれるようモデルを作成します。SVRの誤差は
マージンの外にある訓練データにだけ発生し、誤差の大きさは訓練データがマー
ジンから$y$軸方向に離れた距離に比例します。逆に、訓練データがマージン内部
（マージンの端も含む）であれば、誤差はゼロになります。マージンの広がりはハ

イパーパラメータで指定し、マージンを変更することで線形回帰モデルと異なる直線を引くことができます。誤差が発生するマージン外側の訓練データを「サポートベクトル」と呼びます。例えば、部屋数（標準化後）の約0.5、住宅価格が約15.0にある訓練データはマージンの外側にあるため、サポートベクトルになります。

■図3.14　訓練データの散布図と単回帰、SVRの予測モデル

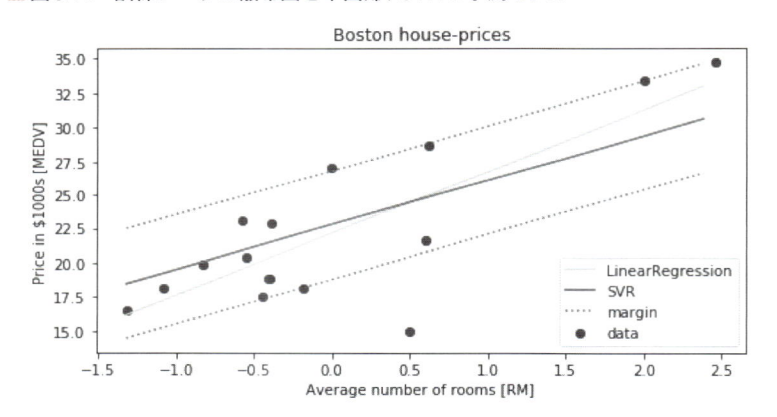

##  線形サポートベクトル回帰の予測モデル

　線形回帰モデルと同様、SVRも予測モデルの数式から考えます。線形回帰モデル $h_\theta(x)$ は $\theta^T x$ の中にバイアスパラメータ $\theta_0$ を含めた内積でしたが、SVRはバイアスパラメータ $\theta_0$ を内積 $\theta^T x$ の外に出して明示的に記載します。このとき、パラメータ $\theta = (\theta_1, \theta_2, \cdots, \theta_n)^T$ と特徴量 $x = (x_1, x_2, \cdots, x_n)^T$ は $n$ 次元のベクトルになります。

$$h_\theta(x) = \theta^T x + \theta_0$$

　パラメータベクトル $\theta$ は損失関数を最小化する $\theta$ を計算して、この $\theta$ を予測モデル $h_\theta(x)$ に代入します。次に、SVRの損失関数を定義して、損失関数を最小化する $\theta$ を計算します。

## 線形サポートベクトル回帰の損失関数

SVRの損失関数$J(\theta)$は条件付き最小値問題で損失関数と4つの制約条件がセットになります。制約付き損失関数$J(\theta)$と訓練データ$(x, y)$を使って、損失関数を最小化するパラメータベクトル$\theta = (\theta_1, \theta_2, \cdots, \theta_n)^T$を計算します。

損失関数$J(\theta)$はマージン違反の損失関数とL2正則化の損失関数の合計になります。

$$J(\theta) = C\sum_{i=1}^{m}(\xi^{(i)} + \widehat{\xi^{(i)}}) + \frac{1}{2}\sum_{j=1}^{n}\theta_j^2$$

■ **図3.15　予測モデルとチューブの領域**

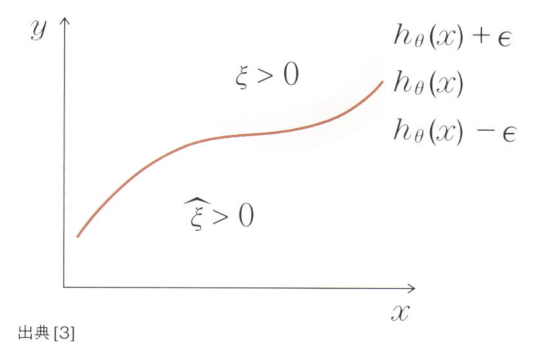

出典 [3]

また、損失関数には以下の4つの式の制約条件があります。

$$y^{(i)} \leq h_\theta(x^{(i)}) + \varepsilon + \xi^{(i)}$$

$$y^{(i)} \geq h_\theta(x^{(i)}) - \varepsilon - \widehat{\xi^{(i)}}$$

$$\xi^{(i)} \geq 0$$

$$\widehat{\xi^{(i)}} \geq 0$$

制約条件はマージンの上側と下側の誤差に書き直すことができます。

マージン上側の誤差　　$\xi = y - (h_\theta(x) + \varepsilon)$

マージン下側の誤差　　$\widehat{\xi} = (h_\theta(x) - \varepsilon) - y$

予測モデルは図3.15のイメージで訓練データ$x^{(i)}$の予測$h_\theta(x^{(i)})$に$\varepsilon$のマージンを追加し、マージンが作る帯の領域（「チューブ」と呼びます）を予測します。チューブの中に正解$y^{(i)}$が含まれていれば（チューブの端も含む）、誤差は0になります。この場合、損失関数のマージン違反の項は0になります。一方、正解$y^{(i)}$がチューブの外側であれば、予測したチューブの精度がいまひとつであるため、誤差が発生し、損失関数にマージン違反が発生します。マージン違反の誤差は正解$y$とチューブの$y$軸方向の距離$\xi$に比例します。$\xi$は$y$軸方向にチューブから上側に離れた距離、$\widehat{\xi}$は下側に離れた距離でともに正の変数です。

つまり、サポートベクトル回帰アルゴリズムの誤差はチューブの上側と下側で発生し、チューブ上側の誤差$\xi$は訓練データがチューブから上側に離れた距離で、正解$y$と予測モデル$h_\theta(x) + \varepsilon$の$y$軸方向の残差になります。チューブ上下のイメージは図3.15をご参照ください。同様にチューブ下側の誤差$\widehat{\xi}$は訓練データがチューブから下側に離れた距離になります。

1項目の$C$はマージン違反と正則化の強さのバランスを調整して、$C$が大きいほど正解$y$がチューブから外れたときの誤差$\xi$が大きくなり、マージン違反の損失関数の影響が大きくなります。なお、3.2節で正則化の強さを調整するハイパーパラメータ$\alpha$を導入しましたが、$C = 1/\alpha$の関係にあり、$C$が大きい場合に正則化が弱くなります。

##  SVRモデルの中のパラメータ「サポートベクトル」

SVRのパラメータ計算は制約条件付きの損失関数の最小値を計算します。条件付きの最小値問題はラグランジュの未定乗数法が有効で、損失関数 $J(\theta)$ を最小化する $\theta$ の導出は省略しますが、以下の式になります。

$$\theta = \sum_{i=1}^{m} (a^{(i)} - \widehat{a^{(i)}}) x^{(i)}$$

損失関数を最小化する $\theta$ を予測モデル $h_\theta(x) = \theta^T x + \theta_0$ に代入すると、$h_\theta(x)$ は以下の式になります。予測モデル $h_\theta(x)$ は $m$ 個の全訓練データを使った、パラメータ $(a^{(i)} - \widehat{a^{(i)}})$ と内積 $((x^{(i)})^T x)$ の線形和になります。内積は予測モデルの特徴量と考えることができます。

$$h_\theta(x) = \sum_{i=1}^{m} (a^{(i)} - \widehat{a^{(i)}})((x^{(i)})^T x) + \theta_0$$

モデルの中の $a^{(i)}$ と $\widehat{a^{(i)}}$ は3.6節で紹介するラグランジュの未定乗数法で計算でき、$a^{(i)}$ はチューブの上側の訓練データ、$a^{(i)}$ は下側の訓練データのパラメータになります。パラメータの値はチューブの内側と端の訓練データはすべて0になります。逆に、チューブの外側つまりサポートベクトルは $a^{(i)} - \widehat{a^{(i)}} \neq 0$ になり、予測モデルのパラメータになります。

チューブの内側と端：$a^{(i)} - \widehat{a^{(i)}} = 0$
チューブの外側：$a^{(i)} - \widehat{a^{(i)}} \neq 0$

予測モデルの数式はすべての訓練データを合計しますが、実際はチューブ外側の訓練データ $a^{(i)} - \widehat{a^{(i)}} \neq 0$ のサポートベクトルだけでモデルが作成され、チューブ内側の訓練データは $a^{(i)} - \widehat{a^{(i)}} = 0$ のため、モデル作成に貢献しません。以上の説明で、SVRの予測モデルはチューブ外側の訓練データ（サポートベクトル）だけで、モデルが作成されることが理解できたと思います。また、チューブの広がりを決めるハイパーパラメータ $\epsilon$ はSVRにとって大変重要なハイパーパラメータだと確認できたと思います。

##  SVRモデルの中の特徴量「カーネル」

サポートベクトル $(a^{(i)} - \widehat{a^{(i)}})$ の解釈に続いて、次はモデルの中の内積 $((x^{(i)})^T x)$ の解釈に進みます。

$$h_\theta(x) = \sum_{i=1}^{m} (a^{(i)} - \widehat{a^{(i)}})((x^{(i)})^T x) + \theta_0$$

内積 $((x^{(i)})^T x)$ は訓練データの位置ベクトル $x_i$ と未知データ $x$ の位置ベクトルの内積で、2点の位置の類似度と考えることができます。内積 $((x^{(i)})^T x)$ はカーネル関数の1つで、予測モデル $h_\theta(x)$ はカーネル関数 $K(x^{(i)}, x) = ((x^{(i)})^T x)$ を用いて、次の式に一般化できます。

$$h_\theta(x) = \sum_{i=1}^{m} (a^{(i)} - \widehat{a^{(i)}})K(x^{(i)}, x) + \theta_0$$

内積はカーネル関数の中では最も基礎的なカーネルで「線形カーネル」と呼びます。線形カーネルを持つサポートベクトル回帰が本節のタイトルである「線形サポートベクトル回帰」になります。カーネル関数は線形カーネル以外に「多項式カーネル」、「ガウスカーネル」などがあり、カーネルを変更することで、予測モデルは高次の特徴量の線形和に切り替わり、非線形データのモデル化が可能になります。つまり、予測モデルの中のカーネル関数は予測モデルの特徴量と考えることができます。カーネル関数の変更は3.6節で紹介します。

##  線形サポートベクトル回帰を使った部屋数と 住宅価格の予測モデルの実装

SVRのシンプルな例として、住宅価格データセットの平均部屋数と住宅価格を用いて、線形回帰とSVRの2つの予測モデルを作成し、プロットを比較します。

▼ライブラリのインポート

In

```
# ライブラリのインポート
%matplotlib inline
```

```
import matplotlib.pyplot as plt
import numpy as np
import pandas as pd
from sklearn.svm import SVR
from sklearn.linear_model import LinearRegression
from sklearn.preprocessing import StandardScaler
from sklearn.model_selection import train_test_split
from sklearn.metrics import mean_squared_error
from sklearn.datasets import load_boston
```

　特徴量 X に平均部屋数、正解 y に住宅価格を設定します。データ件数を可視化しやすいよう20件に絞り、訓練データとテストデータに分割します。

▼データのダウンロード

In

```
# 住宅価格データセットのダウンロード
boston = load_boston()
# 特徴量に平均部屋数(RM)を選択し20行に絞り込み
X = boston.data[:20, [5]]
# 正解に住宅価格(MDEV)を設定し20行に絞り込み
y = boston.target[:20]

# 特徴量と正解を訓練データとテストデータに分割
X_train, X_test, y_train, y_test = train_test_split(X, y, test_size=0.2, random_state=2)
print('X_trainの形状:', X_train.shape, ' y_trainの形状:', y_train.shape, ' X_testの形状:', X_test.shape, ' y_testの形状:', y_test.shape)
```

Out

```
X_trainの形状: (16, 1)  y_trainの形状: (16,)  X_testの形状: (4, 1)
y_testの形状: (4,)
```

サポートベクトルマシンは標準化が必須なので、特徴量を標準化します。

▼ **特徴量の標準化**

In

```
# 特徴量の標準化
sc = StandardScaler()
# 訓練データを変換器で標準化
X_train_std = sc.fit_transform(X_train)
# テストデータを作成した変換器で標準化
X_test_std = sc.transform(X_test)
```

　線形回帰モデルとSVRをそれぞれ訓練します。SVRはハイパーパラメータの指定が必要です。本実装は1次の特徴量のため、過学習を考慮する必要はありません。ハイパーパラメータ「C」を大きい値にして、相対的に損失関数の正則化項を弱くします。ハイパーパラメータ「kernel」は線形カーネルのlinearを指定します。ハイパーパラメータ「epsilon」の予測値を中心とした上下のチューブの広がりです。「epsilon」の設定値はデータにより異なり、試行錯誤が必要になります。

◆ **SVRのハイパーパラメータ指定**

| kernel | 計算に使用するカーネルの指定 |
| --- | --- |
| C | サポートベクトル回帰と正則化項のバランス |
| epsilon | 予測から上下に広がるチューブの縦幅 |

▼ **SVRモデルの訓練**

In

```
# LinearRegressionとSVRをモデルを作成
model = LinearRegression()
```

```
model2 = SVR(kernel='linear', C=10000.0, epsilon=4.0)

# モデルの訓練
model.fit(X_train_std, y_train)
model2.fit(X_train_std, y_train)
```

Out

```
SVR(C=10000.0, cache_size=200, coef0=0.0, degree=3, epsilon=4.0,
    gamma='auto_deprecated', kernel='linear', max_iter=-1,
shrinking=True,
    tol=0.001, verbose=False)
```

　線形回帰とSVRをプロットします。SVRの上下の点線はマージンです。点線の中のチューブの領域は損失関数が0になります。SVRのパラメータはチューブの外の点（サポートベクトル）だけで決まります。サポートベクトルの数はハイパーパラメータ「epsilon」でチューブの幅を調整して決めます。「epsilon=4」のため、点線のマージンはSVRの予測から$y$軸方向に上下4平行移動した直線になります。

▼訓練データの散布図と2つのモデルのプロット

In

```
plt.figure(figsize=(8,4)) #プロットのサイズ指定

# 訓練データの最小値から最大値まで0.1刻みのX_pltを作成
X_plt = np.arange(X_train_std.min(), X_train_std.max(), 0.1)[:,
np.newaxis]
# 線形回帰のプロット
y_plt_pred = model.predict(X_plt)
# SVRのプロット
y_plt_pred2 = model2.predict(X_plt)

# 部屋数と住宅価格の散布図とプロット
plt.scatter(X_train_std, y_train, color='blue', label='data')
plt.plot(X_plt, y_plt_pred, color='lime', linestyle='-',
```

```
label='LinearRegression')
plt.plot(X_plt, y_plt_pred2 ,color='red', linestyle='-',
label='SVR')
plt.plot(X_plt, y_plt_pred2 + model2.epsilon, color='red',
linestyle=':', label='margin')
plt.plot(X_plt, y_plt_pred2 - model2.epsilon, color='red',
linestyle=':')
plt.ylabel('Price in $1000s [MEDV]')
plt.xlabel('Average number of rooms [RM]')
plt.title('Boston house-prices')
plt.legend(loc='lower right')

plt.show()
```

Out

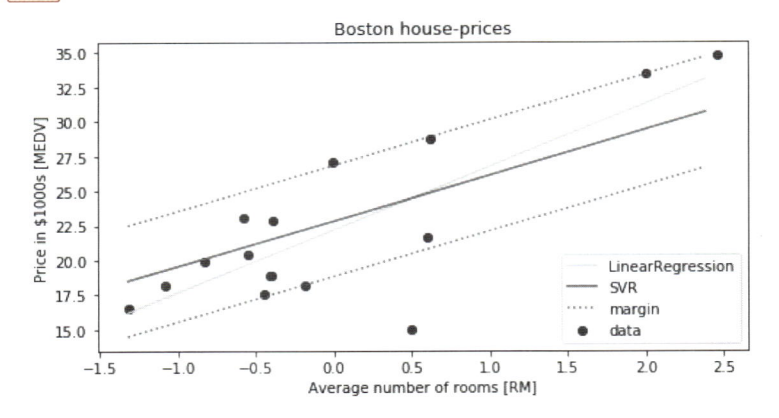

　SVRのモデルを作成したサポートベクトルの特徴量の値はsupport_vectors_メソッドで確認できます。SVRのモデルは4個のサポートベクトルで、4点のプロットの$x$軸を確認すると、いずれもマージンの外だと確認できます。

▼ サポートベクトルの特徴量

In

```
# サポートベクトルの特徴量X
model2.support_vectors_
```

Out

```
array([[ 2.00461579],
       [ 0.49545815],
       [-0.00273398],
       [-0.1874296 ]])
```

また、サポートベクトル4点のインデックスはsupport_ メソッドで表示できます。

▼ サポートベクトルのインデックス

In

```
# サポートベクトルの特徴量Xのインデックス
model2.support_
```

Out

```
array([2, 3, 6, 8], dtype=int32)
```

線形回帰とSVRのMSEを比較すると、SVRは訓練誤差は大きいですが、テスト誤差は小さいことがわかります。この誤差はハイパーパラメータ epsilon により決まるので、実際は7.1節で紹介するグリッドサーチなどの手法を使用して決定します。

▼ 線形回帰のMSE

In

```
# 訓練データ、テストデータの住宅価格を予測
y_train_pred = model.predict(X_train_std)
y_test_pred = model.predict(X_test_std)

# MSEの計算
```

```
print('MSE train: %.2f, test: %.2f' % (
        mean_squared_error(y_train, y_train_pred),
        mean_squared_error(y_test, y_test_pred)))
```

Out

```
MSE train: 11.724, test: 14.94
```

▼SVRのMSE

In

```
# 訓練データ、テストデータの住宅価格を予測
y_train_pred2 = model2.predict(X_train_std)
y_test_pred2 = model2.predict(X_test_std)

# MSEの計算
print('MSE train: %.2f, test: %.2f' % (
        mean_squared_error(y_train, y_train_pred2),
        mean_squared_error(y_test, y_test_pred2)))
```

Out

```
MSE train: 13.71, test: 11.64
```

##  線形サポートベクトル回帰による 住宅価格予測モデルの実装

3.2節の重回帰の実装と同様に住宅価格データセットの13個の特徴量ベクトルを使って、線形サポートベクトル回帰のモデルを訓練し、住宅価格の予測モデルを実装します。

▼ライブラリのインポート

In

```
# ライブラリのインポート
%matplotlib inline
import matplotlib.pyplot as plt
```

```
import numpy as np
from sklearn.svm import SVR
from sklearn.preprocessing import StandardScaler
from sklearn.model_selection import train_test_split
from sklearn.metrics import mean_squared_error
from sklearn.datasets import load_boston
```

▼訓練データとテストデータの作成

In

```
# 住宅価格データセットのダウンロード
boston = load_boston()
X = boston.data
y = boston.target

# 特徴量と正解を訓練データとテストデータに分割
X_train, X_test, y_train, y_test = train_test_split(X, y, test_size=0.2, random_state=0)
print('X_trainの形状:',X_train.shape,' y_trainの形状:',y_train.shape,' X_testの形状:',X_test.shape,' y_testの形状:',y_test.shape)
```

Out

X_trainの形状: (404, 13)　y_trainの形状: (404,)　X_testの形状: (102, 13)　y_testの形状: (102,)

▼特徴量の標準化

In

```
# 特徴量の標準化
sc = StandardScaler()
# 訓練データを変換器で標準化
X_train_std = sc.fit_transform(X_train)
# テストデータを作成した変換器で標準化
X_test_std = sc.transform(X_test)
```

### ▼ 線形カーネルのSVRモデルの訓練

In

```
# SVRのモデルを作成
model = SVR(kernel='linear', C=10.0, epsilon=5.0)

# モデルの訓練
model.fit(X_train_std, y_train)
```

Out

```
SVR(C=10.0, cache_size=200, coef0=0.0, degree=3, epsilon=5.0,
    gamma='auto_deprecated', kernel='linear', max_iter=-1,
shrinking=True,
    tol=0.001, verbose=False)
```

### ▼ 訓練データとテストデータのMSE

In

```
# 訓練データ、テストデータの住宅価格を予測
y_train_pred = model.predict(X_train_std)
y_test_pred = model.predict(X_test_std)

# MSEの計算
print('MSE train: %.2f, test: %.2f' % (
        mean_squared_error(y_train, y_train_pred),
        mean_squared_error(y_test, y_test_pred)))
```

Out

```
MSE train: 20.28, test: 35.84
```

　線形サポートベクトル回帰のMSEは線形回帰のMSEよりも大きくなりました。線形回帰はハイパーパラメータの指定がありませんが、線形サポートベクトル回帰はハイパーパラメータの指定次第で他のアルゴリズムよりも良い結果になることがあります。

# 3.6

# ガウスカーネルの
# サポートベクトル回帰

　3.5節はサポートベクトル回帰の予測モデル$h_\theta(x)$の式を紹介し、節の最後に特徴量に相当するカーネル関数$K(x, x^{(i)})$を「線形カーネル」から「ガウスカーネル」に変更することで非線形データを扱えることを触れました。本節はガウスカーネルを使用し、高次元の特徴量を持つ予測モデルを作成します。また、予備知識としてガウス分布の形状と精度パラメータ$\gamma$の関係を整理します。実装はガウスカーネルを用いて、sin関数の予測モデルを作成します。最後に、住宅価格データセットの全特徴量を用いて、住宅価格の予測モデルを作成しMSEを計算します。

## 🐍 SVRモデルのカーネル選択による特徴量の変換

　線形サポートベクトル回帰の予測モデルはサポートベクトルのパラメータ$(a^{(i)} - \widehat{a^{(i)}})$と線形カーネルの特徴量$K(x^{(i)}, x)$の線形和で、次の式になりました。

$$h_\theta(x) = \sum_{i=1}^{m} (a^{(i)} - \widehat{a^{(i)}})((x^{(i)})^T x) + \theta_0$$

$$K(x^{(i)}, x) = ((x^{(i)})^T x)$$

　本節はこの予測モデルの特徴量を変更し、表現力を増やすことで非線形データをモデル化します。

　高次の特徴量に変更する方法として、3.2節で線形回帰の予測モデルの特徴量を多項式に変換する方法を学びました。SVRの予測モデルも1次の特徴量を多項式に拡張し、次の式のように拡張した特徴量どおしの内積を計算することができます。しかし、多項式どおしの内積は計算コストが高くつく問題があります。

$$h_\theta(\phi(x)) = \sum_{i=1}^{m} (a^{(i)} - \widehat{a^{(i)}})(\phi(x^{(i)})^T \phi(x)) + \theta_0$$

　サポートベクトル回帰は特徴量を直接変更する代わりに、あらかじめ用意されたカーネル関数 $K(x^{(i)}, x)$ からデータに合うカーネル関数を選択することで、予測モデルの特徴量を変更できます。

$$h_\theta(x) = \sum_{i=1}^{m} (a^{(i)} - \widehat{a^{(i)}}) K(x^{(i)}, x) + \theta_0$$

　選択できるカーネル関数は複数ありますが、本節は最も広く使われている「ガウスカーネル」を選択します。SVRは予測モデルの線形カーネルをガウスカーネルに変更することで、モデルの表現力が増し sin 関数などの非線形データのモデル化が可能です。

線形カーネル　　：$K(x^{(i)}, x) = ((x^{(i)})^T x)$
ガウスカーネル　：$K(x^{(i)}, x) = exp(-\gamma \| x - x^{(i)} \|^2)$

　ところで、予測モデルのカーネルを変更して、なぜモデルが動くのか不思議に思うかもしれません。実はカーネルを変更するとサポートベクトル $a^{(i)}$ と $\widehat{a^{(i)}}$ も再計算します。予測モデルはカーネルとサポートベクトルの線形和なので、カーネルを変更するとサポートベクトル $a^{(i)}$ と $\widehat{a^{(i)}}$ も同時に変更します。これが予測モデルのカーネルを変更しても、モデルが動く仕組みです。

**活用メモ**

## 予測モデルのカーネル変更の仕組みの詳細

予測モデルのパラメータ $\theta$ は前節で解説したとおり、サポートベクトルの $a^{(i)}$ と $\widehat{a^{(i)}}$ の関数で、サポートベクトルがわかれば、$\theta$ は完成します。

$$\theta = \sum_{i=1}^{m} (a^{(i)} - \widehat{a^{(i)}}) x^{(i)}$$

パラメータ $\theta$ を構成するサポートベクトル $a^{(i)}$ と $\widehat{a^{(i)}}$ は、ラグランジュ関数 $L(a,\widehat{a})$ の最大値で以下の関数を用いて計算します。ラグランジュ関数は訓練データ $(x^{(i)}, y^{(i)})$、サポートベクトル $a^{(i)}$ と $\widehat{a^{(i)}}$、カーネル関数 $K(x^{(i)}, x^{(j)})$ だけで構成されている点がポイントです。この前提（ポイント）があるため、モデルのカーネル関数を都合よく選択しても、ラグランジュ関数のカーネルが変更し、カーネル変更後のサポートベクトル $a^{(i)}$ と $\widehat{a^{(i)}}$ を再計算できるのです。

$$L(a,\hat{a}) = -\frac{1}{2}\sum_{i=1}^{m}\sum_{j=1}^{m}(a^{(i)} - \widehat{a^{(i)}})(a^{(j)} - \widehat{a^{(j)}})K(x^{(i)}, x^{(j)}) - \epsilon\sum_{i=1}^{m}(a^{(i)} + \widehat{a^{(i)}})$$
$$+ \sum_{i=1}^{m}(a^{(i)} - \widehat{a^{(i)}})y^{(i)}$$

## ガウスカーネルの形状と精度パラメータ

ガウスカーネルを使った実装に進む前に、ガウス分布の形状と「精度パラメータ $\gamma$」の関係を整理します。ガウスカーネルは次の式で、$\gamma$ は分散 $\sigma^2$ の逆数で、ガウス分布の広がりを調整します。

$$K(x^{(i)}, x) = exp(-\gamma\|x - x^{(i)}\|^2)$$

$$\|x - x^{(i)}\|^2 = \sum_{j=1}^{n}(x_j - x_j^{(i)})^2$$

$$\gamma = \frac{1}{2\sigma^2}$$

ガウス分布のイメージを掴むため、2次元ベクトル $x$ のガウス分布を次ページの図3.16に図示します。$x^{(1)}$ は訓練データの中のサポートベクトルの1つで位置ベクトルは $x^{(1)} = (3,5)^T$ とします。この場合、ガウス分布は左図のように $x^{(1)}$ を

中心とした分布になります。$\|x - x^{(1)}\|^2$は位置ベクトル$x^{(1)} = (3,5)^T$と位置ベクトル$x$の距離の2乗で、距離が近いと1、距離が遠いと0に近くなります。

精度パラメータ$\gamma$は分散$\sigma^2$の逆数なので、$\gamma$が大きいと分散$\sigma^2$が小さく、中央図のように尖ったガウス分布になります。このとき、位置ベクトル$x$が$x^{(1)}$から離れると、ガウス分布は急速に0に近くなります。このガウス分布は$x^{(1)}$中心の狭い領域でのみカーネルが有限で、位置$x^{(1)}$への感度が高く、過学習し易い分布になります。

逆に、$\gamma$が小さいと分散$\sigma^2$が大きく、右図のように緩やかなガウス分布になります。位置ベクトル$x$が$x^{(1)}$中心からある程度離れても、カーネルは有限のため、位置$x^{(1)}$への感度が低く、学習不足になりやすい分布になります。

ガウスカーネルの精度パラメータ$\gamma$はscikit-learnのハイパーパラメータで、データごとに過学習でも学習不足でもない数値を指定する必要があります。

■ **図3.16　左図は$x^{(1)} = (3, 5)^T$を中心としたガウス分布（中央図は$\gamma$を大きく、右図は$\gamma$を小さくした図）**

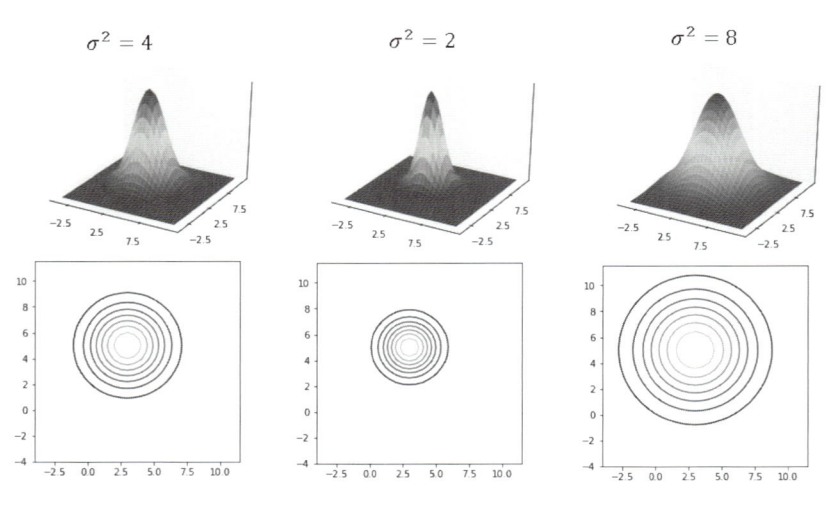

## ガウスカーネルを使ったSVRモデルによる sin関数の実装

SVRの実装はガウスカーネルを使って、sin関数の予測モデルを作成します。本実装はガウスカーネルのハイパーパラメータ「gamma」を変化させたときの過学習の有無を比較します。そのため、もう1つの過学習を調整するハイパーパラメータ「C」を固定して、「gamma」だけ動かします。

活用メモ

### 過学習を調整する2つのハイパーパラメータ

ハイパーパラメータ「C」と「gamma」は共に値が大きくなるほど、過学習し易くなります。「C」は正則化を調整し、「gamma」はガウス分布の広がりを調整します。

▼ライブラリのインポート

In

```
# ライブラリのインポート
%matplotlib inline
import matplotlib.pyplot as plt
import numpy as np
from sklearn.svm import SVR
```

訓練データの特徴量Xは0から4の範囲で50個のデータを作成します。正解yはXのsin関数にノイズを加えて作成します。

▼訓練データの作成

In

```
# sin関数にノイズを追加して訓練データ(X,y)を作成
np.random.seed(seed=0) #乱数を固定
X = np.random.uniform(0, 4, 50)[:, np.newaxis]
y = np.sin(1/4 * 2 * np.pi * X ).ravel()+np.random.normal(0, 0.3,
50)
```

　SVRのハイパーパラメータを確認します。正則化はゼロに近づけるため、「C」に大きい数字を設定します。「kernel」はガウスカーネルを指定します。「epsilon」はノイズと同じ0.3を使用します。「gamma」は0.1、1.0、0.01の3つを試します。

◆ SVRモデル（ガウスカーネル）のハイパーパラメータ指定

| C | サポートベクトル回帰と正則化項のバランスを調整し、Cが大きいほど、サポートベクトル回帰の損失が強くなる |
|---|---|
| kernel | カーネルを 'linear', 'poly', 'rbf', 'sigmoid' から指定 |
| epsilon | 予測から上下に広げるチューブの縦幅 |
| gamma | 訓練データの位置を中心としたガウス分布の広がり（分散 $\sigma^2$ の逆数）で精度パラメータと呼ぶ。精度パラメータは小さいほど緩やかなガウス分布になり、訓練データの感度が下がる。大きいと尖ったガウス分布になり、訓練データの位置に過学習しやすくなる |

▼ ガウスカーネルのSVRモデルの訓練

`In`

```
# ガウスカーネルを使いSVRモデルを訓練
model = SVR(kernel='rbf', C=10000, gamma=0.1, epsilon=0.3)
model.fit(X, y)
```

`Out`

```
SVR(C=10000, cache_size=200, coef0=0.0, degree=3, epsilon=0.3,
gamma=0.1,
    kernel='rbf', max_iter=-1, shrinking=True, tol=0.001,
verbose=False)
```

▼ プロットの作成

`In`

```
plt.figure(figsize=(8,4)) #プロットのサイズ指定

# プロット用にデータX_pltを作成
X_plt = np.arange(0, 4, 0.1)[:, np.newaxis]
# 正解のプロット
y_true = np.sin(1/4 * 2 * np.pi * X_plt ).ravel()
```

```
# モデルのプロット
y_pred = model.predict(X_plt)

# sin関数のSVRによるモデル化
plt.scatter(X, y, color='blue', label='data')
plt.plot(X_plt, y_true, color='lime', linestyle='-', label='True
sin(X)')
plt.plot(X_plt, y_pred, color='red', linestyle='-',
label='gamma=0.1')
plt.plot(X_plt, y_pred + model.epsilon, color='red',
linestyle=':', label='margin')
plt.plot(X_plt, y_pred - model.epsilon, color='red',
linestyle=':')
plt.legend(loc='upper right')


plt.show()
```

Out

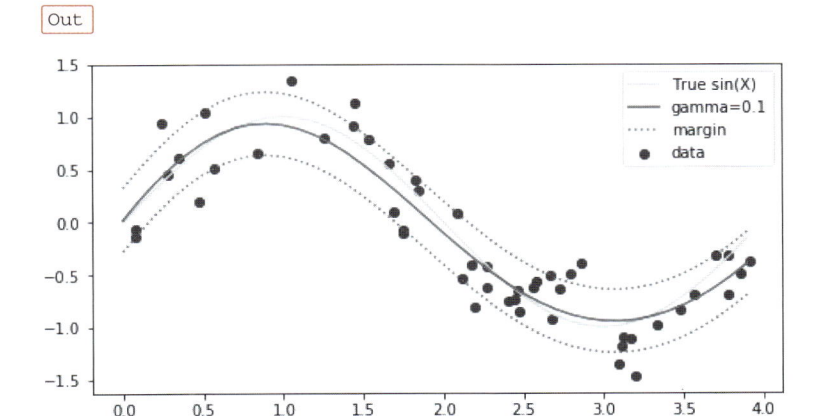

gamma=0.1のプロットは正解のsin関数を概ねモデル化できています。点線は
マージンを表しています。予測のプロットとマージンの$y$軸方向の幅は
epsilon=0.3になっています。予測モデルはマージン外のデータ（サポートベクト
ル）を避けるようなプロットを作成しました。

　次に、gamma=1.0のプロットを作成します。この場合は分散 $\sigma^2$ が先程より小さくなり、カーネル $K(x, x^{(i)})$ は尖ったガウス分布になります。予測モデルはマージン違反が出ないよう複雑な曲線を描き、訓練データの位置に過学習しています。

■ 図3.17　gamma=1.0のSVRのプロット

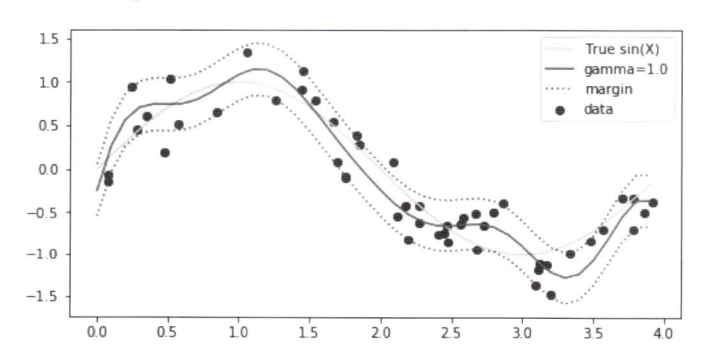

　最後に、gamma=0.01のプロットは場合は分散 $\sigma^2$ が大きくなるため、カーネル $K(x, x^{(i)})$ は緩やかなガウス分布になり、データの位置への感度が鈍くなります。下のプロットは学習不足のモデルです。

■ 3.18　gamma=0.01のSVRのプロット

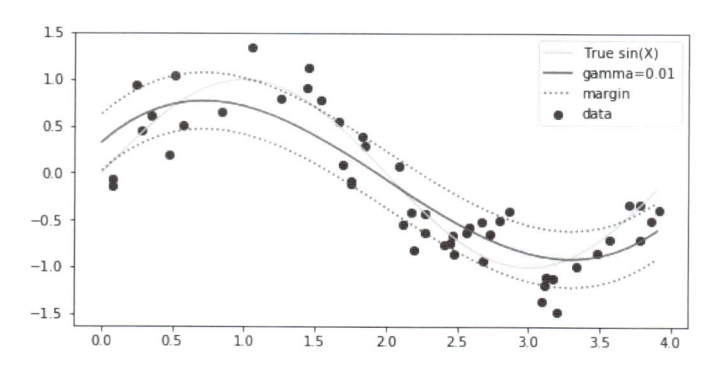

**ガウスカーネルを使ったSVRモデルによる
住宅価格予測モデルの実装**

ガウスカーネルを使った住宅価格の予測モデルを作成します。いままでの節と同様、すべての特徴量を使ってモデルを作成します。サポートベクトル回帰はハイパーパラメータを指定して柔軟にモデルを調整できる反面、ハイパーパラメータの調整は試行錯誤が必要になります。そこで、今回はグリッドサーチを用いて、ハイパーパラメータの最適な組み合わせを一度に探します。なお、グリッドサーチの説明は7.1節のグリッドサーチを確認してください。

特徴量Xに住宅価格データセットの13個の特徴量、正解yに住宅価格を設定して、訓練データ、テストデータに分割します。

▼ライブラリのインポート

`In`

```python
# ライブラリのインポート
%matplotlib inline
import matplotlib.pyplot as plt
import numpy as np
import pandas as pd
from sklearn.svm import SVR
from sklearn.preprocessing import StandardScaler
from sklearn.model_selection import train_test_split
from sklearn.metrics import mean_squared_error
from sklearn.datasets import load_boston
from sklearn.model_selection import GridSearchCV
```

▼訓練データとテストデータの作成

`In`

```python
# 住宅価格データセットのダウンロード
boston = load_boston()
X = boston.data
y = boston.target

# 特徴量と正解を訓練データとテストデータに分割
```

```
X_train, X_test, y_train, y_test = train_test_split(X, y, test_
size=0.2, random_state=0)
print('X_trainの形状:',X_train.shape,' y_trainの形状:',y_train.
shape,' X_testの形状:',X_test.shape,' y_testの形状:',y_test.shape)
```

Out

```
X_trainの形状：(404, 13)  y_trainの形状：(404,)  X_testの形状：(102,
13)  y_testの形状：(102,)
```

▼特徴量の標準化

In

```
# 特徴量の標準化
sc = StandardScaler()
# 訓練データを変換器で標準化
X_train_std = sc.fit_transform(X_train)
# テストデータを作成した変換器で標準化
X_test_std = sc.transform(X_test)
```

　ハイパーパラメータ「C」／「epsilon」／「gamma」の組み合わせを指定してグ
リッドサーチでモデルを訓練します。ハイパーパラメータは順に7,6,6個なの
で、合計252個（7×6×6）のモデルが訓練されます。前述の表「SVRモデル（ガ
ウスカーネル）のハイパーパラメータ指定」を参照してください。

▼モデルのグリッドサーチ

In

```
# グリッドサーチの実行
param_grid = [
        {'kernel': ['rbf'], 'C': [1.0, 3.0, 10., 30., 100.,
300., 1000.0],
         'gamma': [0.01, 0.03, 0.1, 0.3, 1.0, 3.0],
         'epsilon': [0.01, 0.03, 0.1, 0.3, 1.0, 3.0]
         }
    ]
```

```
model = SVR()
grid_search = GridSearchCV(model, param_grid, cv=5,
scoring='neg_mean_squared_error', verbose=2, n_jobs=-1)
grid_search.fit(X_train_std, y_train)
```

Out

```
Fitting 5 folds for each of 252 candidates, totalling 1260 fits
```

　グリッドサーチで作成した252個のモデルの中から最適なモデルとそのハイパーパラメータを確認します。

▼ グリッドサーチで得られた最適なモデルの確認

In
```
print(grid_search.best_params_)
print(grid_search.best_estimator_)
```

Out

```
{'C': 300.0, 'epsilon': 1.0, 'gamma': 0.03, 'kernel': 'rbf'}
SVR(C=300.0, cache_size=200, coef0=0.0, degree=3, epsilon=1.0,
gamma=0.03,
    kernel='rbf', max_iter=-1, shrinking=True, tol=0.001,
verbose=False)
```

　最適なモデルを使って、訓練データとテストデータの住宅価格を予測して、正解との誤差MSEを計算します。訓練データ、テストデータともに今までのモデルに比べて最も誤差が小さくなっています。

▼ 訓練データとテストデータのMSE

In
```
# グリッドサーチの最良モデルで予測
model_grs = grid_search.best_estimator_
```

```
y_train_grs_pred = model_grs.predict(X_train_std)
y_test_grs_pred = model_grs.predict(X_test_std)

# MSEの計算
print('MSE train: %.2f, test: %.2f' % (
        mean_squared_error(y_train, y_train_grs_pred),
        mean_squared_error(y_test, y_test_grs_pred)))
```

Out

```
MSE train: 3.13, test: 18.10
```

　サポートベクトル回帰はハイパーパラメータの指定が多い点がデメリットです
が、チューニングによって、他モデルよりも MSE が低い予測モデルを作成できま
した。ガウスカーネルの場合、3つのハイパーパラメータの指定が必要なため、グ
リッドサーチが有効です。
　最後にもう1つの評価方法である残差プロットを作成してみます。

▼残差プロット

In

```
# 残差プロット
plt.figure(figsize=(8,4)) #プロットのサイズ指定

plt.scatter(y_train_grs_pred, y_train_grs_pred − y_train,
            c='red', marker='o', edgecolor='white',
            label='Training data')
plt.scatter(y_test_grs_pred, y_test_grs_pred − y_test,
            c='blue', marker='s', edgecolor='white',
            label='Test data')
plt.xlabel('Predicted values')
plt.ylabel('Residuals')
plt.legend(loc='upper left')
plt.hlines(y=0, xmin=−10, xmax=50, color='black', lw=2)
plt.xlim([−10, 50])
```

```
plt.tight_layout()

plt.show()
```

　結果、残差プロットは−5〜5くらいの範囲に誤差がばらつき、重回帰の残差プロットに比べて、大幅に残差のばらつきが小さくなっています。

■ 図3.19　サポートベクトル回帰の残差プロット

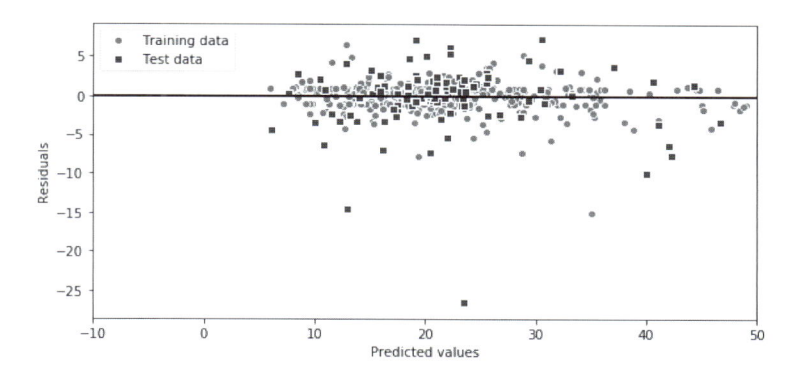

■ 図3.20　重回帰の残差プロット（3.2節の重回帰の再掲）

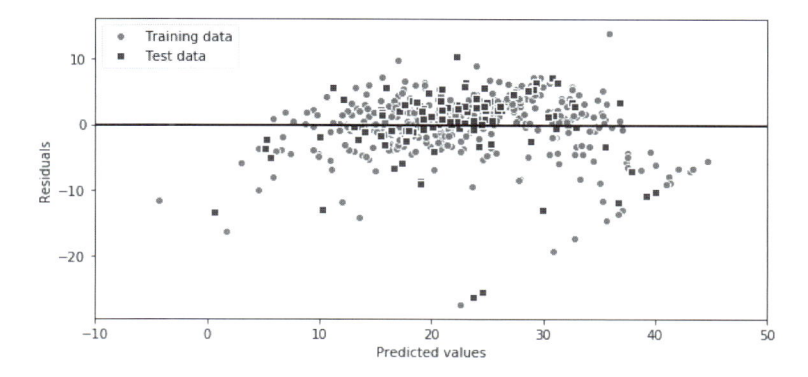

# ランダムフォレスト回帰

ランダムフォレストはサポートベクトルマシンと同様に回帰と分類の両方で使える汎用的なアルゴリズムで、本節はその回帰モデルを紹介します。ランダムフォレスト回帰は異なる決定木を量産して、多数決で回帰の精度を上げるモデルです。ランダムフォレストに先駆けて、決定木の予測モデルを実装し、決定木のプロットを視覚的に理解します。続いて、住宅価格データセットの全特徴量を用いてランダムフォレスト回帰の平均二乗誤差（MSE）を計算し、ほかのアルゴリズムのMSEと比較します。最後に住宅価格データセットの13個の特徴量を重要度の順にランキングします。

##  決定木回帰の指標「不純度」

本節でご紹介する決定木、ランダムフォレストの予測モデルは3.1節で整理したとおり、「ノンパラメトリックモデル」になります。決定木は予測モデル $h_\theta(x)$ や損失関数 $J(\theta)$ を定義しない代わり、「不純度」という指標を設定し、不純度に沿って予測モデルを作成します。決定木回帰の不純度は平均二乗誤差（MSE）を使用し、分割条件ごとのMSEが最小になるよう決定木を作成します。分割条件（ノード）$t$ のMSEは以下の式になります。

$$MSE(t) = \frac{1}{N_t} \sum_{i \in D_t} (y^{(i)} - \widehat{y}_t)^2$$

$N_t$ は訓練データの数、$D_t$ は訓練データの集合で、$y^{(i)}$ は訓練データの正解、$\widehat{y}_t$ は決定木の分割条件 $t$ に含まれる集合 $D_t$ の平均になります。

$$\widehat{y}_t = \frac{1}{N_t} \sum_{i \in D_t} y^{(i)}$$

決定木およびランダムフォレストのアルゴリズムは4.5節をご確認ください。決定木はデータに過学習するので、実用上は複数の決定木で多数決をとるランダ

ムフォレストが使われます。ただし、決定木は分割条件を可視化できて、他者に説明しやすいメリットがあります。

 ## 決定木による住宅価格予測モデルの実装

決定木を視覚的に理解するため、住宅価格データセットの低所得者の割合（LSTAT）と住宅価格（MDEV）の関係をデータ散布図と決定木回帰で同時にプロットしてみます。

▼ライブラリのインポート

In
```
# ライブラリのインポート
%matplotlib inline
import matplotlib.pyplot as plt
import numpy as np
from sklearn.tree import DecisionTreeRegressor
from sklearn.datasets import load_boston
```

特徴量Xに住宅価格データセットの低所得者の割合（LSTAT）、正解yに住宅価格（MDEV）の100件のデータをセットし、決定木回帰のモデルを訓練します。決定木やランダムフォレストのモデルの場合、特徴量の標準化は不要です。

▼住宅価格データセットのダウンロード

In
```
# 住宅価格データセットのダウンロード
boston = load_boston()
# 特徴量に低所得者の割合（LSTAT）を選択し100行に絞り込み
X = boston.data[:100 , [12]]
# 正解に住宅価格（MDEV）を設定し100行に絞り込み
y = boston.target[:100]
```

決定木回帰の予測モデルは不純度指標のハイパーパラメータ「criterion」、決定

木の深さのハイパーパラメータ「max_depth」を指定します。決定木は訓練デー
タに過学習し易い欠点があるので、決定木の深さを調整する必要があります。決
定木の深さは深いほど、訓練データに過学習します。

◆ **決定木回帰のハイパーパラメータ指定**

| criterion | 不純度の指標 |
|---|---|
| max_depth | 決定木の深さ |
| random_state | 乱数のシードを指定 |

▼**低所得者の割合と住宅価格でモデルを訓練**

In

```python
# 決定木回帰のモデルを作成
model = DecisionTreeRegressor(criterion='mse', max_depth=3,
random_state=0)

# モデルの訓練
model.fit(X, y)
```

Out

```
DecisionTreeRegressor(criterion='mse', max_depth=3, max_
features=None,
                      max_leaf_nodes=None, min_impurity_
decrease=0.0,
                      min_impurity_split=None, min_samples_
leaf=1,
                      min_samples_split=2, min_weight_fraction_
leaf=0.0,
                      presort=False, random_state=0,
splitter='best')
```

プロット用の変数x_pltは最小値から最大値まで0.01刻みの2次元配列で、住宅

価格をpredictメソッドで予測し、低所得者の割合と住宅価格のプロットを作成します。プロットは区間で分割された非連続な直線になります。

▼訓練データの散布図と決定木回帰のプロット

`In`

```python
plt.figure(figsize=(8,4)) #プロットのサイズ指定

# 訓練データの最小値から最大値まで0.01刻みのX_pltを作成し、住宅価格を予測
X_plt = np.arange(X.min(), X.max(), 0.01)[:, np.newaxis]
y_pred = model.predict(X_plt)

# 訓練データ（低所得者の割合と住宅価格）の散布図と決定木回帰のプロット
plt.scatter(X, y, color='blue', label='data')
plt.plot(X_plt, y_pred, color='red',label='Decision tree')
plt.ylabel('Price in $1000s [MEDV]')
plt.xlabel('lower status of the population [LSTAT]')
plt.title('Boston house-prices')
plt.legend(loc='upper right')

plt.show()
```

`Out`

# ランダムフォレスト回帰による
# 住宅価格予測モデルの実装

　ランダムフォレストは複数の決定木を作成し、複数の予測を使って精度を向上するアンサンブルの手法です。1個の決定木の精度は高くありませんが、決定木を束ねて森（フォレスト）にすることでモデルの汎化性能を向上します。複数の決定木を作成することで、決定木で発生しがちな過学習を防ぎます。ランダムフォレストはサポートベクトルマシンと比べて、ハイパーパラメータが少なくチューニングが楽な点が魅力です。また、特徴量の重要度をランキングすることができ、大変実用的なモデルです。

　実装は住宅価格データセットの13個すべての特徴量を使い、価格予測モデルのMSE を計算します。最後に、13個の特徴量の中で住宅価格を予測する際に、どの特徴量が重要かランキングします。

▼ライブラリのインポート

In

```
# ライブラリのインポート
%matplotlib inline
import matplotlib.pyplot as plt
import numpy as np
from sklearn.ensemble import RandomForestRegressor
from sklearn.model_selection import train_test_split
from sklearn.metrics import mean_squared_error
from sklearn.datasets import load_boston
```

　住宅価格データセットから特徴量と正解の価格を取得し、訓練データとテストデータを作成します。ランダムフォレストは特徴量の標準化は不要です。

▼訓練データとテストデータの作成

In

```
# 住宅価格データセットのダウンロード
boston = load_boston()
```

```
X = boston.data
y = boston.target

# 特徴量と正解を訓練データとテストデータに分割
X_train, X_test, y_train, y_test = train_test_split(X, y, test_
size=0.2, random_state=0)
print('X_trainの形状:',X_train.shape,' y_trainの形状:',y_train.
shape,' X_testの形状:',X_test.shape,' y_testの形状:',y_test.shape)
```

Out

```
X_trainの形状：（404，13） y_trainの形状：（404,）  X_testの形状：（102，
13） y_testの形状：（102,）
```

　ランダムフォレストのハイパーパラメータは決定木のハイパーパラメータ
「criterion」、「max_depth」、「random_state」に加え、ハイパーパラメータ
「bootstrap」、「n_estimators」を指定してモデルを訓練します。

　ランダムフォレスト回帰のモデルを訓練します。

◆ランダムフォレスト回帰のハイパーパラメータ指定

| bootstrap | 復元抽出の有無 |
|---|---|
| n_estimators | 決定木の数 |
| criterion | 不純度の指標 |
| max_depth | 決定木の深さ |
| random_state | 乱数の固定 |

▼ランダムフォレスト回帰モデルの訓練

In

```
# ランダムフォレスト回帰のモデルを作成
model = RandomForestRegressor(bootstrap=True, n_estimators=1000,
criterion='mse', max_depth=None, random_state=0, n_jobs=－1)

# モデルの訓練
```

```
model.fit(X_train, y_train)
```

Out

```
RandomForestRegressor(bootstrap=True, criterion='mse', max_
depth=None,
                     max_features='auto', max_leaf_nodes=None,
                     min_impurity_decrease=0.0, min_impurity_
split=None,
                     min_samples_leaf=1, min_samples_split=2,
                     min_weight_fraction_leaf=0.0, n_
estimators=1000,
                     n_jobs=-1, oob_score=False, random_
state=0, verbose=0,
                     warm_start=False)
```

　MSEを計算すると、テストデータのMSEはサポートベクトル回帰と同程度の低さになり汎化性能が高いモデルを作成できました。ハイパーパラメータ「random_state」を変更すると異なる決定木が作成され、MSEは上下します。

▼訓練データとテストデータのMSE

In

```
# 訓練データ、テストデータの住宅価格を予測
y_train_pred = model.predict(X_train)
y_test_pred = model.predict(X_test)

# 正解の住宅価格と予測の住宅価格のMSEを計算
print('MSE train: %.2f, test: %.2f' % (
        mean_squared_error(y_train, y_train_pred),
        mean_squared_error(y_test, y_test_pred)))
```

Out

```
MSE train: 1.39, test: 18.81
```

ランダムフォレスト回帰はハイパーパラメータの指定が少なく、MSEが低いモデルを作成できます。ランダムフォレストは、3.6節までとは異なり、予測モデルの数式がなく、モデルを訓練するごとにMSEが変わります。

最後に、ランダムフォレストの特徴量の重要度を紹介します。重要度は特徴量Xの順番で、インデックス0から開始します。住宅価格データセットの場合、インデックス5（部屋数）の0.40とインデックス12（低所得者）の0.41の値が大きく、この2つの特徴量が住宅価格を予測する際に重要な特徴量だと定量的に確認できました。この結果は3.2節の単回帰のプロットは、部屋数と住宅価格に正の相関があり、3.7節の決定木回帰のプロットは、低所得者と住宅価格に負の相関があった結果と一致します。

▼特徴量の重要度

`In`
```
# 特徴量重要度を表示
model.feature_importances_
```

`Out`
```
array([0.04127321, 0.0012036 , 0.00759454, 0.0007884 ,
0.02050564,
       0.40616279, 0.01350879, 0.03921652, 0.00394729,
0.01548929,
       0.02219559, 0.00957614, 0.4185382 ])
```

重要度をプロットで可視化してみます。ランダムフォレストは特徴量の重要度がわかるため、特徴量を選択する際、重要な特徴量を見つけるヒントになります。

▼重要度のランキング

`In`
```
# 特徴量重要性を計算
importances = model.feature_importances_
```

```
# 特徴量重要性を降順にソート
indices = np.argsort(importances)[::-1]

# 特徴量の名前を、ソートした順に並び替え
names = [boston.feature_names[i] for i in indices]

# プロットの作成
plt.figure(figsize=(8,4)) #プロットのサイズ指定
plt.figure()
plt.title("Feature Importance")
plt.bar(range(X.shape[1]), importances[indices])
plt.xticks(range(X.shape[1]), names, rotation=90)

plt.show()
```

 Out

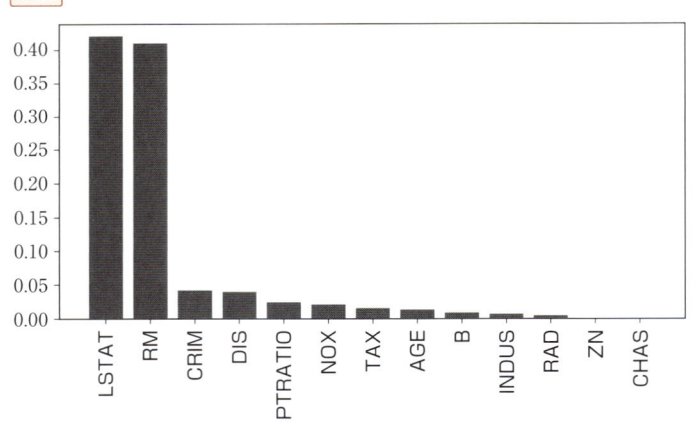

## この章のまとめ

- 回帰アルゴリズムは教師あり学習の1つで、予測モデルは連続的な結果を出力します。
- 線形回帰アルゴリズムには、単回帰モデル、重回帰モデル、多項式回帰モデルの3つの予測モデルがあります。単回帰は1つの特徴量、重回帰は複数の特徴量を持つモデルです。多項式回帰は特徴量に高次の項を追加したモデルで、モデルの表現力が増し曲線データのモデル化が可能です。ただし、特徴量が複雑になりすぎると、モデルが過学習する問題があります。
- 正則化のアルゴリズムはモデルの過学習を抑制に有効です。3つの正則化があり、その中のL1正則化は不要な特徴量を削減して、予測モデルの特徴量をシンプルにできます。
- 勾配降下法は線形回帰アルゴリズム以外でも使える汎用的な計算方法です。確率的勾配降下法は大規模データでも計算できるよう拡張した計算方法です。
- 線形サポートベクトル回帰はマージンを用いて、マージンの外にあるサポートベクトルだけで、予測モデルを作成するアルゴリズムです。予測モデルはサポートベクトル（パラメータ）と線形カーネル（特徴量）の訓練データごとの線形和の式になります。
- サポートベクトル回帰は予測モデルの線形カーネルをガウスカーネルに変更することで、予測モデルの特徴量を高次のカーネル関数に変更でき、予測モデルは高次の特徴量の線形和に再構成されます。結果、曲線の表現力を獲得します。予測モデルはハイパーパラメータの組み合わせを指定する必要があり、グリッドサーチが有効です。
- ランダムフォレスト回帰は複数の決定木で多数決をとり、精度を高めるアルゴリズムです。特徴量の重要度を可視化できます。

# 第4章

# 分類

# 4.1

# 分類のアルゴリズム

本節は分類の基礎と本章で共通して使用する予備知識をまとめます。予測モデルの訓練の6ステップは4.2節以降の実装で使用する共通の流れになります。

アルゴリズムごとの正解率結果一覧は4.2節〜4.5節の各アルゴリズムの誤差評価の結果になります。本節で基礎知識を押さえて、興味があるアルゴリズム（節）から読み進めて頂ければと思います。なお、4章は3章の理解が前提となるので、必要に応じて3章に戻り、参照して頂ければと思います。

##  分類のアルゴリズム

4章で紹介する分類アルゴリズムは、機械学習の中の教師あり学習の1つです。教師あり学習は入力データ $x$ の集合 $\{x^{(1)}, x^{(2)}, \cdots, x^{(m)}\}$ とそれに対応する出力データ $y$ の集合 $\{y^{(1)}, y^{(2)}, \cdots, y^{(m)}\}$ を用意し、訓練データ $(x, y)$ を使って入力データから出力データを予測するモデル $h_\theta(x)$ （以降、必要に応じて「予測モデル」と記載する）を作成します。この作業を「モデルの訓練」と呼びます。訓練の結果、予測モデルは未知の入力データ $x^{(m+1)}$ に対して、出力結果 $h_\theta(x^{(m+1)})$ を予測します。

4章の分類は出力データ $y$ に0か1の離散値を使用し（例：$y=0$ はワインA、$y=1$ はワインB）、ワインの化学成分 $x$ からワインの「クラス」（グループの意味）など離散的な結果を予測するモデル $h_\theta(x)$ を実装します。なお、4章は訓練データ $(x, y)$ の入力データ $x$ を「特徴量」、出力データ $y$ を「正解ラベル」と呼ぶことにします。

##  予測モデルの訓練の流れ

4章の分類の各アルゴリズムに入る前に予測モデルの訓練の流れを解説します。流れは次の6ステップで回帰と同じです。ただし、ステップ6のモデルの評価は7.1節の正解率を使用します。

ステップ1. データセットを訓練データとテストデータに分割
ステップ2. 特徴量の標準化

158

ステップ3. 予測モデルの指定

ステップ4. 損失関数の指定

ステップ5. 訓練データと損失関数を用いたモデルの訓練

ステップ6. テストデータを用いたモデルの評価

##  アルゴリズムごとの正解率の結果一覧

ステップ6のモデルの評価は正解率を使用します。正解率はデータセットの予測ラベル$h_\theta(x^{(i)})$と正解$y^{(i)}$のラベルを比較して一致している割合を計算します。正解率は高いほどモデルの性能が良く、テストデータの正解率で予測モデルの性能を評価します。

表はワインデータセットを用いて、アルゴリズムごとに正解率を計算した結果です。

◆ 予測モデルごとの正解率

| 節 | 予測モデル | 決定境界 | 特徴量 | テストデータ正解率 |
|---|---|---|---|---|
| 4.2 | ロジスティック回帰 | 線形 | プロリンと色を選択 | 0.89 |
| | ソフトマックス回帰 | 線形 | プロリンと色を選択 | 0.89 |
| 4.3 | 線形サポートベクトル分類 | 線形 | プロリンと色を選択 | 0.92 |
| 4.4 | サポートベクトル分類（ガウスカーネル） | 非線形 | プロリンと色を選択しガウスカーネルに変換 | 0.92 |
| 4.5 | ランダムフォレスト | 非連続 | 13個の特徴量をランダムに選択 | 0.94 |

##  ワインデータセット

4章から6章において共通で使用するワインデータセットを紹介します。ワインデータセットはイタリアで栽培されている異なる品種の3種類のワインのデータセットです。データ数は178個で13種類の特徴量はワインの化学成分を表して

います。正解ラベル$y$は1, 2, 3のため、クラス数3のデータセットになります。特徴量は13個ありますが、本書は表の2つの特徴量を軸に2次元プロットを作成します。残り11個の特徴量は個別に使わないので説明を省略します。

◆ **特徴量**

| Color intensity | ワインの色 |
|---|---|
| Proline | ワインの化学成分「プロリン」 |
| 以降、省略 | 以降、省略 |

◆ **正解**

| Class label | 3種類のワインを示す正解ラベル(1, 2, 3) |
|---|---|

# ロジスティック回帰

　本節は最も基本的な分類アルゴリズムであるロジスティック回帰を紹介します。ロジスティック回帰は線形回帰の連続的な結果を利用し、離散的な結果を予測します。分類の実装は回帰の実装に比べて、ハイパーパラメータの指定が多く、ハイパーパラメータの意味を理解することが大切です。そのため、本節はハイパーパラメータの指定で必要になる基礎知識をご紹介します。最後に、ロジスティック回帰を使った予測モデルを実装し、3種類のワインを分類します。

##  ロジスティック回帰の予測モデル

　3章の回帰と同じく、最初にロジスティック回帰の予測モデル$h_\theta(x)$の式を考えます。3.2節の線形回帰アルゴリズムでは、$n$個の特徴量を$n$個のパラメータ$\theta$で重みをつけ、バイアスパラメータ$\theta_0$をプラスした予測モデル$h_\theta{}^{reg}(x)$を作成し、「連続的な結果」を予測しました。

$$h_\theta^{reg}(x) = \theta_0 + \theta_1 x_1 + \theta_2 x_2 + \cdots + \theta_n x_n = \sum_{j=1}^{n} \theta_j x_j + \theta_0$$

　ここで$x_0=1$の前提を追加し、バイアスパラメータ$\theta_0$を含んだ$n+1$次元のパラメータベクトル$\theta = (\theta_0, \theta_1, \cdots, \theta_n)^T$と$n+1$次元の特徴量ベクトル$x = (x_0, x_1, \cdots, x_n)^T$を用意すると、予測モデルは2つのベクトルの内積を計算し、スカラー（数値）になります。

$$h_\theta^{reg}(x) = \theta_0 + \theta_1 x_1 + \theta_2 x_2 + \cdots + \theta_n x_n = \theta^T x$$

　ロジスティック回帰の予測モデル$h_\theta(x)$は線形回帰の予測モデル$h_\theta{}^{reg}(x) = \theta^T x$の内積をシグモイド関数$\sigma(z)=1/(1+\exp(-z))$の変数$z$に代入した式になります。

$$h_\theta(x) = \frac{1}{1 + exp(-\theta^T x)}$$

予測モデル $h_\theta(x)$ は正解ラベル $y=1$ （クラス1）に分類される確率を出力し、$\theta^T x$ の符号に応じて、「離散的な結果」つまりクラスを予測します。

$\theta^T x \geq 0$ であれば、予測モデルは $h_\theta(x) \geq 0.5$ となり、クラス1と予測
$\theta^T x < 0$ であれば、予測モデルは $h_\theta(x) < 0.5$ となり、クラス0と予測

活用メモ

## シグモイド関数

シグモイド関数は $\sigma(z)=1/(1+exp(-z))$ の関数で、図4.1のとおり、$z$ の値閾を $0 \sim 1$ の値閾に変換します。$z$ の値域は $-\infty$ から $\infty$ の連続値で、$z$ が $\infty$ に近くなるとシグモイド関数 $\sigma(z)$ は1に近づき、$z$ が $-\infty$ に近くなると0に近づきます。また、$z=0$ のとき、シグモイド関数 $\sigma(z)$ は0.5になります。

■図4.1　シグモイド関数

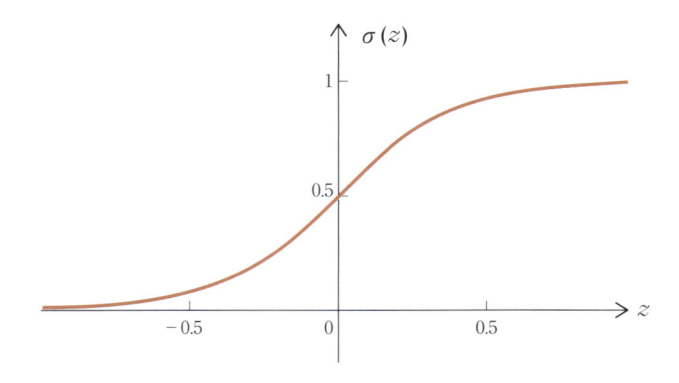

##  決定境界

分類アルゴリズムはデータをクラス1とクラス0に分類します。これらのクラスの境界を「決定境界」と呼びます。ロジスティック回帰の場合、正解ラベル$y=1$の確率が0.5 ($h_\theta(x)=0.5$)、つまり$\theta^T x=0$が決定境界の条件になります。

$\theta^T x$の特徴量$x$の次数が1次の場合、決定境界は直線になります。例えば、図4.2のように決定境界が$\theta^T x=-3+x_1+x_2=0$の場合、特徴量$x_1, x_2$の特徴量の空間座標を考えると、決定境界は1次関数になり、$\theta^T x$の符号でクラス1とクラス0に分類します。

■ **図4.2　直線の決定境界の例**

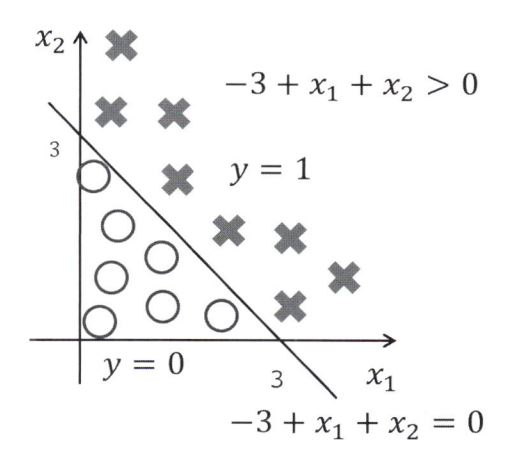

また、3.2節の線形回帰の予測モデル$h_\theta(x) = \theta^T x = \theta_0 + \theta_1 x_1 + \theta_2 x_2 + \cdots + \theta_n x_n$は特徴量ベクトル$x$の次数を2次以上にすることで、sin関数などの曲線データをモデル化（多項式回帰）できました。この方法を決定境界にも応用します。

単純な例として、内積$\theta^T x$の特徴量ベクトル$x$に$x_1{}^2$や$x_2{}^2$の2次の項を追加します。

例えば、パラメータベクトル$\theta = (-1, 0, 0, 1, 1)^T$と特徴量ベクトル$x = (1, x_1, x_2, x_1{}^2, x_2{}^2)^T$の2つのベクトルを用意して、内積$\theta^T x = 0$を計算します。

$$\theta^T x = -1 + x_1^2 + x_2^2 = 0$$

このとき、決定境界は円になり、曲線の決定境界でクラス分類できます。
円の外側は内積 $\theta^T x$ の符号がプラスなので、クラス1になります。

■ **図4.3　曲線で決定境界の例**

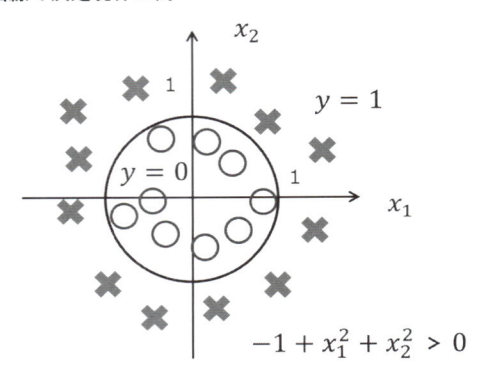

## ロジスティック回帰の損失関数

予測モデルに続いて、ロジスティック回帰の離散値の損失関数を考えます。訓練データの正解ラベルは $y=1$ と $y=0$ の2値なので、ロジスティック回帰の損失関数 $J(\theta)$ は正解ラベルによって式が分かれます。

正解ラベル $y=1$ の場合、

$$J(\theta) = -\log(h_\theta(x))$$

正解ラベル $y=0$ の場合、

$$J(\theta) = -\log((1 - h_\theta(x)))$$

損失関数のマイナスの対数の中はクラス1とクラス0の確率を表し、クラス1とクラス0の確率は1に近いほど、損失関数は0に近づきます。

クラス1の確率　$h_\theta(x)$

クラス0の確率　$(1 - h_\theta(x))$

例えば、$y=1$ の場合、クラス1の確率 $h_\theta(x)$ が1に近いと、損失関数は $J(\theta) = -\log(1) = -\log(\exp(0)) = 0$ に近づきます。逆に、確率 $h_\theta(x)$ が0に近いと、損失関数は $J(\theta) = -\log(0) = -\log(\exp(-\infty)) = \infty$ に近づきます。

同様に、$y = 0$ の場合、クラス0の確率 $(1 - h_\theta(x))$ が1に近いと、損失関数は $J(\theta) = -\log(1) = 0$ に近づきます。

**■ 図4.4　ロジスティック回帰の損失関数**

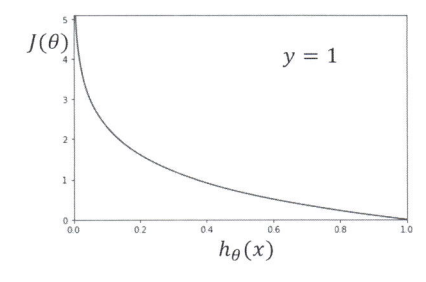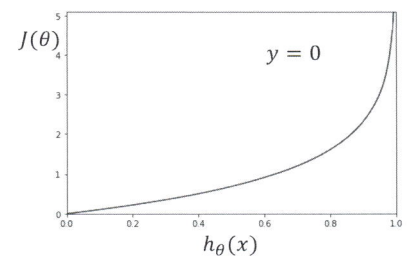

また、正解ラベル $y = 0$、$y = 1$ は互いに独立しているので、誤差は $y = 0$ と $y = 1$ の損失関数の合計で評価できます。訓練データの数が $m$ 個、特徴量の数が $n$ 個の場合、ロジスティック回帰の損失関数は次の式になります。この損失関数を「クロスエントロピー」と呼びます。ロジステック回帰はこの損失関数で誤差を評価し、損失関数 $J(\theta)$ を最小化する $\theta$ を計算します。

$$J(\theta) = -\frac{1}{m}\sum_{i=1}^{m}\left[y^{(i)}log(h_\theta(x^{(i)})) + (1-y^{(i)})log(1-h_\theta(x^{(i)}))\right]$$

$$h_\theta(x^{(i)}) = \frac{1}{1+exp(-\theta^T x^{(i)})}$$

$$\theta^T x^{(i)} = \theta_0 + \theta_1 x_1^{(i)} + \theta_2 x_2^{(i)} + \cdots + \theta_n x_n^{(i)} = \sum_{j=0}^{n}\theta_j x_j^{(i)}$$

##  バッチ勾配降下法による損失関数の最小値の計算

3.2節の線形回帰で紹介した平均二乗誤差の損失関数の場合、損失関数$J(\theta)$を最小化するパラメータ $\theta$ は解析的に計算可能でした。しかし、ロジスティック回帰の損失関数はシグモイド関数の影響で、パラメータ $\theta$ に対し非線形で、解析的に解けません。そこで、損失関数$J(\theta)$を最小化する $\theta$ を3.4節で紹介した「バッチ勾配降下法」で近似計算します。バッチ勾配降下法は全訓練データ$m$個を使い、$n+1$個のパラメータ $\theta = (\theta_0, \theta_1, \cdots, \theta_n)^T$の勾配$(\partial/\partial\theta_j)J(\theta)$の平均を計算し、パラメータ$\theta_j$を一度に（バッチで）更新します。この更新を複数回繰り返し、損失関数を最小化する $\theta$ を近似計算します。

$$J(\theta) = -\frac{1}{m}\sum_{i=1}^{m}\left[y^{(i)}log(h_\theta(x^{(i)})) + (1-y^{(i)})log(1-h_\theta(x^{(i)}))\right]$$

$$\theta_j := \theta_j - \eta\frac{\partial}{\partial\theta_j}J(\theta) = \theta_j - \frac{\eta}{m}\sum_{i=1}^{m}(h_\theta(x^{(i)}) - y^{(i)})x_j^{(i)}$$

**活用メモ**

### バッチ勾配降下法の勾配$(\partial/\partial\theta_j)J(\theta)$

ロジスティック回帰の損失関数を使い勾配$(\partial/\partial\theta_j)J(\theta)$を計算した数式は3.4節で導出した回帰の勾配と同じ数式になります。

##  ロジスティック回帰の正則化

正則化は3.3節で紹介したとおり、モデルの過学習を抑制します。過学習はモデルの複雑すぎる特徴量が原因なので、ロジスティック回帰の損失関数に正則化の項を追加します。正則化はL2正則化を使用します。ハイパーパラメータ $\alpha$ は正則化の強さを調整します。$\alpha$ は小さ過ぎると正則化が弱く過学習、逆に $\alpha$ が大き過ぎると学習不足のモデルになります。

$$J(\theta) = -\frac{1}{m}\sum_{i=1}^{m}\left[y^{(i)}log(h_\theta(x^{(i)})) + (1-y^{(i)})log(1-h_\theta(x^{(i)}))\right] + \frac{\alpha}{2m}\sum_{j=1}^{n}\theta_j^{\,2}$$

なお、ロジスティック回帰の損失関数はSVMの正則化の慣習に従い、1項目のハイパーパラメータ $C$ で正則化の強さを調整します。$C = 1/\alpha$ の関係で、$C$ が大きいほど正則化が弱くなります。

$$J(\theta) = -C\sum_{i=1}^{m}\left[y^{(i)}log(h_\theta(x^{(i)})) + (1-y^{(i)})log(1-h_\theta(x^{(i)}))\right] + \frac{1}{2}\sum_{j=1}^{n}\theta_j^{\,2}$$

##  多クラス分類　One Vs Rest（OVR）

今までのロジスティック回帰は正解ラベル $y = 1$ と $y = 0$ の2値分類の前提で予測モデルと損失関数を考えてきました。しかし、2値の予測モデルだと、正解ラベルが3つ以上の「多クラス分類」は分類できません。

■ 図4.5　2クラス分類と多クラス分類の例

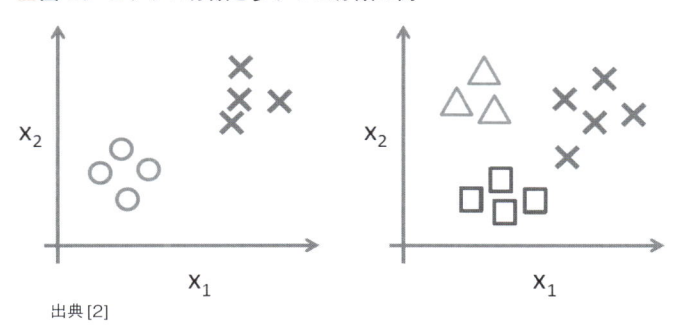

出典 [2]

167

　そこで、2値のロジスティック回帰の予測モデルを、3クラス以上に拡張する「OVR（One Vs Rest）」という方法を紹介します。OVRは多クラス分類に対処する方法の1つです。

　OVRは特定の1クラスとそれ以外のクラスの2値に分類する予測モデルを作成し、クラスごとに予測モデルを作成します。例えば、正解ラベルが3クラスの場合、図4.6のように1クラス（△）に正解ラベル$y=1$、残り2クラスに正解ラベル$y=0$を割り当てて、予測モデルを作成します。同様に残り2つのクラス（□、×）に対しても、正解ラベル$y=1$を割り当て、予測モデルを作成し、3クラスで合計3個の予測モデルを作成します。結果、3つの予測モデルの中から最大の確率$h_\theta(x)$を持つクラスが3クラスの予測結果になります。

　なお、OVRはサポートベクトル分類など他のアルゴリズムでも使用します。

■**図4.6**　OVRのイメージ

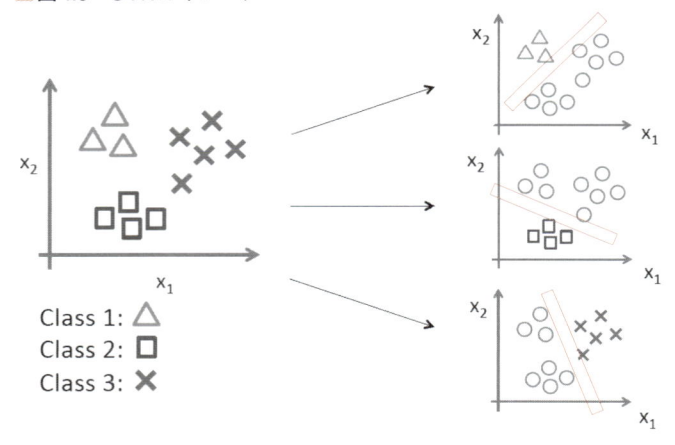

## 多クラス分類　ソフトマックス回帰

　もう1つの多クラス分類の方法は「ソフトマックス回帰（多項ロジスティック回帰）」です。ソフトマックス回帰は1クラス（$y=1$）とその他のクラス（$y=0$）の2値のスカラーで確率を計算するOVRと異なり、正解ラベルにクラス数$K$のベクトル（$K$次元のワンホットベクトル）を用いて、確率を計算します。そのため、クラス数$K$が大きいと、ソフトマックス回帰の計算量は増えるデメリットがありま

すが、OVRよりも高い精度の確率を計算できます。

　ソフトマックス回帰の予測モデルは$K$次元のベクトル$(h_1(x), h_2(x) \cdots h_K(x))^T$を出力します。クラス$k$の確率$h_k(x)$は$k$番目のクラスのパラメータベクトル$\theta^{(k)} = (\theta_0^{(k)}, \theta_1^{(k)} \cdots \theta_n^{(k)})^T$を用いて、$K$個のクラスごとのパラメータベクトル$\theta^{(k)}$を訓練し、$k$番目のクラスの確率$h_k(x)$を予測します。$K$個のクラスの確率の合計は1になります。

$$h_1(x) + h_2(x) + \cdots + h_K(x) = 1$$

　$k$番目のクラスの予測モデル$h_k(x)$は$K$個作成されたクラスごとのスコア$s_k(x)$をソフトマックス関数で正規化した式になります。ソフトマックス関数はシグモイド関数を$K$個に拡張したもので、$K=2$の場合はロジスティック回帰で紹介したシグモイド関数になります。

$$s_k(x) = (\theta^{(k)})^T x$$
$$h_k(x) = \frac{exp(s_k(x))}{\sum_{j=1}^{K} exp(s_j(x))}$$

**活用メモ**

## ロジスティック回帰とソフトマックス回帰の違い

ロジスティック回帰の予測モデル$h_\theta(x)$はスカラー（数値）を出力し、正解ラベルも$y=1$と$y=0$の2値のスカラーになります。また、モデルの訓練も予測と正解のスカラーどおしで誤差を計算します。一方、ソフトマックス回帰の予測モデルはK次元のベクトル$(h_1(x), h_2(x), \cdots, h_K(x))^T$は出力し、正解ラベルはワンホットベクトルになります。モデルの訓練はベクトルどおしで誤差を計算します。なお、ソフトマックス回帰はディープラーニングのネットワークのK個の出力層の計算でも使用します。

### 活用メモ

## ワンホットベクトル

ワンホットベクトルは正解の成分だけが 1 で、その他の成分はゼロになるベクトルです。クラス数 $K=4$ でクラス 3 が正解の場合のワンホットベクトルは次のようになります。

$y = (0, 0, 1, 0)^T$

### 活用メモ

## $K=2$のソフトマックス回帰の予測モデル

クラス数 $K=2$、つまり正解ラベルが 2 個の場合、ソフトマックス回帰の予測モデルはロジスティック回帰のシグモイド関数と同じ式になります。

$$h_1(x) = \frac{exp((\theta^{(1)})^T x)}{exp((\theta^{(1)})^T x) + exp((\theta^{(2)})^T x)} = \frac{1}{1 + exp(-(\theta^{(1)} - \theta^{(2)})^T x)}$$

　損失関数は「ソフトマックスクロスエントロピー」を使用します。この損失関数は正解ラベルが $y=1$ と $y=0$ のスカラーが前提のクロスエントロピーの損失関数を正解ラベル $K$ 個の $K$ 次元のベクトル拡張したもので、$K=2$ の場合はロジスティック回帰の損失関数と同じになります。パラメータ $\theta = (\theta^{(1)}, \theta^{(2)}, \cdots, \theta^{(K)})$ はパラメータベクトル $\theta^{(k)}$ を $K$ 個格納した行列になります。

$$J(\theta) = -\frac{1}{m} \sum_{i=1}^{m} \sum_{j=1}^{K} y_j^{(i)} log(h_j(x^{(i)}))$$

　$y_j^{(i)}$ は $i$ 番目の訓練データが正解クラス $j$ なら 1 で、$j$ 以外の場合は 0 とします（活用メモのワンホットベクトルを参照）。

　パラメータベクトル $\theta^{(k)}$ の勾配は以下の勾配降下法で計算します。この式はロジスティック回帰の勾配降下法の式をクラスごとにベクトル化した式です。

$$\nabla_{\theta(k)} J(\theta) = \frac{1}{m} \sum_{i=1}^{m} (h_k^{(i)}(x) - y_k^{(i)}) x^{(i)}$$

#  ロジスティック回帰モデルによるワイン分類の実装

ワインデータセットを用いて、3種類のワインを分類する予測モデルを実装します。データセットの特徴量は13個あり、すべての特徴量を使うと図示できないため、特徴量をプロリンと色の2つに絞り、2次元プロットで3種類のワインを分類します。

最初に、グラフを表示するmatplotlib、データ格納用のpandas、計算用のnumpy、scikitlearnのライブラリ、決定境界を表示するplot_decision_regionsをインポートします。

▼ライブラリのインポート

`In`

```
# ライブラリのインポート
%matplotlib inline
import matplotlib.pyplot as plt
import numpy as np
import pandas as pd
from sklearn.linear_model import LogisticRegression
from sklearn.preprocessing import StandardScaler
from sklearn.model_selection import train_test_split
from sklearn.metrics import accuracy_score
from mlxtend.plotting import plot_decision_regions
```

https以下のリンク先にワインデータセットのcsvファイルが保存されているので、pandasのpd.read_csvでファイルを読込み、データフレームdf_wineに保存します。続いて、df_wine.columnsで列ラベル名を追加します。データフレームの先頭5行を表示します。1列目はワイン種類を示す正解ラベルで、続く2～14列目はワインの特徴量になります。

## ▼ワインデータセットのデータフレーム化

In

```
# ワインデータセットの読み込み
df_wine = pd.read_csv('https://archive.ics.uci.edu/ml/machine-
learning-databases/wine/wine.data', header=None)

df_wine.columns = ['Class label', 'Alcohol', 'Malic acid', 'Ash',
                   'Alcalinity of ash', 'Magnesium', 'Total
phenols',
                   'Flavanoids', 'Nonflavanoid phenols',
'Proanthocyanins',
                   'Color intensity', 'Hue', 'OD280/OD315 of
diluted wines',
                   'Proline']

# 先頭5行の表示
pd.DataFrame(df_wine.head())
```

Out

| | Class label | Alcohol | Malic acid | Ash | Alcalinity of ash | Magnesium | Total phenols | Flavanoids | Nonflavanoid phenols | Proanthocyanins | Color intensity | Hue | OD280/OD315 of diluted wines | Proline |
|---|---|---|---|---|---|---|---|---|---|---|---|---|---|---|
| 0 | 1 | 14.23 | 1.71 | 2.43 | 15.6 | 127 | 2.80 | 3.06 | 0.28 | 2.29 | 5.64 | 1.04 | 3.92 | 1065 |
| 1 | 1 | 13.20 | 1.78 | 2.14 | 11.2 | 100 | 2.65 | 2.76 | 0.26 | 1.28 | 4.38 | 1.05 | 3.40 | 1050 |
| 2 | 1 | 13.16 | 2.36 | 2.67 | 18.6 | 101 | 2.80 | 3.24 | 0.30 | 2.81 | 5.68 | 1.03 | 3.17 | 1185 |
| 3 | 1 | 14.37 | 1.95 | 2.50 | 16.8 | 113 | 3.85 | 3.49 | 0.24 | 2.18 | 7.80 | 0.86 | 3.45 | 1480 |
| 4 | 1 | 13.24 | 2.59 | 2.87 | 21.0 | 118 | 2.80 | 2.69 | 0.39 | 1.82 | 4.32 | 1.04 | 2.93 | 735 |

　データの形状を確認すると、178件のワインデータがあり、1件のワインデータの列数は14列になっています。14列のうち、1列が正解ラベルで13列が特徴量です。

## ▼ワインデータの形状

In

```
# df_wineの形状
print('df_wineの形状', df_wine.shape)
```

Out

```
df_wineの形状 (178, 14)
```

　ここでは、ワインの種類を分類する際に色とプロリンが重要な特徴量だとわかっている前提で実装します。178件の色とプロリンの組み合わせを特徴量 X に設定し、178件の正解ラベルを y に設定します。ワインの csv ファイルの正解ラベルはラベル番号1から始まるので、0から開始するようラベル番号をマイナス1します。試しに特徴量 X と正解ラベル y の先頭5行を表示します。

**活用メモ**

### 特徴量の重要度

特徴量の重要度は 4.5 節のランダムフォレストで確認できます。ワインデータセットの重要度をランキングすると、色とプロリンの特徴量が上位に表示されます。

▼ワインの分類に色とプロリンの特徴量を使用

`In`

```
# 特徴量に色 (10列) とプロリンの量 (13列) を選択
X = df_wine.iloc[:,[10,13]].values
# 正解ラベルの設定 (ラベルはゼロから開始するようマイナス1する)
y = df_wine.iloc[:, 0].values −1
# 特徴量と正解ラベルの先頭5行を表示
X[:5], y[:5]
```

`Out`

```
(array([[   5.64, 1065.  ],
        [   4.38, 1050.  ],
        [   5.68, 1185.  ],
        [   7.8 , 1480.  ],
        [   4.32,  735.  ]]), array([0, 0, 0, 0, 0]))
```

　特徴量Xと正解ラベルyを8:2の割合で訓練データとテストデータに分割します。データ形状を確認すると、ワインデータは全部で178件あったので、訓練データは142件＋テストデータ36件に分割されています。また、X_trainとX_testは複数の特徴量が格納できるよう（データ件数、特徴量の数）の2次元配列になります。一方、y_trainとy_testは正解ラベルの数値がデータ件数ぶん格納するので1次元配列になります。

▼特徴量と正解ラベルの分割

`In`

```
# 特徴量と正解ラベルを訓練データとテストデータに分割
X_train, X_test, y_train, y_test = train_test_split(X, y, test_
size=0.2, random_state=0)
print('X_trainの形状:',X_train.shape,' y_trainの形状:', y_train.
shape,' X_testの形状:', X_test.shape,' y_testの形状:', y_test.shape)
```

`Out`

```
X_trainの形状: (142, 2)  y_trainの形状: (142,)  X_testの形状: (36, 2)
y_testの形状: (36,)
```

　色とプロリンの2つの特徴量はスケールが異なるので、特徴量を標準化します。標準化すると、2つの特徴量は平均0、標準偏差1になり特徴量のスケールが揃います。標準化はscikit‒learnの変換器StandardScalerを使用します。変換器は訓練データを使い、fit_transformメソッドで標準化の訓練と変換を同時に実行します。テストデータの標準化は訓練データで作成した変換器を用いて、transformメソッドを実行します。3.2節で解説したとおり、テストデータは評価用のデータのため、変換器の訓練に使ってはいけません。

▼特徴量の標準化

`In`

```
# 特徴量の標準化
sc = StandardScaler()
# 訓練データを変換器で標準化
X_train_std = sc.fit_transform(X_train)
# テストデータを作成した変換器で標準化
```

```
X_test_std = sc.transform(X_test)
```

　ロジスティック回帰のモデルにハイパーパラメータを指定しfitメソッドでモデルの訓練を実行します。

　ハイパーパラメータ「max_iter」で訓練データを何周するか（エポック数）指定します。「multi_class」は多クラス分類OVRを指定し、「solver」は計算に使用するライブラリliblinearを指定します。

　ハイパーパラメータ「C」は正則化の強さを調整し1.0、「penalty」はL2正則化、「l1_ratio」はElastic Net利用時のハイパーパラメータで、本実装はNoneを指定します。

　ハイパーパラメータ「random_state」は予測モデルの訓練を繰り返し実行しても同じ計算結果になるよう数字を指定して、乱数のシード番号を固定します。

◆ ロジスティック回帰のハイパーパラメータ指定

| max_iter | 勾配降下法で訓練データを何周するか指定（3.4節で解説） |
|---|---|
| multi_class | 多クラス分類の方法を 'ovr', 'multinomial', 'auto' から選択<br>auto は 2 値分類なら ovr、多クラス分類なら multinomial を設定 |
| solver | 計算に使用するライブラリ |
| C | 正則化の強さで値が大きいほど正則化の効果は弱くなる<br>C は 3.3 節の alpha と逆数の関係 |
| penalty | 正則化を 'l1', 'l2', 'elasticnet' から選択（3.3節で解説） |
| l1_ratio | penalty が elasticnet のときのL1 正則化の割合（3.3節で解説） |
| random_state | 乱数のシードを指定 |

活用メモ

## ライブラリ liblinear

liblinear は小規模の線形モデルで高速に計算できるアリゴリズムで訓練データ数mと特徴量数nに対して、O(m×n)の計算量になります。

### ▼ロジスティック回帰モデルの訓練

In

```
# ロジスティック回帰モデルを作成
model = LogisticRegression(max_iter=100, multi_class = 'ovr',
solver='liblinear', C=1.0, penalty='l2', l1_ratio=None, random_
state=0)

# モデルの訓練
model.fit(X_train_std, y_train)
```

Out

```
LogisticRegression(C=1.0, class_weight=None, dual=False, fit_
intercept=True,
                   intercept_scaling=1, l1_ratio=None, max_
iter=100,
                   multi_class='ovr', n_jobs=None, penalty='l2',
random_state=0,
                   solver='liblinear', tol=0.0001, verbose=0,
warm_start=False)
```

　訓練した予測モデルにテストデータ X_test_std を入力し、predict メソッドで
モデルが予測したクラスを出力します。予測 y_test_pred と正解ラベル y_test を
関数 accuracy_score で比較し正解率を計算します。結果、正解率は約89%です。

### ▼訓練したモデルの正解率

In

```
# テストデータで正解率を計算
y_test_pred = model.predict(X_test_std)
ac_score = accuracy_score(y_test, y_test_pred)
print('正解率 = %.2f' % (ac_score))
```

Out

```
正解率 =  0.89
```

　訓練データ142件を訓練したモデルで分類すると、直線の決定境界で3種類の
ワインが分類されていることがわかります。横軸は色、縦軸はプロリンのプロッ
トになります。

▼ロジスティック回帰の訓練データのプロット

```
# 訓練データのプロット
plt.figure(figsize=(8,4)) #プロットのサイズ指定
plot_decision_regions(X_train_std, y_train, model)
```

Out

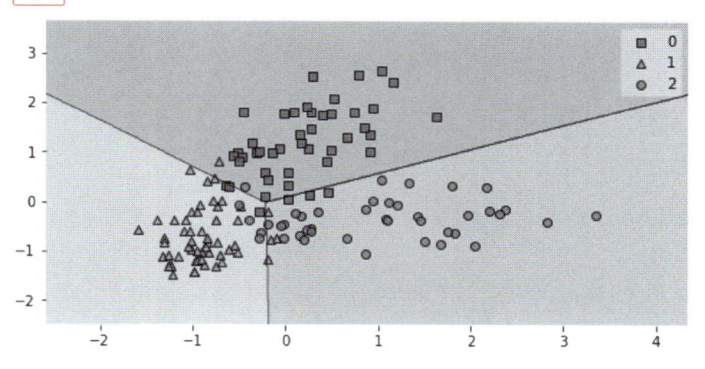

　テストデータ18件を訓練したモデルで分類します。

▼ロジスティック回帰のテストデータのプロット

In

```
# テストデータのプロット
plt.figure(figsize=(8,4)) #プロットのサイズ指定
plot_decision_regions(X_test_std, y_test, model)
```

Out

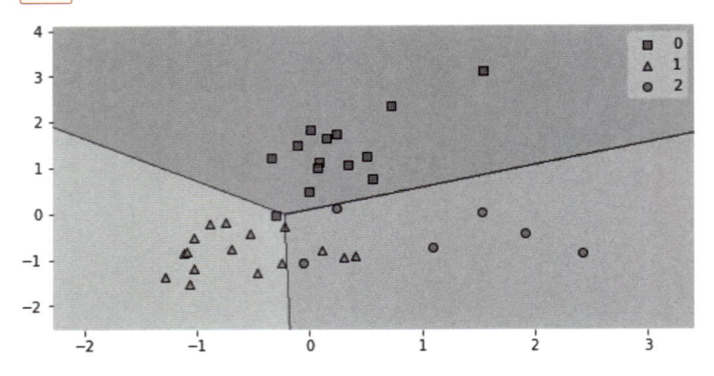

　ここで、予測モデルの動作を確認するため、試しに色が0.1、プロリンが−0.1の未知データを作成し、予測モデルに入力します。predictメソッドの結果、予測はクラス2になりました。この結果は未知データの座標(0.1, −0.1)がプロットのラベル2の領域にある結果と一致します。また、decision_functionメソッドでスコア、predict_probaメソッドで確率を表示できます。結果、インデックス2がで最も高い数値になっています。また、未知データがクラス2に分類される確率は約51.7%になります。

▼未知データの予測

In

```
# 未知データの作成
new_data = [[0.1, −0.1]]
print('ロジスティック回帰')
print('予測', model.predict(new_data)) # 未知データの分類予測
print('スコア', model.decision_function(new_data)) # 未知データのスコア
print('確率', model.predict_proba(new_data)) # 未知データの確率
```

Out

```
ロジスティック回帰
予測 [2]
スコア [[−1.58059936 −1.74634324 −0.65823   ]]
確率 [[0.25851263 0.22489203 0.51659534]]
```

なお、未知データの色0.1、プロリン - 0.1は標準化後の大きさになっています。inverse_transform メソッドは標準化後の特徴量を標準化前の特徴量に戻することができます。

▼標準化した特徴量の戻し

`In`

```
# 未知データの色とプロリンの標準化前の特徴量
sc.inverse_transform(new_data)
```

`Out`

```
array([[   5.28241286, 712.05964791]])
```

##  ソフトマックス回帰モデルによるワイン分類の実装

最後に、ソフトマックス回帰の予測モデルを実装して、ロジスティック回帰の実装で得られたクラス分類の確率と比較します。ハイパーパラメータ「multi_classs=multinomial」を指定すると、ソフトマックス回帰になります。このとき「solver」にライブラリ liblinear を使用できません。代わりにライブラリ lbfgs を指定します。ハイパーパラメータの指定が完了したら、fit メソッドでモデルを訓練します。

◆ ソフトマックス回帰のハイパーパラメータ指定

| | |
|---|---|
| multi_class | 多クラス分類の方法を 'ovr', 'multinomial', 'auto' から選択。auto は２値分類なら ovr、多クラス分類なら multinomial を使用 |
| solver | 計算に使用するライブラリで、ソフトマックス下記のときは lbfgs を指定 |

**活用メモ**

## ライブラリ lbfgs

L－BFGS は Limited－memory BFGS の計算アルゴリズムで BFGS（ブロイデン・フレッチャー・ゴールドファーブ・シャンノ法）の1つです。BFGS法は、非制限非線形最適化問題に対する反復的解法の1つです。

▼ソフトマックス回帰モデルの訓練

In

```
# ソフトマックス回帰モデルを作成
model2 = LogisticRegression(max_iter=100, multi_class =
'multinomial', solver='lbfgs', C=1.0, penalty='l2', l1_ratio=None,
random_state=0)

# モデルの訓練
model2.fit(X_train_std, y_train)
```

Out

```
LogisticRegression(C=1.0, class_weight=None, dual=False, fit_
intercept=True,
                   intercept_scaling=1, l1_ratio=None, max_
iter=100,
                   multi_class='multinomial', n_jobs=None,
penalty='l2',
                   random_state=0, solver='lbfgs', tol=0.0001,
verbose=0,
                   warm_start=False)
```

　ソフトマックス回帰の予測モデルに先程の未知データを入力し、predict メソッドを実行すると、クラス2の予測となり、ロジスティック回帰と同じ結果になりました。次に、predict_proba メソッドを実行すると、クラス2の分類確率は59％になりました。ソフトマックス回帰の確率の方がロジスティック回帰より計算コストは高くなりますが、確率の精度は高くなります。

▼ソフトマックス回帰の確率

In

```
print('ソフトマックス回帰')
print('予測',model2.predict(new_data))  # 未知データの分類予測
print('スコア',model2.decision_function(new_data))  # 未知データのスコア
print('確率',model2.predict_proba(new_data))  # 未知データの確率
```

Out

```
ソフトマックス回帰
予測 [2]
スコア [[-0.01464484 -0.73427757  0.74892241]]
確率 [[0.27526608 0.1340356   0.59069832]]
```

　ソフトマックス回帰のプロットを表示して、ロジスティック回帰のプロットと比較すると、決定境界が微妙に変化しています。

▼ソフトマックス回帰の訓練データのプロット

In

```
# ソフトマックス回帰モデルによる訓練データのプロット
plt.figure(figsize=(8,4))  #プロットのサイズ指定
plot_decision_regions(X_train_std, y_train, model2)
```

Out

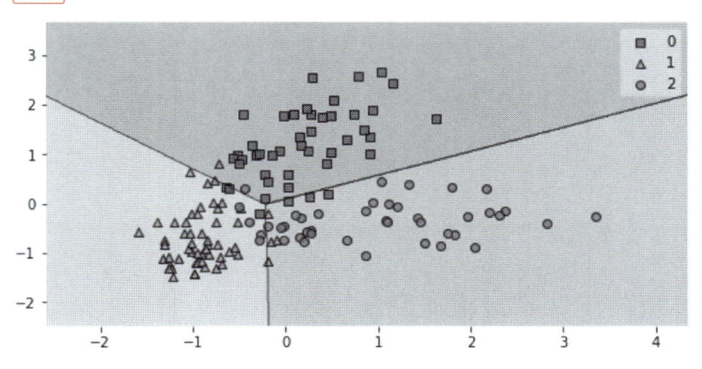

### ▼ソフトマックス回帰のテストデータのプロット

`In`

```
# ソフトマックス回帰モデルによるテストデータのプロット
plt.figure(figsize=(8,4)) #プロットのサイズ指定
plot_decision_regions(X_test_std, y_test, model2)
```

`Out`

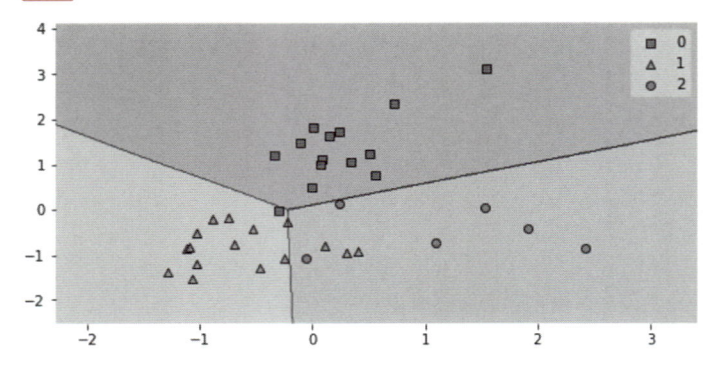

# 4.3

# 線形サポートベクトル分類

　4.2節はロジスティック回帰のアルゴリズムを紹介しました。本節はもう1つの線形分類のアルゴリズムである線形サポートベクトル分類を解説します。最初にロジスティック回帰と線形サポートベクトル分類の違いを視覚的に理解します。続いて、予測モデル、損失関数、ハードマージンのアルゴリズムを紹介します。実装は2クラスに単純化したワインデータをハードマージン分類、ソフトマージン分類のそれぞれで分類し、プロットを比較します。最後に、3クラスのワインの予測モデルを実装し、他のアルゴリズム（節）と正解率を比較します。

## 線形サポートベクトル分類のイントロダクション

　図4.7は2つの特徴量$x_1$, $x_2$を軸にした散布図で、決定境界は正解ラベル0と1をクラス分類します。決定境界は4.2節のロジスティック回帰と本節で紹介する線形サポートベクトルマシンの2つのアルゴリズムでプロットします。

　サポートベクトルマシン分類の予測モデルは点線の「マージン」を用いて、マージンの上もしくは内側のデータだけで傾きと切片を計算します（マージンの外の点は予測モデルの計算に使用しません）。図4.7の場合、正解ラベル0と1がマージンの上に1点ずつあります。点線のマージン上のデータを「サポートベクトル」と呼びます。線形サポートベクトル分類は、マージンを最大化することで、決定境界を計算するアルゴリズムです。線形サポートベクトル分類はマージン最大化という基準で線を引くため、ロジスティック回帰の予測モデルと異なる決定境界を作成します。以降、サポートベクトル分類を必要に応じて「SVC（Support Vector Classication）」と略して記載します。

■図4.7 線形サポートベクトル分類のマージン最大化

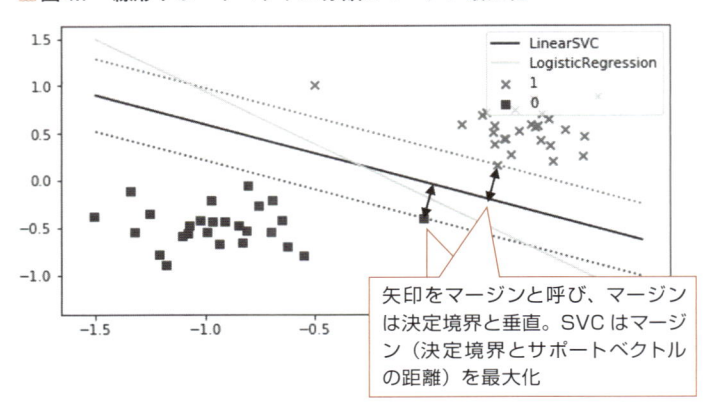

> 矢印をマージンと呼び、マージン
> は決定境界と垂直。SVC はマージ
> ン（決定境界とサポートベクトル
> の距離）を最大化

## 線形サポートベクトル分類の予測モデル

サポートベクトル分類の予測モデルの式を考えます。一般に $n$ 個の特徴量を持つ線形モデルは特徴量とパラメータがそれぞれ $n$ 個あり、以下の式になります。

$$h_\theta(x) = \theta_0 + \theta_1 x_1 + \theta_2 x_2 + \cdots + \theta_n x_n$$

バイアスパラメータの特徴量を $x_0 = 1$ とすると、SVC の予測モデル $h_\theta(x)$ は $n+1$ 次元のパラメータのベクトル $\theta = (\theta_0, \theta_1, \cdots, \theta_n)^T$ と $n+1$ 次元の特徴量ベクトル $x = (x_0, x_1, \cdots, x_n)^T$ の内積で以下の式に書き直せます（インデックスは0から開始）。

$$h_\theta(x) = \theta^T x$$

SVC の予測モデルは $\theta^T x$ の符号を使って、クラスを分類します。

$\theta^T x \geq 0$ であれば、予測モデルはクラス1と予測
$\theta^T x < 0$ であれば、予測モデルはクラス0と予測

　ロジスティック回帰の予測モデルは変数 $\theta^T x$ のシグモイド関数を用いて、クラス1の確率 $h_\theta(x)$ を計算し、$h_\theta(x)$ が0.5以上か否かでをクラス分類しました。一方、SVCモデルは確率がなく、$\theta^T x$ の符号でクラスを分類します。

　例えば、図のように特徴量の数が $n=2$ でパラメータベクトル $\theta^T=(-4,2,1)$、特徴量ベクトル $x^T=(1,x_1,x_2)$ の予測モデルの決定境界は $\theta^T x=-4+2x_1+x_2$ $=0$ になります。決定境界は特徴量 $x_1, x_2$ の座標をクラス分類して、バイアスパラメータを除くパラメータベクトル $\theta^T=(2,1)$ は決定境界に直交する法線ベクトルになります。決定境界を $x_2=-2x_1+4$ と書き直すと、特徴量 $x_2$ は $x_1$ の1次関数になります。

$$\theta^T x=-4+2x_1+x_2\geqq0 \quad\Rightarrow\quad x_2\geqq-2x_1+4 \quad\text{のときクラス1}$$
$$\theta^T x=-4+2x_1+x_2<0 \quad\Rightarrow\quad x_2<-2x_1+4 \quad\text{のときクラス0}$$

　また、決定境界の上下点線のマージンは $\theta^T x+1=0$、$\theta^T x-1=0$ の2つの式になります。マージンの式の導出は損失関数の中で解説します。

$$\theta^T x+1=-3+2x_1+x_2=0 \quad\Rightarrow\quad x_2=-2x_1+3 \quad\text{は決定境界の下側のマージン}$$
$$\theta^T x-1=-5+2x_1+x_2=0 \quad\Rightarrow\quad x_2=-2x_1+5 \quad\text{は決定境界の上側のマージン}$$

■図4.8　$\theta^T x=-4+2x_1+x_2=0$ の決定境界、マージン、法線ベクトルの図解

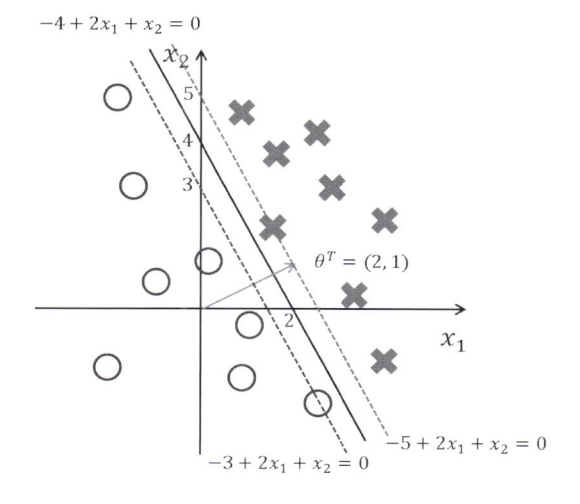

##  線形サポートベクトル分類の損失関数

SVCの予測モデルに続いて、損失関数を考えます。SVCの損失関数$J(\theta)$は訓練データ$(x^{(i)}, y^{(i)})$と後述するヒンジ損失関数 $cost_1(\theta^T x^{(i)})$, $cost_0(\theta^T x^{(i)})$およびL2正則化を用いて以下の式になります。

$$J(\theta) = -C\sum_{i=1}^{m}[y^{(i)}cost_1(\theta^T x^{(i)}) + (1-y^{(i)})cost_0(\theta^T x^{(i)})] + \frac{1}{2}\sum_{j=1}^{n}\theta_j^2$$

ハイパーパラメータ$C$はヒンジ損失の強さを調整し、$C$は4.2節で紹介したL2正則化の強さを示す$\alpha$の逆数$C=1/\alpha$の関係になります。したがって、$C$が大きいほどヒンジ損失が強く相対的に正則化が弱くなり、逆に$C$が小さいとヒンジ損失が弱く正則化が強くなります。

ヒンジ損失は図4.9のように正解ラベルで$y=1$と$y=0$で異なる関数になります。しかし、両者は$\theta^T x$の絶対値が1以上の場合に誤差は0、$-1 < \theta^T x < 1$の場合に誤差が発生するという共通の性質を持ちます。そのため、$C$が大きくなるとヒンジ損失の誤差を避けるため、$\theta^T x$の絶対値が1以上になるような制約条件が発生します。

y=1の場合
$\theta^T x \geq 1$ だと、$cost_1(\theta^T x) = 0$
$\theta^T x < 1$ だと、$cost_1(\theta^T x) = 1 - \theta^T x$

y=0の場合
$\theta^T x \leq -1$ だと、$cost_0(\theta^T x) = 0$
$\theta^T x > -1$ だと、$cost_0(\theta^T x) = -1 + \theta^T x$

■図4.9　ヒンジ損失関数

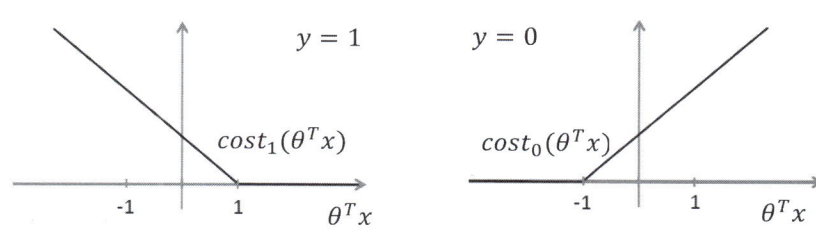

 **ハードマージン分類のアルゴリズム**

　線形サポートベクトルマシン分類の中の「ハードマージン分類」は誤分類が発生しないようマージンを最大化するアルゴリズムです。ハードマージン分類は損失関数$J(\theta)$の数式の$C$を非常に大きくした場合のアルゴリズムでヒンジ損失が正則化に比べて強くなります。損失関数のヒンジ損失が強い場合、ヒンジ損失の誤差が0になるよう$\theta^T x$の値域に制約が発生し、損失関数の中のヒンジ損失が$\mathrm{cost}_1(\theta^T x) = 0$と$\mathrm{cost}_0(\theta^T x) = 0$になります。その結果、ハードマージン分類の損失関数はヒンジ損失の項がゼロになる代わり、制約条件が発生し、損失関数$J(\theta)$の最小化は正則化と制約条件の条件付き最小値問題になります。なお、制約条件の$i$は訓練データを区別するインデックスで$i = 1, 2, \cdots, m$になります。

$$J(\theta) = \frac{1}{2} \sum_{j=1}^{n} \theta_j^2$$

$y^{(i)} = 1$のとき、$\theta^T x^{(i)} \geqq 1$
$y^{(i)} = 0$のとき、$\theta^T x^{(i)} \leqq -1$

制約条件の中で誤差が発生しない不等式の端がマージンの式になります。

$y^{(i)} = 1$のとき、$\theta^T x^{(i)} = 1$
$y^{(i)} = 0$のとき、$\theta^T x^{(i)} = -1$

　なお、$y^{(i)} = 1$の場合、$t^{(i)} = 1$、$y^{(i)} = 0$の場合、$t^{(i)} = -1$の$t^{(i)}$を定義すると、2つの制約条件は$t^{(i)}(\theta^T x^{(i)}) \geqq 1$の1つの式にまとめることができます。

## 🐍 **SVC モデルの中のパラメータ「サポートベクトル」**

損失関数 $J(\theta)$ の最小値の計算は条件付きの最小値問題なので、ラグランジュの未定乗数法が有効で、損失関数 $J(\theta)$ を最小化するパラメータ $\theta$ は以下の式になります。

$$\theta = \sum_{i=1}^{m} a^{(i)} t^{(i)} x^{(i)}$$

先程の予測モデル $h_\theta(x) = \theta^T x$ は内積の中にバイアスパラメータ $\theta_0$ を含んでいますが、今回は $\theta_0$ を内積の外に出して明示的に記載します。以降、パラメータベクトル $\theta = (\theta_1, \theta_2, \cdots, \theta_n)^T$ と特徴量ベクトル $x = (x_1, x_2, \cdots, x_n)^T$ は $n$ 次元のベクトルとします（インデックスが1から開始）。

$$h_\theta(x) = \theta_0 + \theta_1 x_1 + \theta_2 x_2 + \cdots + \theta_n x_n = \sum_{j=1}^{n} \theta_j x_j + \theta_0 = \theta^T x + \theta_0$$

この式に、損失関数を最小化するパラメータ $\theta = \sum_{i=1}^{m} a^{(i)} t^{(i)} x^{(i)}$ を代入すると、SVC の位置ベクトル $x$ における2値クラス分類（クラス0とクラス1）の予測モデルは次の式になります。モデルはインデックス $i$ を使い、訓練データ $m$ 個の位置ベクトル $x^{(i)}$ と位置ベクトル $x$ の内積の線形和になります。

$$h_\theta(x) = \sum_{i=1}^{m} a^{(i)} t^{(i)} ((x^{(i)})^T x) + \theta_0$$

式の中の $a^{(i)}$ は訓練データごとのパラメータになります。パラメータ $a^{(i)}$ はマージンの上もしくは内側（ソフトマージン分類）の訓練データ（サポートベクトル）だけが正で、マージンの外の訓練データのパラメータは0になります。結果、SVCの予測モデルは決定境界に近いマージンの上の訓練データ（サポートベクトル）だけで決定します。この結論は本節冒頭のイントロダクションの結論と同じ

になります。

マージンの外側の訓練データ：$a^{(i)} = 0$

マージンの上、もしくは内側の訓練データ：$a^{(i)} > 0$

---

 **活用メモ**

## ソフトマージン分類とは

ソフトマージン分類は訓練データがマージンの内側に入り込むことを許容するアルゴリズムです。

---

## 🐍 SVCモデルの中の特徴量「カーネル」

式の中の内積 $((x^{(i)})^T x)$ は訓練データごとの特徴量（カーネル）になります。内積 $((x^{(i)})^T x)$ は訓練データの位置ベクトル $x^{(i)}$ と予測するデータの位置ベクトル $x$ の内積で2点の類似度を表し、「線形カーネル」と呼びます。本節のタイトルの線形サポートベクトルマシンは予測モデルのカーネルに「線形カーネル」つまり内積を使用したアルゴリズムになります。

線形カーネル $((x^{(i)})^T x)$ はカーネル関数の1つで、予測モデル $h_\theta(x)$ はカーネル関数 $K(x^{(i)}, x)$ を用いて、次の式に一般化できます。予測モデルはパラメータ（サポートベクトル）と特徴量（カーネル）の訓練データ $m$ 個の線形和になります。

$$h_\theta(x) = \sum_{i=1}^{m} a^{(i)} t^{(i)} K(x^{(i)}, x) + \theta_0$$

4.4節の予告になりますが、予測モデル $h_\theta(x)$ のカーネルはカーネル関数の中から選ぶことができ、データに合わせて選択します。なお、カーネルはscikit－learnのライブラリ「SVC」を実装する際のハイパーパラメータになります。4.4節は「線形カーネル」から「ガウスカーネル」にカーネルを変更して、曲線の決定境界の予測モデルを実装します。

**活用メモ**

**代表的なカーネル関数**

線形カーネル：$K(x^{(i)}, x)=((x^{(i)})^T x)$

多項式カーネル：$K(x^{(i)}, x)=(\gamma (x^{(i)})^T x + r)^d$

ガウスカーネル：$K(x^{(i)}, x)=\exp(-\gamma \|x - x^{(i)}\|^2)$

シグモイドカーネル：$K(x^{(i)}, x)=\tanh(\gamma (x^{(i)})^T x + r)$

## ハードマージン分類の実装

scikit-learnの本実装はハードマージン分類を視覚的に理解するため、データ件数を絞り、2種類のワインを分類します。線形サポートベクトルマシンはライブラリ「LinearSVC」とライブラリ「SVC」に線形カーネルを使用する2つの方法があります。本節はチートシートに従い、ライブラリ「SVC」より高速な「LinearSVC」を使用します。ハードマージン分類はハイパーパラメータ「C」に大きな値を指定します。

**活用メモ**

**scikit－learnのLinear SVCと SVC(kernel=linear)の違い**

Linear SVC は liblinear というライブラリを基にしています。Linear SVC はカーネルの変更は不可ですが、計算量は $O(m \times n)$ で SVC に比べて、計算量を少なく抑えることできます。一方、SVC は libsvm というライブラリを基にしていてカーネルを変更できる代わり、計算量は $O(m^2 \times n) \sim O(m^3 \times n)$ になります。SVC は訓練データの数 $m$ が増えると、計算量が急速に増える問題があります。なお、$n$ は特徴量の数になります。

▼ライブラリのインポート

```
In
```

```
# ライブラリのインポート
%matplotlib inline
```

```
import matplotlib.pyplot as plt
import numpy as np
import pandas as pd
from sklearn.svm import LinearSVC
from sklearn.linear_model import LogisticRegression
from sklearn.preprocessing import StandardScaler
from mlxtend.plotting import plot_decision_regions
```

　ワインデータセットをデータフレームに格納後、データ件数を絞ります。

▼ データセットの行を絞り2種類のワインデータを読込み

In

```
# ワインデータセットの読み込み
df = pd.read_csv('https://archive.ics.uci.edu/ml/machine−learning
−databases/wine/wine.data', header=None)

df.columns = ['Class label', 'Alcohol', 'Malic acid', 'Ash',
                    'Alcalinity of ash', 'Magnesium', 'Total
phenols',
                    'Flavanoids', 'Nonflavanoid phenols',
'Proanthocyanins',
                    'Color intensity', 'Hue', 'OD280/OD315 of
diluted wines',
                    'Proline']

df = df[44:71]

# 特徴量に色(10列)とプロリンの量(13列)を選択
X = df.iloc[:,[10,13]].values
# 正解ラベルの設定(ラベルはゼロから開始するようマイナス1する)
y = df.iloc[:, 0].values −1

# 特徴量の標準化
sc = StandardScaler()
X_std = sc.fit_transform(X)
```

ハイパーパラメータ「loss」にはヒンジ損失を指定し、ハードマージンになるよう「C」はヒンジ損失が大きくなるよう大きな数字10000.0を設定します。

◆ LinearSVCのハイパーパラメータ指定

| loss | 損失関数にヒンジ損失hingeを指定 |
|---|---|
| C | 損失関数の中のヒンジ損失の強さを指定 |
| penalty | L2正則化を指定 |
| multi_class | 多クラス分類ovr（one vs rest）を指定 |
| random_state | 乱数のシードを指定 |

▼ハードマージン分類モデルの訓練

In
```
# LinearSVC (ハードマージン)のモデルを作成
model = LinearSVC(loss='hinge', C=10000.0, multi_class='ovr',
penalty='l2', random_state=0)
# モデルの訓練
model.fit(X_std, y)
```

Out
```
LinearSVC(C=10000.0, class_weight=None, dual=True, fit_
intercept=True,
          intercept_scaling=1, loss='hinge', max_iter=1000, multi_
class='ovr',
          penalty='l2', random_state=0, tol=0.0001, verbose=0)
```

▼パラメータ $\theta_1, \theta_2$

In

```
model.coef_[0] #パラメータw
```

Out

```
array([−1.49886841, −2.32824189])
```

▼バイアスパラメータ $\theta_0$

In

```
model.intercept_[0] #パラメータb
```

Out

```
−1.1834780379505823
```

　決定境界は2次元の特徴量で $\theta^T x = 0$ を満たすため、以下の式になります。この式を $x_2 =$ の1次関数の式に書き換えると、決定境界をプロットできます。

$$\theta^T x = \theta_0 + \theta_1 x_1 + \theta_2 x_2 = 0$$

$$x_2 = -\frac{\theta_1}{\theta_2} x_1 - \frac{\theta_0}{\theta_2}$$

　同様に、マージンは $\theta^T x = 1$、$\theta^T x = -1$ の条件を満たします。

　これらの式を $x_2 =$ の1次関数の式に書き換えた式は決定境界に切片 $1/\theta_2$ をプラス、マイナスした式になります。

$$\theta^T x = \theta_0 + \theta_1 x_1 + \theta_2 x_2 = 1$$

$$x_2 = -\frac{\theta_1}{\theta_2} x_1 - \frac{(\theta_0 - 1)}{\theta_2}$$

### ▼ ハードマージンの決定境界とマージンの計算

In

```
# 決定境界用の変数 X_plt を作成
X_plt = np.linspace(-3, 3, 200)[:, np.newaxis]


# 決定境界の作成
w = model.coef_[0]
b = model.intercept_[0]
decision_boundary = -w[0]/w[1] * X_plt - b/w[1]


# 決定境界の上下にマージン作成
margin = 1/w[1]
margin_up = decision_boundary + margin
margin_down = decision_boundary - margin
```

　決定境界の上下に点線のマージンができ、マージンの上のサポートベクトル3点で決定境界が決まります。ハードマージン分類のマージン違反がない（マージン内部にデータが存在）ことが確認できました。

### ▼ ハードマージン分類の決定境界とマージンのプロット

In

```
plt.figure(figsize=(8,4)) #プロットのサイズ指定


# 決定境界、マージンのプロット
plt.plot(X_plt, decision_boundary, linestyle = "-",
color='black', label='LinearSVC')
plt.plot(X_plt, margin_up, linestyle = ":", color='red',
label='margin')
plt.plot(X_plt, margin_down, linestyle = ":",color='blue',
label='margin')


# 訓練データの散布図
plt.scatter(X_std[:, 0][y==1], X_std[:, 1][y==1], c='r', marker='x',
label='1')
```

```
plt.scatter(X_std[:, 0][y==0], X_std[:, 1][y==0], c='b', marker='s',
label='0')
plt.legend(loc='best')

plt.show
```

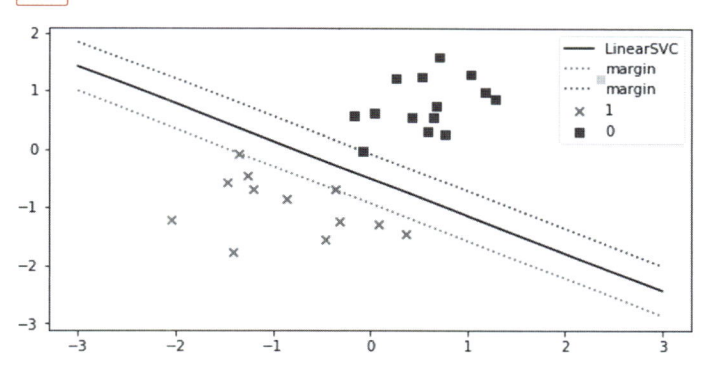

　本実装を通じて、ハードマージン分類はマージン違反が発生しないよう、マージンを最大化した決定境界を作成しました。

　しかし、ハードマージン分類は外れ値がある場合、モデルが過学習することがあります。図4.10は外れ値がサポートベクトルになり、過学習した例です。この場合、誤分類を許容した方が良いモデルになります。次は、マージン内の誤分類を許容する「ソフトマージン分類」を実装します。

■ **図4.10 ハードマージン分類の外れ値による過学習の例**

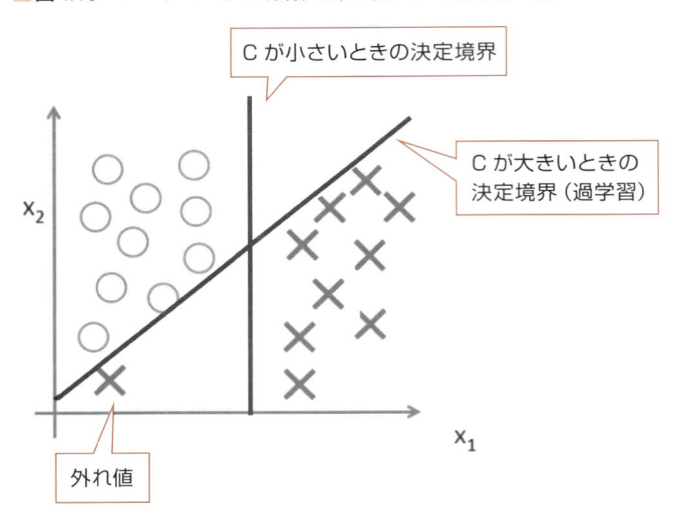

## 🐍 ソフトマージン分類の実装

　ソフトマージン分類はハードマージン分類と同じくライブラリ「LinearSVC」を用いて、2種類のワインを分類する予測モデルを実装します。ハードマージン分類のときよりもハイパーパラメータ「C」を小さく設定します。結果、ハードマージン分類に比べて、正則化の影響が大きくなり、外れ値に過学習し辛い汎化性が高いモデルになります。

　ハイパーパラメータ「loss」にはヒンジ損失を指定し、「C」は小さな数字1.0を設定します。

◆ LinearSVC のハイパーパラメータ指定

| loss | 損失関数にヒンジ損失 hinge を指定 |
|---|---|
| C | 損失関数の中のヒンジ損失の強さを指定 |
| penalty | L2正則化を指定 |
| multi_class | 多クラス分類 ovr (one vs rest) を指定 |
| random_state | 乱数のシードを指定 |

#### ▼ソフトマージン分類のモデルの訓練

In

```
# LinearSVC（ソフトマージン）のモデルを作成
model2 = LinearSVC(loss='hinge', C=1.0, multi_class='ovr',
penalty='l2', random_state=0)

# モデルの訓練
model2.fit(X_std, y)
```

Out

```
LinearSVC(C=1.0, class_weight=None, dual=True, fit_intercept=True,
          intercept_scaling=1, loss='hinge', max_iter=1000, multi_
class='ovr',
          penalty='l2', random_state=0, tol=0.0001, verbose=0)
```

#### ▼ソフトマージン分類の決定境界とマージンの計算

```
# 決定境界の作成
w = model2.coef_[0]
b = model2.intercept_[0]
decision_boundary2 = −w[0]/w[1] * X_plt − b/w[1]

# 決定境界の上下にマージン作成
margin2 = 1/w[1]
margin_up2 = decision_boundary2 + margin2
margin_down2 = decision_boundary2 − margin2
```

　ソフトマージン分類はヒンジ損失を弱くしたことで、マージン違反（マージンの中にサポートベクトルが存在）していることがわかります。ただし、決定境界を見ると、ラベルは正しくクラス分類されています。ソフトマージンはハードマージンに比べて汎化性が高いモデルになる場合があります。

### ▼ソフトマージン分類の決定境界とマージンのプロット

In

```
plt.figure(figsize=(8,4)) #プロットのサイズ指定

# 決定境界、マージンのプロット
plt.plot(X_plt, decision_boundary2, linestyle = "-",
color='black', label='LinearSVC')
plt.plot(X_plt, margin_up2, linestyle = ":", color='red',
label='margin')
plt.plot(X_plt, margin_down2, linestyle = ":",color='blue',
label='margin')

# 訓練データの散布図
plt.scatter(X_std[:, 0][y==1], X_std[:, 1][y==1], c='r', marker='x',
label='1')
plt.scatter(X_std[:, 0][y==0], X_std[:, 1][y==0], c='b', marker='s',
label='0')
plt.legend(loc='best')

plt.show
```

Out

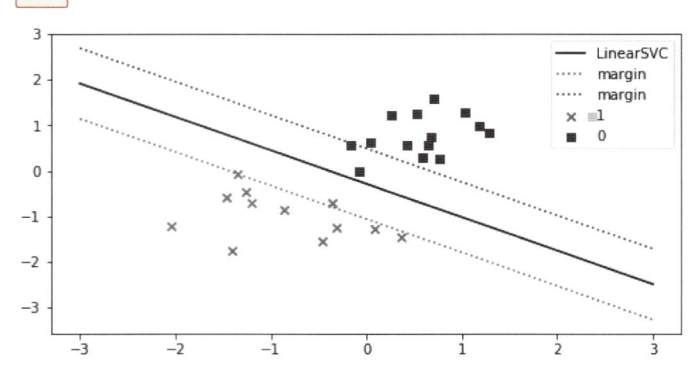

# 線形サポートベクトル分類によるワイン分類の実装

本実装は他の節にあるアルゴリズムと正解率を比較するため、3種類のワイン
を用いて、正解率を計算します。LinearSVCはハイパーパラメータ「C」を指定す
る必要があります。「C」はモデルの複雑さを決めるパラメータで、大きくなるほ
ど正則化が弱く、モデルは過学習する恐れがあります。最適な「C」の大きさは
データに応じて異なり、試行錯誤が必要になります。ここでは、最も高い正解率
が得られた「C=100.0」の予測モデルを実装します。

▼ ライブラリのインポート

```
In
```

```
# ライブラリのインポート
%matplotlib inline
import matplotlib.pyplot as plt
import numpy as np
from sklearn.svm import LinearSVC
from sklearn.linear_model import LogisticRegression
from sklearn.preprocessing import StandardScaler
from sklearn.model_selection import train_test_split
from sklearn.metrics import accuracy_score
from mlxtend.plotting import plot_decision_regions
from sklearn import datasets
```

scikit-learnのデータセットからワインデータセットを取得し、色とプロリンの
特徴量をXに設定し、ワイン種類を正解ラベルyに設定します。Xとyを訓練デー
タとテストデータに分割し、特徴量Xを標準化します。

▼ 特徴量と正解ラベルの設定

```
In
```

```
# ワインデータのダウンロード
wine = datasets.load_wine()
# 特徴量に色（9列）とプロリンの量（12列）を選択
X = wine.data[:,[9,12]]
# 正解ラベルの設定
y = wine.target
```

```
# 特徴量と正解ラベルを訓練データとテストデータに分割
X_train, X_test, y_train, y_test = train_test_split(X, y, test_
size=0.2, random_state=0)

# 特徴量の標準化
sc = StandardScaler()
# 訓練データを変換器で標準化
X_train_std = sc.fit_transform(X_train)
# テストデータを作成した変換器で標準化
X_test_std = sc.transform(X_test)

print('X_train_stdの形状:',X_train_std.shape,' y_trainの形状:',
y_train.shape,' X_test_stdの形状:', X_test_std.shape,' y_testの形状:
', y_test.shape)
```

Out

```
X_train_stdの形状: (142, 2)  y_trainの形状: (142,)  X_test_stdの形状:
(36, 2)  y_testの形状: (36,)
```

　ハイパーパラメータ「C=100.0」を指定し、予測モデルを訓練します。正解率は
92%になりました。

▼ LinearSVC モデルの訓練と正解率の計算

In

```
# LinearSVCのモデルを作成
model = LinearSVC(loss='hinge', C=100.0, multi_class='ovr',
penalty='l2', random_state=0)

# モデルの訓練
model.fit(X_train_std, y_train)

# テストデータで正解率を計算
y_test_pred = model.predict(X_test_std)
```

```
ac_score = accuracy_score(y_test, y_test_pred)
print('正解率 = %.2f' % (ac_score)
```

正解率 = 0.92

　正解率は92%でロジスティック回帰の89%よりも良い正解率が得られました。線形サポートベクトル分類はハイパーパラメータの指定が可能で、パラメータのチューニング次第で、ロジスティック回帰よりも正解率が高い予測モデルを実装できます。

# 4.4

# ガウスカーネルの
# サポートベクトル分類

前節はサポートベクトル分類の予測モデルを導出し、線形カーネルを使って、直線の決定境界を作成しました。本節は前節の続きで、予測モデルの式のカーネルを線形カーネルからガウスカーネルに変更し、曲線の決定境界を作成します。実装はワインデータセット使い、曲線の決定境界でクラス分類します。また、ガウス分布の広がりを調整するハイパーパラメータgamma（3.6節で解説）を変更し、gammaと決定境界の関係を理解します。

##  ガウスカーネルのサポートベクトル分類の イントロダクション

前節の線形サポートベクトルマシン分類は「線形カーネル」のカーネル関数を用いて、直線の決定境界を作成しました。しかし、直線の決定境界だと、図4.11のように曲線の決定境界を持つデータはクラス分類できません。そこで、本節はサポートベクトルマシンのカーネル関数を「線形カーネル」から「ガウスカーネル」に変更して、曲線の決定境界を作成します。

■ 図4.11　曲線の決定境界の例

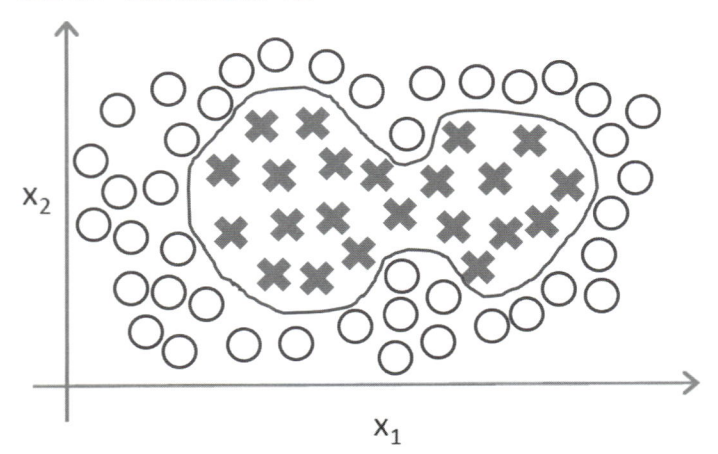

　ガウスカーネルの簡単な例として、2クラス（■がクラス0、▲がクラス1）の訓練データ3点を用意して、3点を2クラスに分類するケースを考えます。カーネルが線形カーネルの場合、予測モデルは直線の決定境界でクラス分類します。

■**図4.12　線形カーネルの決定境界（訓練データ3個）**

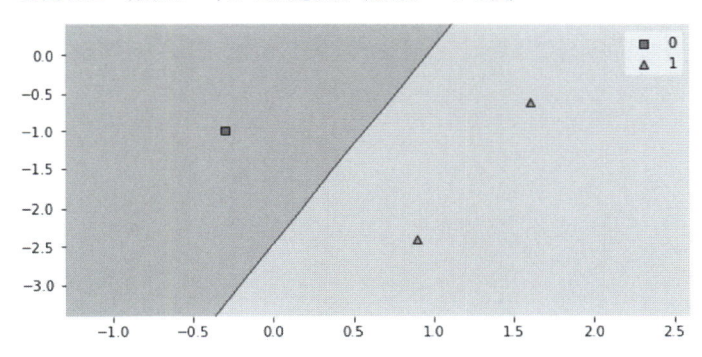

　次に、カーネル関数をガウスカーネルに変更すると、決定境界は訓練データの位置を中心としたガウス分布になります。

■**図4.13　ガウスカーネルの決定境界（訓練データ3個）**

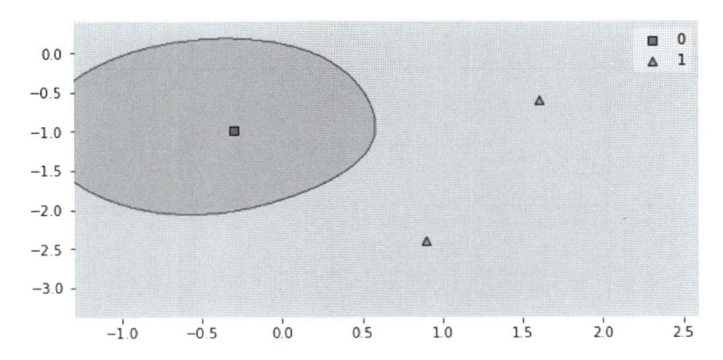

　最後に、図4.14のように2クラスの訓練データが4点あるケースを考えます。訓練データをガウスカーネルに使用した場合、■の訓練データの位置を中心とした

決定境界ができ、2つのガウス分布の決定境界は結合しています。

■**図4.14 ガウスカーネルの決定境界（訓練データ4個）**

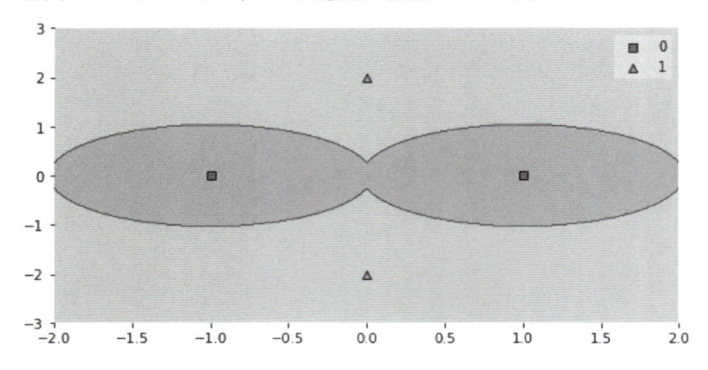

以上の結果を拡張して考えると、より多くの訓練データを用意して、それらに
ガウスカーネルを適用すると、訓練データの位置に沿った複雑で非線形な決定境
界を作ることが直観的に理解できます。結果、冒頭の図4.11のような複雑な決定
境界の予測モデルを作成できます。

##  SVCモデルのカーネル選択による特徴量の変換

4.3節で解説したとおり、位置ベクトル$x$の2値クラス分類の予測モデルはパラ
メータ$a^{(i)} t^{(i)}$と特徴量$((x^{(i)})^T x)$の訓練データ$m$個の線形和で、以下の式になり
ました。

$$h_\theta(x) = \sum_{i=1}^{m} a^{(i)} t^{(i)} ((x^{(i)})^T x) + \theta_0$$

特徴量の$((x)^{(i)T} x)$は位置ベクトル$x$と各訓練データの位置ベクトル$x^{(i)}$の内
積で「線形カーネル」と呼びました。予測モデルは線形カーネルをカーネル関数
$K(x^{(i)}, x)$に置き換えて次の式に一般化できました。

$$h_\theta(x) = \sum_{i=1}^{m} a^{(i)} t^{(i)} K(x^{(i)}, x) + \theta_0$$

　モデル $h_\theta(x)$ のカーネルはデータに合わせて複数のカーネル関数の中から選択できます。本節は予測モデルのカーネルを「線形カーネル」から「ガウスカーネル」に変更します。ガウスカーネルに変更すると、パラメータ $a^{(i)} t^{(i)}$ は変更後のガウスカーネルに基づく値に再計算されます。結果、カーネル変更後の予測モデル $h_\theta(x)$ はガウスカーネルの特徴量とガウスカーネルに基づくパラメータの線形和になります。

線形カーネル　：$K(x^{(i)}, x) = ((x^{(i)})^T x)$
ガウスカーネル：$K(x^{(i)}, x) = exp(-\gamma \| x - x^{(i)} \|^2)$

**活用メモ**

## サポートベクトル $a^{(i)} t^{(i)}$ の計算方法

サポートベクトル回帰のときと同様、パラメータ $a^{(i)}$ はラグランジュ関数を最大化する $a^{(i)}$ で計算します。SVCのラグランジュ関数は以下の式でカーネル関数があり、予測モデルのカーネル関数を選択すると、ラグランジュ関数のカーネルも切り替わります。そのため、切替後のカーネルでパラメータ $a^{(i)}$ を再計算できます。

$$L(a) = \sum_{i=1}^{m} a^{(i)} - \frac{1}{2} \sum_{i=1}^{m} \sum_{j=1}^{m} a^{(i)} a^{(j)} t^{(i)} t^{(j)} K(x^{(i)}, x^{(j)})$$

**ガウスカーネルのSVC予測モデル**

　予測モデルがガウスカーネルを用いて、非線形のシンプルな例決定境界を作成する仕組みを具体例で考えます。ガウスカーネルは3.6節の「ガウスカーネルの形状と精度パラメータ」で紹介したとおり、訓練データ$m$個の位置を中心としたガウス分布の特徴量です。ガウスカーネル$K(x^{(i)}, x)$は、$x$と$x^{(i)}$の類似度を表す特徴量で、2点の距離が近いと類似度が高く1、遠いと類似度が低く0に近くなります。また、精度パラメータ$\gamma$はガウス分布の広がりを決定して、$\gamma$が小さいほど分布が広がり学習不足が発生しやすく、$\gamma$が大きいほど分布が狭く過学習が発生しやすくなります。

$$h_\theta(x) = \sum_{i=1}^{m} a^{(i)} t^{(i)} K(x^{(i)}, x) + \theta_0$$

$$K(x^{(i)}, x) = exp(-\gamma \| x - x^{(i)} \|^2)$$

$$\| x - x^{(i)} \|^2 = \sum_{j=1}^{n} (x_j - x_j^{(i)})^2$$

　訓練データ$x^{(i)}$が決定境界の周辺のサポートベクトルであれば$a^{(i)} > 0$、そうでなければ$a^{(i)} = 0$になり、$h_\theta(x)$はサポートベクトルだけの線形和になります。ここで、特徴量が2個で、2クラスの訓練データ3点をガウスカーネルで分類した場合の具体例を考えてみます。

**■図4.15 ガウス分布の決定境界**

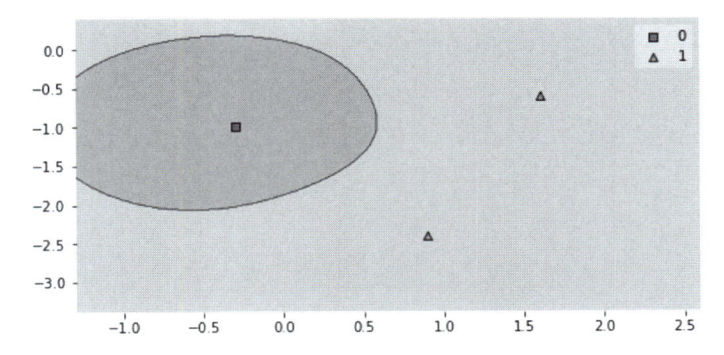

　訓練データ3点はサポートベクトルになり、SVC予測モデルは訓練データ3点の位置ベクトルを中心としたガウスカーネルの線形和になります。

$$h_\theta(x) = \theta_0 + a^{(1)}t^{(1)}K(x^{(1)},x) + a^{(2)}t^{(2)}K(x^{(2)},x) + a^{(3)}t^{(3)}K(x^{(3)},x)$$

　訓練データの位置は$x^{(1)}$, $x^{(2)}$, $x^{(3)}$の3点でサポートベクトルのパラメータは$\theta_0 = 0.34$, $a^{(1)}t^{(1)} = -1.37$, $a^{(2)}t^{(2)} = 0.68$, $a^{(3)}t^{(3)} = 0.69$の値だとします。

　クラスは$h_\theta(x)$の符号で決まるので、訓練データの周辺で$h_\theta(x)$符号を調べます。$x$が$x^{(1)}$の周辺だと符号がマイナスになり、$x$が$x^{(2)}$, $x^{(3)}$の周辺だと符号がプラスになります。また、$x$が訓練データの3点すべてから離れると、符号は$\theta_0$で決まり、プラスになります。結果、$h_\theta(x) = 0$になる決定境界はサポートベクトル$x^{(1)}$を中心としたガウス分布の形になります。

$x$が$x^{(1)}$の周辺、$K(x^{(1)},x) \approx 1$, $K(x^{(2)},x) \approx 0$, $K(x^{(3)},x) \approx 0$ ➡ $h_\theta(x) \approx a^{(1)}t^{(1)} < 0$
$x$が$x^{(2)}$の周辺、$K(x^{(1)},x) \approx 0$, $K(x^{(2)},x) \approx 1$, $K(x^{(3)},x) \approx 0$ ➡ $h_\theta(x) \approx a^{(2)}t^{(2)} > 0$
$x$が$x^{(3)}$の周辺、$K(x^{(1)},x) \approx 0$, $K(x^{(2)},x) \approx 0$, $K(x^{(3)},x) \approx 1$ ➡ $h_\theta(x) \approx a^{(3)}t^{(3)} > 0$
$x$が$x^{(1)}$, $x^{(2)}$, $x^{(3)}$から離れている　➡　$h_\theta(x) \approx \theta_0 > 0$

#  ガウスカーネルのSVC予測モデルのシンプルな実装

ここでは、前述したガウスカーネルを用いた決定境界の実装例を解説します。

▼ライブラリのインポート

```
In
```

```python
import numpy as np
import pandas as pd
import matplotlib.pyplot as plt
from sklearn.svm import SVC
from sklearn.preprocessing import StandardScaler
from sklearn.model_selection import train_test_split
from sklearn.metrics import accuracy_score
from mlxtend.plotting import plot_decision_regions
```

2クラスの訓練データ3点を用意して、ガウスカーネルのSVC予測モデルを訓練し、決定境界をプロットします。

▼ガウスカーネルの決定境界

```
In
```

```python
# XORのデータを作成する (x=正、y=正)=0, (x=正、y=負)=1
X_xor = np.array([[1.6,-0.6],[0.9,-2.4],[-0.3,-1.0]])
y_xor = np.array([1,1,0])

# 訓練データにセット
X_train, y_train = X_xor, y_xor

# SVCのモデルを作成
model = SVC(kernel='rbf', gamma=1.0 , C=100, random_state=0)
#model = SVC(kernel='linear', gamma=1.0 , C=100, random_state=0)

# モデルの訓練
model.fit(X_train, y_train)

# 訓練データのプロット
```

```
plt.figure(figsize=(8,4))  #プロットのサイズ指定
plot_decision_regions(X_train, y_train, model)
```

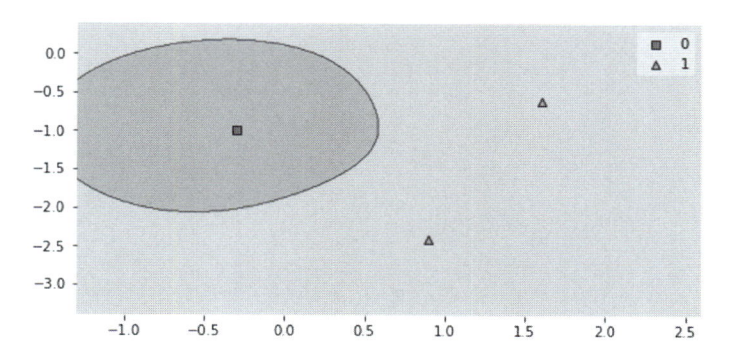

　SVC予測モデルは訓練データ3点の位置を中心としたガウスカーネルの線形和になります。

$$h_\theta(x) = \theta_0 + a^{(1)} t^{(1)} K(x^{(1)}, x) + a^{(2)} t^{(2)} K(x^{(2)}, x) + a^{(3)} t^{(3)} K(x^{(3)}, x)$$

　バイアスパラメータ $\theta_0$ はintercept_メソッド、サポートベクトルのパラメータ $a^{(1)} t^{(1)}$, $a^{(2)} t^{(2)}$, $a^{(3)} t^{(3)}$ はdual_coef_メソッドで確認できます。

▼ サポートベクトルのパラメータ

In

```
#  サポートベクトルのパラメータ
print(model.intercept_)
print(model.dual_coef_)
```

Out

```
[0.33523906]
[[－1.37376699   0.67914397   0.69462303]]
```

　訓練データ3点の位置ベクトル$x^{(1)}$, $x^{(2)}$, $x^{(3)}$はsupport_vectors_ メソッドで確認できます。3点の位置ベクトルは訓練データの位置ベクトルX_xorと一致します。

▼サポートベクトルの位置ベクトル

`In`
```
model.support_vectors_  # サポートベクトルの位置
```

`Out`
```
array([[-0.3, -1. ],
       [ 1.6, -0.6],
       [ 0.9, -2.4]])
```

　クラス0とクラス1のサポートベクトルの数はn_support_ メソッドで確認できます。2クラスのサポートベクトルの数はy_xorと一致します。

▼各クラスのサポートベクトルの数

`In`
```
model.n_support_  # 各クラスのサポートベクトルの数
```

`Out`
```
array([1, 2], dtype=int32)
```

##  ガウスカーネルのSVC予測モデルによる ワイン分類の実装

　ガウスカーネルのSVCは正則化を調整するハイパーパラメータ「C」と精度パラメータ「gamma」を指定する必要があります。「C」と「gamma」は値が大きくなるほどモデルがより複雑になり過学習する特徴があります。3.6節で示したとおり、ガウス分布の「gamma」は大きくなるほどガウス分布の分散 $\sigma^2$ が小さくなり、尖った分布になり、訓練データの位置に強く過学習するモデルになります。本節の実装は「C」を固定し、「gamma」を変えることで、決定境界の過学習の有無を確認します。

▼ライブラリのインポート

```
In
```

```python
# ライブラリのインポート
%matplotlib inline
import matplotlib.pyplot as plt
import numpy as np
from sklearn.svm import SVC
from sklearn.preprocessing import StandardScaler
from sklearn.model_selection import train_test_split
from sklearn.metrics import accuracy_score
from mlxtend.plotting import plot_decision_regions
from sklearn import datasets
```

scikit‑learnのデータセットからワインデータセットを取得し、色とプロリンの特徴量をXに設定し、ワイン種類を正解ラベルyに設定します。Xとyを訓練データとテストデータに分割し、特徴量Xを標準化します。

▼特徴量と正解ラベルの設定

```
In
```

```python
# ワインデータのダウンロード
wine = datasets.load_wine()
# 特徴量に色(9列)とプロリンの量(12列)を選択
X = wine.data[:,[9,12]]
# 正解ラベルの設定
y = wine.target


# 特徴量と正解ラベルを訓練データとテストデータに分割
X_train, X_test, y_train, y_test = train_test_split(X, y, test_size=0.2, random_state=0)


# 特徴量の標準化
sc = StandardScaler()
# 訓練データを変換器で標準化
X_train_std = sc.fit_transform(X_train)
```

```
# テストデータを作成した変換器で標準化
X_test_std = sc.transform(X_test)

print('X_train_stdの形状:',X_train_std.shape,' y_trainの形状:',
y_train.shape,' X_test_stdの形状:', X_test_std.shape,' y_testの形状:
', y_test.shape)
```

`Out`

```
X_train_stdの形状: (142, 2)  y_trainの形状: (142,)  X_test_stdの形状:
(36, 2)  y_testの形状: (36,)
```

　ハイパーパラメータ「kernel」は特徴量を指定します。「gamma」と「C」はともに大きくなるほど、過学習し易いモデルになります。「gamma」が大きいとガウス分布の位置に過学習して、「C」が大きいと、正則化が弱くなります。

| kernel | カーネルを 'linear', 'poly', 'rbf', 'sigmoid' から指定 |
| --- | --- |
| gamma | 訓練データの位置を中心としたガウス分布の広がり（分散 $\sigma^2$ の逆数）で精度パラメータと呼ぶ。精度パラメータは小さいほど緩やかなガウス分布になり、訓練データの感度が下がる。大きいと尖ったガウス分布になり、訓練データの位置に過学習しやすくなる |
| C | 損失関数の中のヒンジ損失の強さを指定する<br>大きくするほど正則化が弱くなり過学習しやすくなる |
| decision_function_shape | 多クラス分類 ovr (one vs rest) を指定 |
| random_state | 乱数のシードを指定 |

▼ SVC モデルの訓練

`In`

```
# SVCのモデルを作成
model = SVC(kernel='rbf', gamma=2.5 , C=100.0, decision_function_
shape='ovr' ,random_state=0)

# モデルの訓練
```

```
model.fit(X_train_std, y_train)
```

Out

```
SVC(C=100.0, cache_size=200, class_weight=None, coef0=0.0,
    decision_function_shape='ovr', degree=3, gamma=2.5,
kernel='rbf',
    max_iter=-1, probability=False, random_state=0,
shrinking=True, tol=0.001,
    verbose=False
```

　テストデータの正解率は92%です。本実装の場合、直線の決定境界と同程度の正解率でガウスカーネルの恩恵は少ないですが、データによっては最適な予測モデルになることがあります。

### ▼ 正解率の計算

In

```
# 正解率を計算する
y_test_pred = model.predict(X_test_std)
ac_score = accuracy_score(y_test, y_test_pred)
print('正解率 = %.2f' % (ac_score))
```

Out

```
正解率 =  0.92
```

　データの散布図を確認すると、曲線の決定境界でクラス分類されています。決定境界はデータの位置に沿って作成されています。クラス0の中にクラス2の外れ値が1点あり、この1点を中心とした決定境界が作成されています。そのため、gamma=2.5の予測モデルは過学習しています。

### ▼ gamma = 2.5の訓練データのプロット

In

```
# 訓練データのプロット
```

```
plt.figure(figsize=(8,4)) #プロットのサイズ指定
plot_decision_regions(X_train_std, y_train, model)
```

Out

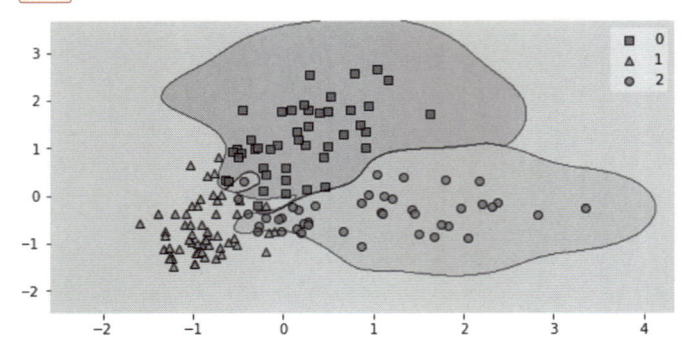

　テストデータの散布図に決定境界をプロットすると、クラス0と予測する領域の中にクラス2のデータが存在し過学習が気になりますが、テストデータを概ね分類できています。

▼ gamma = 2.5のテストデータのプロット

In

```
# テストデータのプロット
plt.figure(figsize=(8,4)) #プロットのサイズ指定
plot_decision_regions(X_test_std, y_test, model)
```

Out

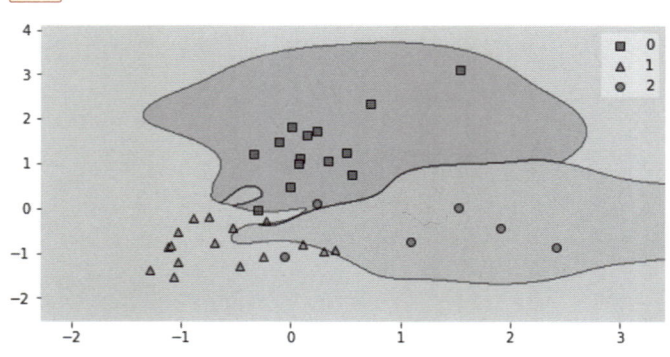

　比較のため、「gamma=1.5」を設定し、精度パラメータ「gamma」を先程より小さくして訓練データの散布図とプロットと決定境界を表示します。結果、クラス0の中のクラス2の決定境界が消えて、過学習は解消しました。

■図4.16　gamma=1.5のテストデータのプロット

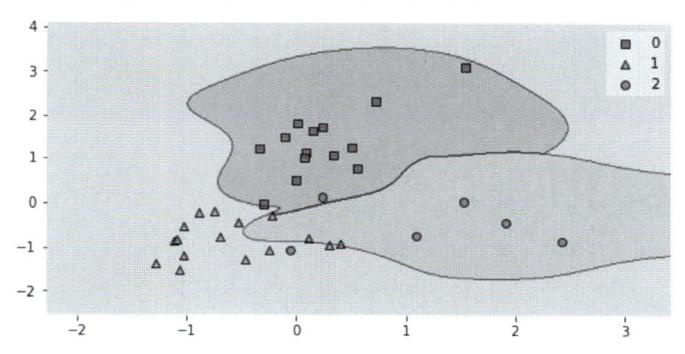

　最後に「gamma=0.01」を設定し、gammaを極端に小さくします。結果、決定境界の曲線が直線に近づき、ロジスティック回帰に近いプロットになることが確認できます。このモデルは学習不足の状態です。

■図4.17　gamma=0.01のテストデータのプロット

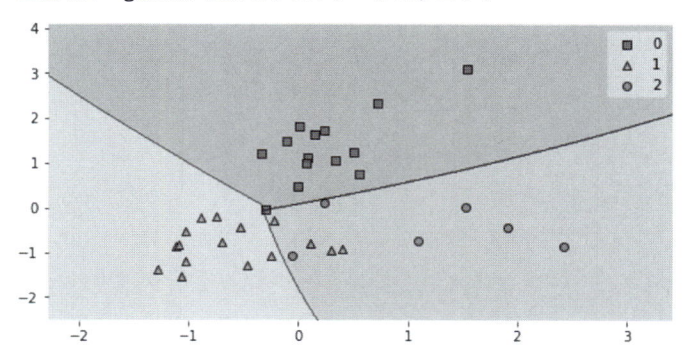

# ランダムフォレスト

> 本節はランダムフォレストの分類アルゴリズムを紹介します。ランダムフォレストは決定木を大量に作成して、最後に決定木で多数決を取り、最終的な結果を予測します。そのため、アルゴリズムは決定木、ランダムフォレストの順に説明します。実装はワインデータセットの全特徴量を用いたワインの予測モデルを作成し、最後に13個の特徴量の重要度をランキングします。

##  決定木の成長の仕組み

図4.18は特徴量$x_1$, $x_2$を軸とした特徴量の空間座標で、2値の正解ラベルを予測モデルを用いて分類します。左図の正解ラベルはロジスティック回帰の予測モデルで分類できています。一方、右図の正解ラベルだと、ロジスティック回帰より決定木の予測モデルが正しく分類します。決定木は領域を特徴量$x_1$はa、特徴量$x_2$はbで分割して特徴量の軸と直交する決定境界を作成します。決定木は人間の直観的な判断と近く、特徴量を解釈し易い点が魅力です。

■ 図4.18　左図は線形データの正解ラベル、右図は非線形データの正解ラベル

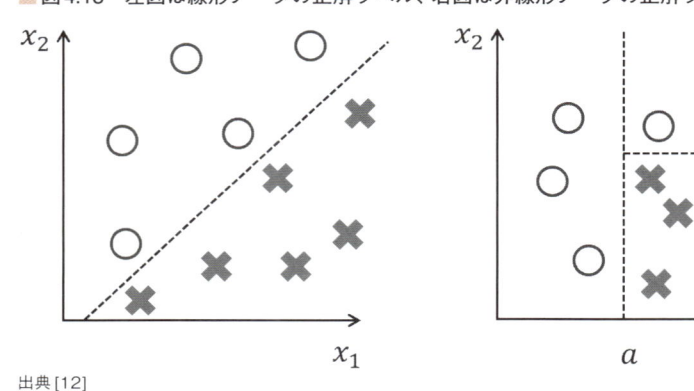

出典 [12]

決定木は不純度という指標を使い、特徴量の領域を分割します。不純度はジニ係数、エントロピーの2つの指標がありますが、本書は「ジニ係数」を使用します。ジ

ニ係数は混在の状態を数値化した指標です。ジニ係数は分割領域に正解ラベルが混在した状態だと0.5に近く、正解ラベルが分割された状態だと0に近くなります。

ジニ係数$I_G(t)$は以下の式になります。$p(i|t)$は特定の分割条件（ノード）$t$において、クラス$i$のサンプルが属する割合を表しています。$c$はクラス数で、2値分類は$c=2$になります。

$$I_G(t) = 1 - \sum_{i=1}^{c} p(i|t)^2$$

図4.19は2値の訓練データ6個を特徴量$x_1$で領域を分割し、ジニ係数$I_G(t)$で評価した例です。左図は完全に混在した状態で、ジニ係数で計算した不純度は0.5です。左から右に向かうほど、不純度は小さくなり、決定木は不純度が最小になるよう領域を分割します。右図の不純度0.25は3つの図の中で最も低く、特徴量$x_1$の領域の分割は完了です。このとき、右図の決定境界の左側は正解ラベルが1つになり、この中の不純度は0になります。一方、決定境界の右側は正解ラベルが混在しているので、次は特徴量$x_2$の領域の分割に続きます。

■ 図4.19　特徴量$x_1$の閾値とジニ係数の関係

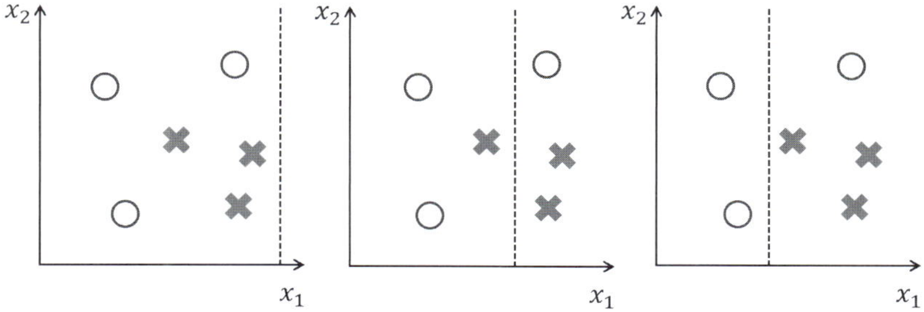

$$1 - \left( \left( \frac{3}{6} \right)^2 + \left( \frac{3}{6} \right)^2 \right)$$
$$= 0.5$$

$$\frac{3}{6} \times \left( 1 - \left( \left( \frac{2}{3} \right)^2 + \left( \frac{1}{3} \right)^2 \right) \right)$$
$$+ \frac{3}{6} \times \left( 1 - \left( \left( \frac{1}{3} \right)^2 + \left( \frac{2}{3} \right)^2 \right) \right)$$
$$= 0.44$$

$$\frac{2}{6} \times \left( 1 - \left( \left( \frac{2}{2} \right)^2 + \left( \frac{0}{2} \right)^2 \right) \right)$$
$$+ \frac{4}{6} \times \left( 1 - \left( \left( \frac{1}{4} \right)^2 + \left( \frac{3}{4} \right)^2 \right) \right)$$
$$= 0.25$$

　図4.20は特徴量$x_1$の不純度最小の$a$の領域分割に続いて、特徴量$x_2$の不純度最小の領域分割は$b$とします。このとき、図4.20の右図のように直交する決定境界が作成され、不純度が0になります。

　不純度が0のとき分類が完了し、図4.20左図の形で決定木の成長は止まります。決定木は特徴量で領域を分割して、不純度が0になるまで決定木が成長します。

　領域分割の回数は決定木の深さになります。決定木が深すぎると、モデルが過学習するリスクが高まるので、データに応じて深さを制限します。決定木はモデルの解釈が容易というメリットがありますが、予測モデルは数式による前提条件がないため（3.1節で紹介したノンパラメトリックモデル）、データに敏感で過学習しやすいデメリットがあります。このデメリットを緩和したアルゴリズムがランダムフォレストです。

■ **図4.20　ジニ係数が0で決定木の作成が完了**

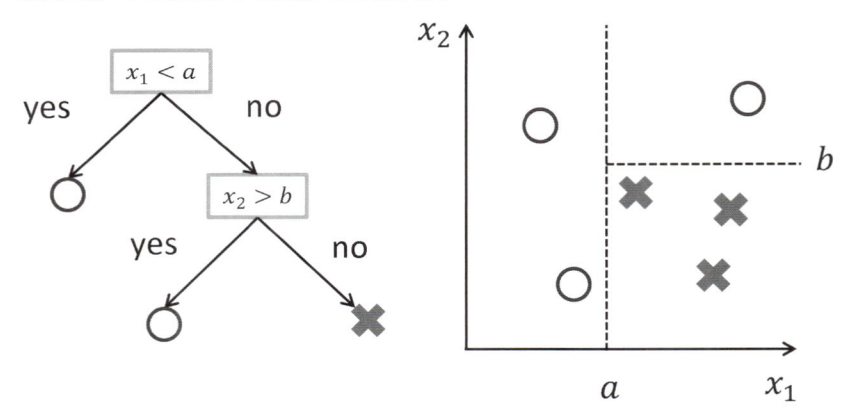

##  決定木によるワイン分類の実装

　ワインデータセットの全特徴量を使って、ワインを分類する決定木を作成し、決定木の分割条件の図を表示します。決定木やランダムフォレストは特徴量の標準化は不要です。

▼ライブラリのインポート

`In`

```
# ライブラリのインポート
%matplotlib inline
import matplotlib.pyplot as plt
import pydotplus
from sklearn.tree import DecisionTreeClassifier
from sklearn.tree import export_graphviz
from sklearn import datasets
from IPython.display import Image
```

　ワインデータセットをダウンロードして、全ての特徴量を特徴量 X にセットし、ワインの正解ラベルを y にセットします。

▼ワインデータのダウンロード

`In`

```
# ワインデータのダウンロード
wine = datasets.load_wine()
X = wine.data
y = wine.target
```

　決定木のモデルを作成する際、ハイパーパラメータ「criterion」、「max_depth」を指定します。

| criterion | ジニ係数、エントロピーなどの不純度の指標を指定 |
|---|---|
| max_depth | 決定木の深さを指定します。none の場合は不純度が0つまり完全に分類できるまで決定木が成長するので、過学習している場合は深さを指定する |
| random_state | 乱数のシードを固定 |

### ▼決定木のモデルの訓練

In

```
# 決定木のモデルを作成
model = DecisionTreeClassifier(criterion='gini', max_depth=2,
random_state=0)

# モデルの訓練
model.fit(X, y)
```

Out

```
DecisionTreeClassifier(class_weight=None, criterion='gini', max_
depth=2,
                       max_features=None, max_leaf_nodes=None,
                       min_impurity_decrease=0.0, min_impurity_
split=None,
                       min_samples_leaf=1, min_samples_split=2,
                       min_weight_fraction_leaf=0.0,
presort=False,
                       random_state=0, splitter='best')
```

　モデルから決定木のデータを抽出し、pdfファイルとpngファイルを作成します。

### ▼決定木のファイル作成

In

```
# DOTフォーマットでデータを作成
dot_data = export_graphviz(model,out_file=None, feature_
names=wine.feature_names, class_names=wine.target_names)

graph = pydotplus.graph_from_dot_data(dot_data) # グラフを描画
Image(graph.create_png()) # グラフを表示
graph.write_pdf("wine.pdf") # PDFを作成
graph.write_png("wine.png") # PNGを作成
```

Out

```
True
```

　ローカルダウンロードしたファイルを開くと、プロリンの量で決定木の作成を開始して、深さ2の決定木で成長が止まっていることが確認できます。

▼ファイルのローカルダウンロード

`In`

```
# Colab利用時にコメントアウト
# 決定木のファイルダウンロード
from google.colab import files
files.download('wine.png')
files.download('wine.pdf')
```

■図4.21　ワインデータセットの深さ2の決定木

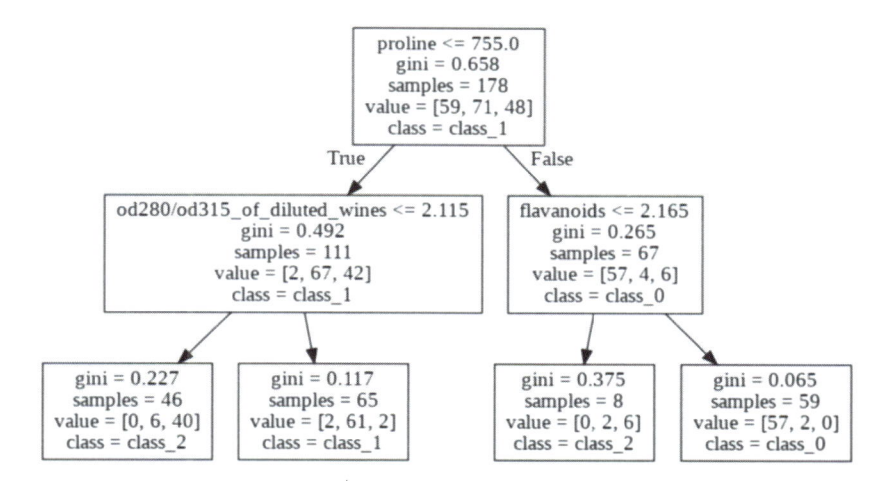

##  ランダムフォレストのランダム性

　ランダムフォレストは決定木を大量に作成して、多数決を取る方法です。ただし、同じ決定木を大量生産しても、性能は上がりません。同質集団の多数決は無意味で、多数決は異なる価値観の集団で多数決をとる必要があります。ランダムフォレストは「ブートストラップ」と「特徴量の選択」の2つのランダム性を活用して異なる形の決定木を量産します。

●ブートストラップ
訓練データから復元抽出して、データサンプルを水増しする方法

●特徴量の選択
ランダムに特徴量を選択する方法

ランダムフォレストは図4.22のように、ブートストラップ×特徴量の選択の2つのランダム性の組み合わせを用いて、異なる決定木を量産します。

■図4.22 ブートストラップと特徴量の選択のイメージ

| 訓練データ | ブートストラップ | 特徴量の選択 | 決定木 |

| No. | プロリン | 色 | アルコール |
|---|---|---|---|
| 1 | 11 | 12 | 13 |
| 2 | 21 | 22 | 23 |
| 3 | 31 | 32 | 33 |
| 3 | 31 | 32 | 33 |

| No. | プロリン | 色 | アルコール |
|---|---|---|---|
| 1 | 11 | 12 | 13 |
| 2 | 21 | 22 | 23 |
| 3 | 31 | 32 | 33 |
| 3 | 31 | 32 | 33 |

| No. | プロリン | 色 | アルコール |
|---|---|---|---|
| 1 | 11 | 12 | 13 |
| 2 | 21 | 22 | 23 |
| 3 | 31 | 32 | 33 |
| 4 | 41 | 42 | 43 |

| No. | プロリン | 色 | アルコール |
|---|---|---|---|
| 2 | 21 | 22 | 23 |
| 2 | 21 | 22 | 23 |
| 3 | 31 | 32 | 33 |
| 1 | 11 | 12 | 13 |

| No. | プロリン | 色 | アルコール |
|---|---|---|---|
| 2 | 21 | 22 | 23 |
| 2 | 21 | 22 | 23 |
| 3 | 31 | 32 | 33 |
| 1 | 11 | 12 | 13 |

| No. | プロリン | 色 | アルコール |
|---|---|---|---|
| 1 | 11 | 12 | 13 |
| 2 | 21 | 22 | 23 |
| 1 | 11 | 12 | 13 |
| 4 | 41 | 42 | 43 |

| No. | プロリン | 色 | アルコール |
|---|---|---|---|
| 1 | 11 | 12 | 13 |
| 2 | 21 | 22 | 23 |
| 1 | 11 | 12 | 13 |
| 4 | 41 | 42 | 43 |

**活用メモ**

## 復元抽出

復元抽出は重複を許す抽出方法です。瓶の中から1から5までの数字のカードを5回抽出する場合、復元抽出だとカードを瓶に戻し、非復元抽出だとカードを戻しません。結果、以下の例のような抽出結果になります。

復元抽出：2,5,4,4,2
非復元抽出：3,5,1,4,2

**ランダムフォレストによる重要度のランク付け**

ランダムフォレストは特徴量の重要度をランキングできます。データセットの中で、どの特徴量が重要かがわからない場合は、ランダムフォレストで調べることができます。ランダムフォレストはモデルを訓練する際に特徴量の選択のランダム性によって、どの特徴量を選択した場合に不純度が下がるかを知ってます。ワインデータの13個の特徴量をランキングしてみると（結果は実装を確認）、色とプロリンが続いています。この結果はランダムフォレストのランダム性が原因であり、実行するたびにランキングが上下します。

 **ランダムフォレストによるワイン分類の実装**

ワインデータセットの全特徴量を使って、3種類のワインを分類します。決定木と同様に特徴量の標準化は不要です。まずテストデータの正解率を計算します。最後にワインデータセットの中で、どの特徴量がワインの分類で重要であるかをランキング表示します。

▼ライブラリのインポート

`In`

```
# ライブラリのインポート
%matplotlib inline
import matplotlib.pyplot as plt
import numpy as np
from sklearn.ensemble import RandomForestClassifier
from sklearn.model_selection import train_test_split
from sklearn import datasets
from sklearn.metrics import accuracy_score
from mlxtend.plotting import plot_decision_regions
```

ワインデータセットからダウンロードして、8:2で訓練データとテストデータを分割します。配列の形状を確認すると、2次元目に13個の特徴量がセットされていることが確認できます。

### ▼ワインデータの分割とモデルの訓練

`In`

```
# ワインデータのダウンロード
wine = datasets.load_wine()
X = wine.data
y = wine.target

# 特徴量と正解ラベルを訓練データとテストデータに分割
X_train, X_test, y_train, y_test = train_test_split(X, y, test_
size=0.2, random_state=0)
print('X_trainの形状:',X_train.shape,' y_trainの形状:', y_train.
shape,' X_testの形状:', X_test.shape,' y_testの形状:', y_test.shape)
```

`Out`

```
X_trainの形状: (142, 13)  y_trainの形状: (142,)  X_testの形状: (36,
13)  y_testの形状: (36,)
```

ランダムフォレストは表のハイパーパラメータを指定します。決定木のハイパーパラメータに加えて、復元抽出有無の「bootstrap」と決定木の数「n_estimators」のハイパーパラメータの指定が必要になります。

| | |
|---|---|
| bootstrap | 復元抽出の有無を指定する |
| n_estimators | ランダムフォレストで作成する決定木の数 |
| criterion | ジニ係数、エントロピーなどの不純度の指標を指定する |
| max_depth | 決定木の深さを指定する。noneの場合は不純度が0、つまり完全に分類できるまで決定木が成長するため、過学習している場合は深さを指定する |
| random_state | 乱数のシードを固定 |

### ▼ランダムフォレストのモデルの訓練

`In`

```
# ランダムフォレストのモデルを作成
model = RandomForestClassifier(bootstrap=True, n_estimators=10,
```

```
criterion='gini', max_depth=None, random_state=1)
```

```
# モデルの訓練
model.fit(X_train, y_train)
```

Out

```
RandomForestClassifier(bootstrap=True, class_weight=None,
criterion='gini',
    max_depth=None, max_features='auto', max_leaf_nodes=None,
    min_impurity_decrease=0.0, min_impurity_split=None,
    min_samples_leaf=1, min_samples_split=2,
    min_weight_fraction_leaf=0.0, n_estimators=10,
    n_jobs=None, oob_score=False, random_state=1, verbose=0,
    warm_start=False)
```

テストデータの正解率を計算すると、非常に高い精度のモデルができました。

▼正解率の計算

In

```
#正解率の計算
y_test_pred = model.predict(X_test)
ac_score = accuracy_score(y_test, y_test_pred)
print('正解率 = %.2f' % (ac_score))
```

Out

```
正解率 =  0.94
```

　ランダムフォレストはfeature_importances_メソッドを用いて、重要度を特徴量Xに格納した特徴量の順に表示できます。数字が高いインデックスほど重要度は高く、インデックス9（色）の0.25とインデックス12（プロリン）の0.19の重要度が高いです。

## ▼特徴量の重要度を表示

In

```
# 特徴量重要度を表示
model.feature_importances_
```

Out

```
array([0.07903103, 0.02145993, 0.01345731, 0.03624172, 0.02791499,
       0.04093279, 0.12546195, 0.0132444 , 0.0171055 , 0.25028014,
       0.04761158, 0.12916733, 0.19809131])
```

特徴量の重要度をプロットします。結果、色とプロリンの重要度が高いことが確認できます。

## ▼ランダムフォレストの特徴量の重要度

In

```
# 特徴量重要性を計算
importances = model.feature_importances_

# 特徴量重要性を降順にソート
indices = np.argsort(importances)[::-1]

# 特徴量の名前を、ソートした順に並び替え
names = [wine.feature_names[i] for i in indices]

# プロットの作成
plt.figure(figsize=(8,4)) #プロットのサイズ指定
plt.title("Feature Importance") # プロットのタイトルを作成
plt.bar(range(X.shape[1]), importances[indices]) # 棒グラフを追加
plt.xticks(range(X.shape[1]), names, rotation=90) # X軸に特徴量の名前
を追加

plt.show() # プロットを表示
```

Out

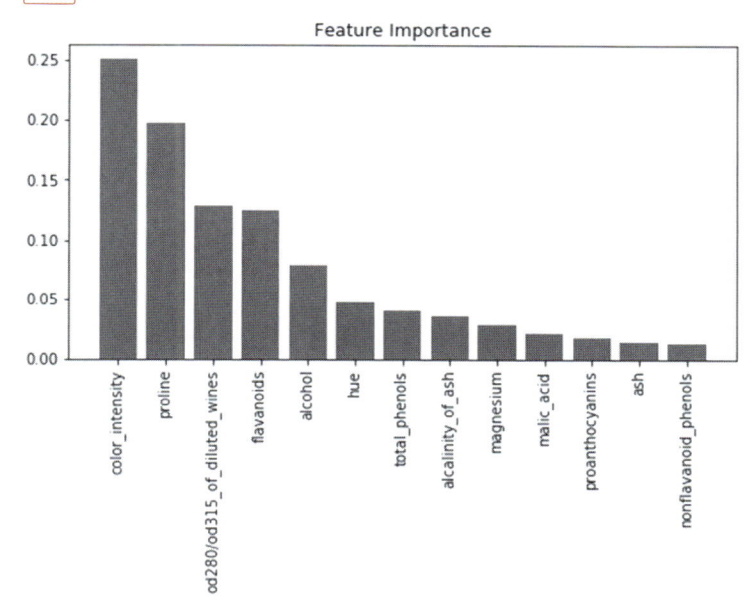

## この章のまとめ

- 分類アルゴリズムは教師あり学習の1つで、予測モデルは離散的な結果（クラス）を出力します。
- ロジスティック回帰アルゴリズムは線形回帰の連続的な結果をシグモイド関数で確率に変換し、離散的な結果を予測します。予測モデルはクラス1に分類される確率（スカラー）を出力し、データをクラス1とクラス0の2値に分類します。ソフトマックス回帰の予測モデルはK個のクラスに分類される確率（ベクトル）を予測し、3クラス以上のデータの分類に使用します。
- 線形サポートベクトル分類はマージンを最大化して、データを分類するアルゴリズムです。サポートベクトルがマージンの中に入り込むことを許容しないモデルがハードマージン、許容するモデルがソフトマージンになります。予測モデルはサポートベクトル（パラメータ）と線形カーネル（特徴量）の訓練データごとの線形和の式になります。
- サポートベクトル分類は予測モデルの線形カーネルをガウスカーネルに変更することで、予測モデルの特徴量を高次のカーネル関数に変更でき、予測モデルは高次の特徴量の線形和に再構成されます。結果、曲線の決定境界でクラス分類できます。
- 決定木はジニ係数を用いて、特徴量に直交する非連続な決定境界を作成します。また、データに過学習し易い特徴があります。ランダムフォレストは複数の決定木で多数決をとり、精度を高めるアルゴリズムです。特徴量の重要度を可視化でき、特徴量を選択する際に有効です。

# 第5章

# クラスタリング

# クラスタリングのアルゴリズム

本節はクラスタリングのアルゴリズムの基礎をまとめます。4章の分類アルゴリズムと5章のクラスタリングの違いを紹介し、5章で解説するアルゴリズムの特徴を整理します。

##  クラスタリングのアルゴリズム

4章で紹介した分類アルゴリズムは教師あり学習の1つで、正解ラベル $y$ の集合 $\{y^{(1)}, y^{(2)} \cdots, y^{(m)}\}$ を使ってモデルを作成し、データを分類しました。一方、5章で紹介するクラスタリングは教師なし学習の1つで、正解ラベルがなく、データから隠れた関係性や構造を見つけるアルゴリズムです。クラスタリングを使うことで、正解ラベルがなくても類似データのグループわけができます。クラスタリングはマーケティングの購買層の分析、SNSユーザー間の関連性の分析など、データのグループ分けに幅広く利用されています。

■ 図5.1　教師あり学習と教師なし学習の違い

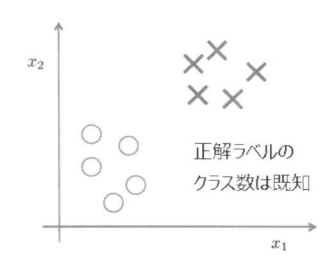

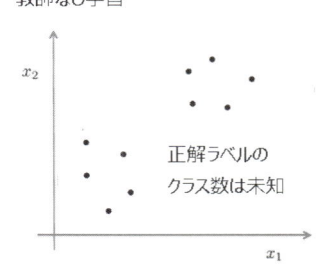

$$\{(x^{(1)}, y^{(1)}), (x^{(2)}, y^{(2)}), (x^{(3)}, y^{(3)}), \ldots, (x^{(m)}, y^{(m)})\} \qquad \{x^{(1)}, x^{(2)}, x^{(3)}, \ldots, x^{(m)}\}$$

##  アルゴリズムごとの特徴

クラスタリングは正解ラベルがないため、クラス数がわかりません。そのため、分析者がグループ分けする数（以降、「クラスタ数」と記載します）を指定する必

要があります。また、クラスタ数に応じた分類の後、各クラスタが何に対応しているかはわからず、その解釈は分析者に委ねられます。表は5章のアルゴリズムの特徴をまとめた結果です。K-meansとGMMのアルゴリズムは計算が異なるため、異なるクラスタリング結果を提供します。VBGMMはデータからクラスタ数を自動提案します。

◆ クラスタリングのアルゴリズム

| 節 | 予測モデル | クラスタ数の指定 | クラスタリングの計算 |
|---|---|---|---|
| 5.2 | K-means | 分析者 | 重心 |
| 5.3 | 混合ガウス分布（GMM） | 分析者 | 混合ガウス分布 |
| | 変分混合ガウス分布（VBGMM） | 自動提案 | 混合ガウス分布 |

# K-means

> クラスタリングは似たデータをグループ化する手法です。本節はクラスタリングの基本となるK-meansのアルゴリズムをご紹介します。K-meansは重心を使ってデータをグループ分けします。実装はワインデータセットを用いてクラスタリングします。

##  K-meansクラスタリングの計算ステップ

K-meansの計算ステップは以下の4ステップです。

1. $n$ 次元特徴量空間の $m$ 個のデータの中に $K$ 個の重心 $\mu^{(k)}$ をランダムに配置する。
2. $m$ 個のデータ $x^{(i)}$ を $K$ 個の重心の中の最も近い重心 $\mu^{(k)}$ に割り当てる。
3. クラスタごとに $m$ 個のデータ $x^{(i)}$ の平均座標を計算し、新しい重心 $\mu^{(k)}$ を計算する。
4. ステップ2と3を交互に繰り返して、クラスタが変化しなくなるまで繰り返す。

$$J = \sum_{i=1}^{m} \sum_{k=1}^{K} w^{(i,k)} \| x^{(i)} - \mu^{(k)} \|^2$$

$$\| x - \mu \|^2 = \sum_{j=1}^{n} (x_j - \mu)^2$$

ステップ2は $\mu^{(k)}$ を固定しつつ、$w^{(i,k)}$ について $J$ を最小化します。
$w^{(i,k)}$ は0か1の2値変数で、データ $x^{(i)}$ がクラス $k$ に属する場合は1で、属さない場合は0になります。($\| x^{(i)} - \mu^{(k)} \|^2$ が最小になる $k$ だと $w^{(i,k)}$=1、それ以外は $w^{(i,k)}$=0になります。）つまり、$w^{(i,k)}$ はデータのインデックス $i$=(1,2,⋯,$m$) とクラスタ数のインデックス $k$=(1,2,⋯,$K$) のマッチング結果で1つのデータは1つのクラスに属します。

ステップ3は$w^{(i,k)}$を固定しつつ、$\mu^{(k)}$について$J$を最小化します。

$J$は$\mu^{(k)}$の2次関数になります。$\mu^{(k)}$で$J$を偏微分して、最小となる$\mu^{(k)}$を計算します。

$$\frac{\partial}{\partial \mu^{(k)}} = 2\sum_{i=1}^{m} w^{(i,k)}(x^{(i)} - \mu^{(k)}) = 0$$

結果、$\mu^{(k)}$は以下の式になり、クラスタ$k$に属するデータ($w^{(i,k)}=1$)の重心になります。

$$\mu^{(k)} = \frac{\sum_{i=1}^{m} w^{(i,k)} x^{(i)}}{\sum_{i=1}^{m} w^{(i,k)}}$$

図5.2の(a)はステップ1、(b)はステップ2、(c)はステップ3になります。以降、ステップ2とステップ3が交互に続きます。

### 5.2 K-meansのクラスタリング

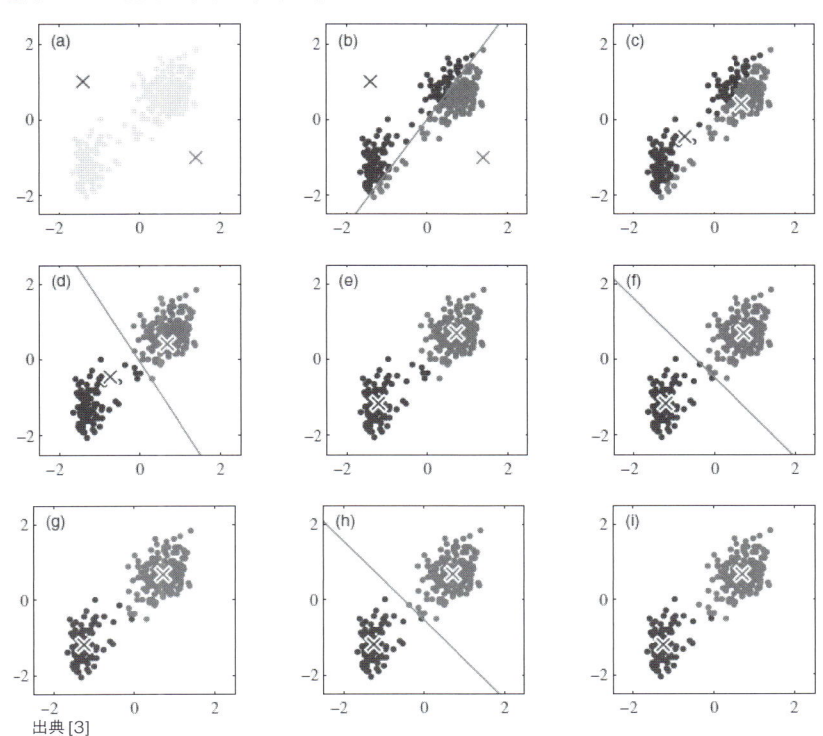

出典 [3]

**K-meansによるワインデータの
クラスタリングの実装**

ワインデータセットのプロリンと色の特徴量を使い、K-meansでワインデータ
のクラスタリングを実装します。K-meansはクラスタ数を指定する必要がありま
す。

▼ライブラリのインポート

`In`

```
# ライブラリのインポート
%matplotlib inline
import matplotlib.pyplot as plt
import numpy as np
from sklearn.cluster import KMeans
from sklearn.preprocessing import StandardScaler
from sklearn import datasets
```

2次元の特徴量でクラスタリングするため、13個の特徴量から2個の特徴量（プ
ロリンと色）を選択し、標準化します。この場合、計算ステップで使用する$m$は
ワインデータ全件の$m=178$、$n$は特徴量の次元$n=2$になります。

▼ワインデータセットのプロリンと色の特徴量を選択し標準化

`In`

```
# ワインデータのダウンロード
wine = datasets.load_wine()
X = wine.data[:,[9,12]]
y = wine.target

# 特徴量の標準化
sc = StandardScaler()
X_std = sc.fit_transform(X)
```

ワインデータセットのクラス数は未知の前提でハイパーパラメータの「n_

clusters」にクラスタ数2, 3, 4を指定します。モデルの訓練に使用する引数に正解ラベルは $y$ 使用しません。

◆ K-meansモデルのハイパーパラメータ指定

| n_clusters | クラスタ数 |
|---|---|
| random_state | 乱数を固定する際に指定 |

▼ K-meansのモデルの訓練

In

```
#  K-Meansのモデルを作成
model2 = KMeans(n_clusters=2, random_state=103)
model3 = KMeans(n_clusters=3, random_state=103)
model4 = KMeans(n_clusters=4, random_state=103)

#モデルの訓練
model2.fit(X_std)
model3.fit(X_std)
model4.fit(X_std)
```

Out

```
KMeans(algorithm='auto', copy_x=True, init='k-means++', max_
iter=300,
        n_clusters=4, n_init=10, n_jobs=None, precompute_
distances='auto',
        random_state=103, tol=0.0001, verbose=0)
```

クラスタリング結果を確認すると、K-meansは星印を中心としたクラスタ数ぶんのグループでクラスタリングしているため、クラスタ数2, 3, 4のいずれでもグループ化できます。ただし、5.1節で述べたとおりクラスタ数に応じた分類はできているものの、各クラスタが何に対応しているかはわからず、その解釈は分析者に委ねられています。

### ▼クラスタ数2, 3, 4のプロット

`In`

```
plt.figure(figsize=(8,12)) #プロットのサイズ指定

# クラスタ数2のK-Meansの散布図
plt.subplot(3, 1, 1)
plt.scatter(X_std[:,0], X_std[:,1], c=model2.labels_)
plt.scatter(model2.cluster_centers_[:,0], model2.cluster_centers_
[:,1],s=250, marker='*',c='red')
plt.title('K-means(n_clusters=2)')

# クラスタ数3のK-Meansの散布図
plt.subplot(3, 1, 2)
plt.scatter(X_std[:,0], X_std[:,1], c=model3.labels_)
plt.scatter(model3.cluster_centers_[:,0], model3.cluster_centers_
[:,1],s=250, marker='*',c='red')
plt.title('K-means(n_clusters=3)')

# クラスタ数4のK-Meansの散布図
plt.subplot(3, 1, 3)
plt.scatter(X_std[:,0], X_std[:,1], c=model4.labels_)
plt.scatter(model4.cluster_centers_[:,0], model4.cluster_centers_
[:,1],s=250, marker='*',c='red')
plt.title('K-means(n_clusters=4)')

plt.show
```

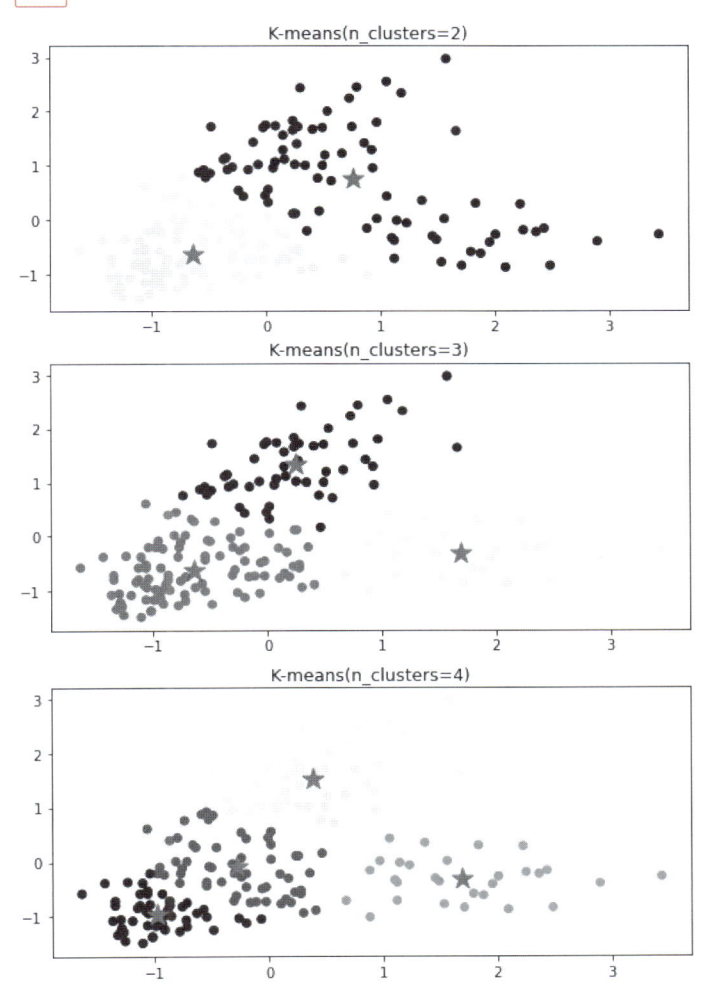

最後に、データセットのクラス数3が既知の前提で、データセットの正解ラベルとK-meansのプロットを比較します。結果、K-meansは正解ラベルが未作成にもかかわらず、正解ラベルを用いてクラスタリングした結果と近いプロットになりました。

▼ 正解ラベルとクラスタ数3のクラスタリングの比較

`In`

```python
plt.figure(figsize=(8,8)) #プロットのサイズ指定

# 色とプロリンの散布図
plt.subplot(2, 1, 1)
plt.scatter(X_std[:,0], X_std[:,1], c=y)
plt.title('training data y')

# K-Meansの散布図
plt.subplot(2, 1, 2)
plt.scatter(X_std[:,0], X_std[:,1], c=model3.labels_)
plt.scatter(model3.cluster_centers_[:,0], model3.cluster_centers_
[:,1],s=250, marker='*',c='red')
plt.title('K-means(n_clusters=3)')

plt.show
```

`Out`

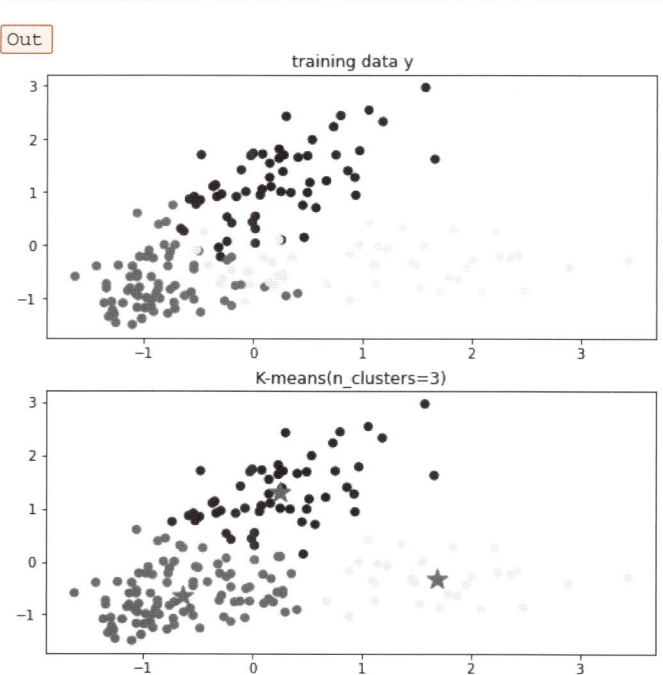

クラスタリングが予測するラベルはlabels_メソッドで出力します。

#### ▼ K-meansの予測

In

```
model3.labels_  #クラスタリング結果
```

Out

```
array([0, 0, 0, 0, 1, 0, 0, 0, 0, 0, 0, 0, 0, 0, 0, 0, 0, 0, 0, 0,
1, 1,
       0, 0, 1, 1, 0, 0, 0, 0, 0, 0, 0, 0, 0, 0, 0, 0, 0, 1, 0, 0,
0, 1,
```

省略

クラスタリングごとの重心の座標はcluster_centers_メソッドで出力します。

#### ▼ K-meansの重心

In

```
model3.cluster_centers_  #重心
```

Out

```
array([[ 0.24820732,  1.31145007],
       [-0.64676705, -0.62683949],
       [ 1.68740169, -0.32173319]])
```

# 5.3

# 混合ガウス分布（GMM）、
# 変分混合ガウス分布（VBGMM）

前節のK-meansはデータの重心を計算してクラスタリングしました。しかし、特徴量の分散に偏りがあるデータだと、K-meansによるクラスタリングは難しくなります。そこで、混合ガウス分布（Gaussian Mixture Models:GMM）のアルゴリズムを紹介します。

混合ガウス分布はガウス分布を使いデータをクラスタリングするアルゴリズムです。本節はアルゴリズムの解説に入る前にガウス分布、多次元ガウス分布、混合ガウス分布の一連の予備知識を整理してから、混合ガウス分布のアルゴリズムに進みます。実装はワインデータセットのプロリンと色の特徴量を用いて3種類のワインを混合ガウス分布でクラスタリングします。実装の最後に、変分混合ガウス分布（Variational Bayesian Gaussian Mixture:VBGMM）を用いて、クラスタ数Kが未知の前提でワインデータをクラスタリングします。

##  ガウス分布の多次元ガウス分布への拡張

1次元のガウス分布は図5.3のように1つの山があり、式の平均$\mu$で山の中央、分散$\sigma^2$で山の広がりが決まります。

$$p(x, \mu, \sigma^2) = \frac{1}{(2\pi\sigma^2)^{\frac{1}{2}}} exp(-\frac{1}{2\sigma^2}(x-\mu)^2)$$

■図5.3　1次元のガウス分布

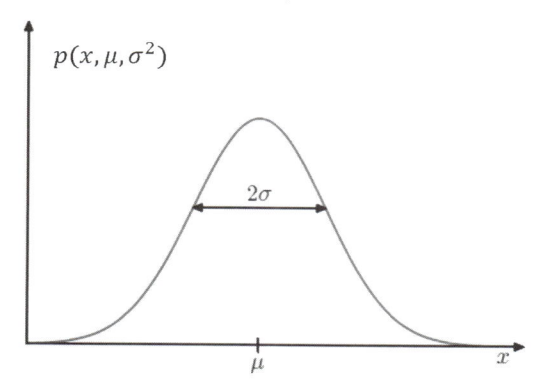

次は、2次元のガウス分布です。2次元ガウス分布は2次元の平均ベクトル$\mu$と$2 \times 2$の共分散行列$\Sigma$を使って、図5.4のように特徴量空間$x_1$, $x_2$の分布を図示できます。平均$\mu$はガウス分布の中心で、共分散$\Sigma$は分布の広がりを表します。共分散行列$\Sigma$の非対角成分がゼロで、対角成分が同じ場合、分布は円になり、対角成分が異なる場合、分布は楕円になります。

■ **図5.4　2次元のガウス分布（非対角成分はゼロ）**

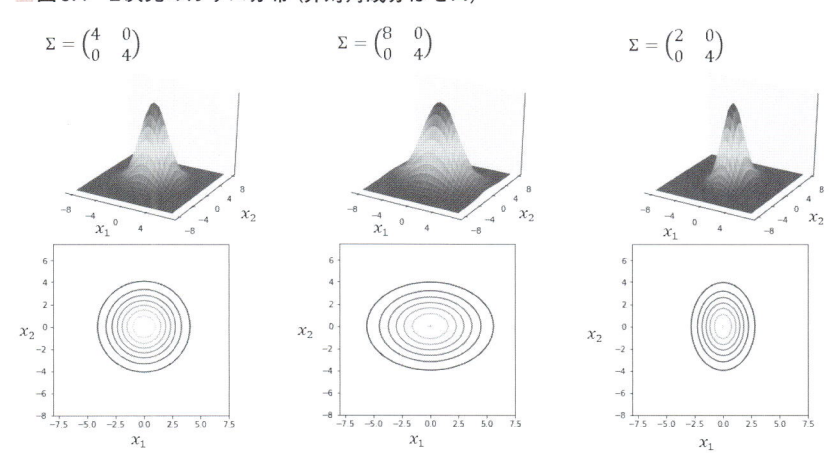

また、非対角成分が非ゼロの場合は特徴量空間の軸に対して斜めの分布になります。

■ **図5.5　2次元のガウス分布（非対角成分は非ゼロ）**

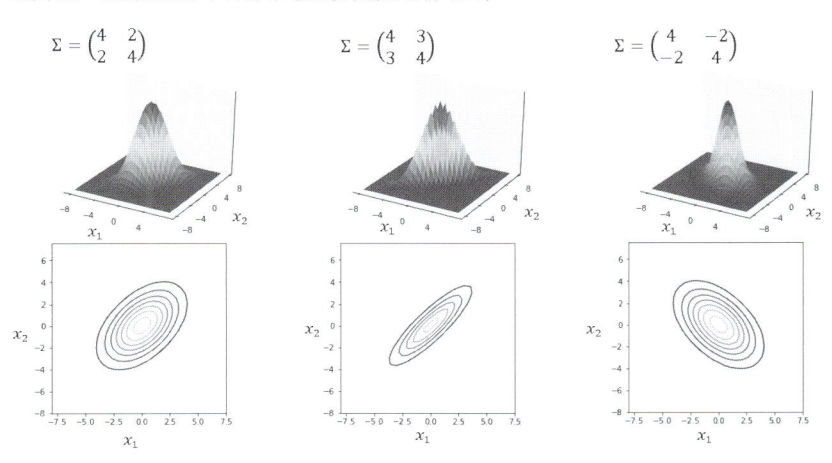

　一般に$n$次元のガウス分布は、$n$次元の平均ベクトル$\mu$、$n \times n$の共分散行列$\Sigma$、行列式$|\Sigma|$を使って次の式になります。

$$p(x, \mu, \sigma^2) = \frac{1}{(2\pi)^{\frac{n}{2}}|\Sigma|^{\frac{1}{2}}} exp(-\frac{1}{2}(x-\mu)^T\Sigma^{-1}(x-\mu))$$

$$\mu = \frac{1}{m}\sum_{i=1}^{m} x^{(i)}$$

$$\Sigma = \frac{1}{m}\sum_{i=1}^{m} (x^{(i)}-\mu)(x^{(i)}-\mu)^T$$

---

**活用メモ**

**共分散行列Σ**

共分散行列は、6.2節の主成分分析の計算に使用します。

---

## 混合ガウス分布

　2次元ガウス分布は平均$\mu$と共分散行列$\Sigma$のパラメータを用いて、特徴量空間の分布を楕円で表現できることを学習しました。ただし、図5.6の左側の分布の場合、ガウス分布の山が1つだと、データをうまくクラスタリングできません。左図はデータが少ない真ん中のデータの分布が高くなっています。そこで、右側図のように2つのガウス分布の山を用意します。結果、2つのデータの塊にガウス分布があてはまり、クラスタリングできています。このように2つ以上の$K$個のガウス分布を線形結合した分布を「混合ガウス分布」と呼び、以下の式になります。ガウス分布の山の数$K$はクラスタリングする際のハイパーパラメータになります。「混合係数$\pi^{(k)}$」はガウス分布の混合比を表す正の数で、$\sum_{k=1}^{K}\pi^{(k)}=1$の条件を満たします。ガウス分布$p(x, \mu^{(k)}, \Sigma^{(k)})$を「混合要素」と呼び（①）、混合要素は個別に平均$\mu^{(k)}$（②）と共分散行列$\Sigma^{(k)}$（③）のパラメータを持ちます。

$$p(x, \mu, \Sigma) = \sum_{k=1}^{K} \pi^{(k)} p(x, \underset{②}{\underline{\mu^{(k)}}}, \underset{③}{\underline{\Sigma^{(k)}}})$$

①

■ 図5.6　ガウス分布と混合ガウス分布

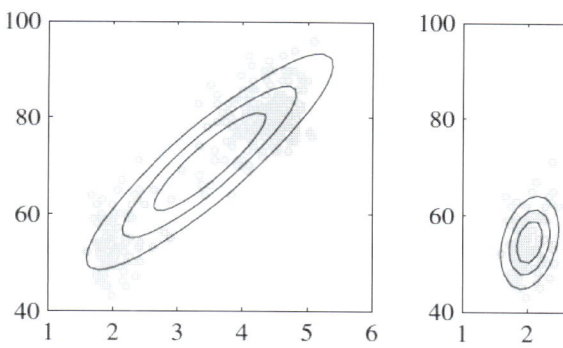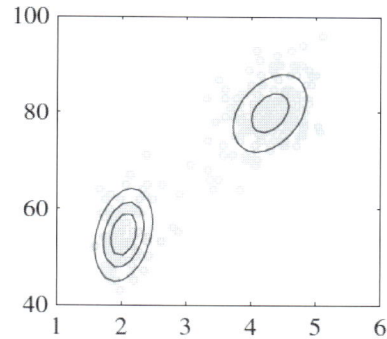

## 混合ガウス分布クラスタリングの計算ステップ

混合ガウス分布によるクラスタリングのステップごとの状態です。最初は円ですが、計算ステップが進むと、楕円に変わり、2つのデータの塊を中心としたガウス分布になっています。

混合ガウス分布の計算ステップは4ステップです。

1. クラスタ数$K$個のガウス分布から構成される混合ガウス分布のパラメータ（混合係数$\pi^{(k)}$、平均$\mu^{(k)}$、共分散$\Sigma^{(k)}$）を初期化する。
2. パラメータ（混合係数$\pi^{(k)}$、平均$\mu^{(k)}$、共分散$\Sigma^{(k)}$）からクラスごとの負担率$\gamma^{(k)}$を計算する。
3. 2で得られた負担率$\gamma^{(k)}$を使って、混合ガウス分布のパラメータ（混合係数$\pi^{(k)}$、平均$\mu^{(k)}$、共分散$\Sigma^{(k)}$）を再計算する。
4. ステップ2と3を交互に繰り返して、クラスタが変化しなくなるまで繰り返す。

ステップ2はパラメータ（混合係数$\pi^{(k)}$、平均$\mu^{(k)}$、共分散$\Sigma^{(k)}$）を固定しつつ、

負担率 $\gamma^{(k)}$ を計算します。

$$\gamma^{(k)}(x^{(i)}) = \frac{\pi^{(k)}p(x^{(i)}, \mu^{(k)}, \Sigma^{(k)})}{\sum_{k=1}^{K} \pi^{(k)}p(x^{(i)}, \mu^{(k)}, \Sigma^{(k)})}$$

ステップ3は負担率 $\gamma^{(k)}$ を固定しつつ、新しいパラメータ（混合係数 $\pi^{(k)}$、平均 $\mu^{(k)}$、共分散 $\Sigma^{(k)}$）を計算します。

混合ガウス分布の平均と共分散はガウス分布の平均と共分散に負担率 $\gamma^{(k)}$ の重みをつけた計算結果になっています。

$$\mu^{(k)} = \frac{1}{m^{(k)}}\sum_{i=1}^{m} \gamma^{(k)}(x^{(i)})x^{(i)}$$

$$\Sigma^{(k)} = \frac{1}{m^{(k)}}\sum_{i=1}^{m} \gamma^{(k)}(x^{(i)})(x^{(i)} - \mu^{(k)})(x^{(i)} - \mu^{(k)})^T$$

$$\pi^{(k)} = \frac{m^{(k)}}{m}$$

$$m^{(k)} = \sum_{i=1}^{m} \gamma^{(k)}(x^{(i)})$$

図5.7は(a)がステップ1、(b)がステップ2、(c)がステップ3、(d)以降がステップ2と3を2回、5回、20回実行したときの結果です。

### 図5.7　混合ガウス分布のクラスタリングのステップごとの状態

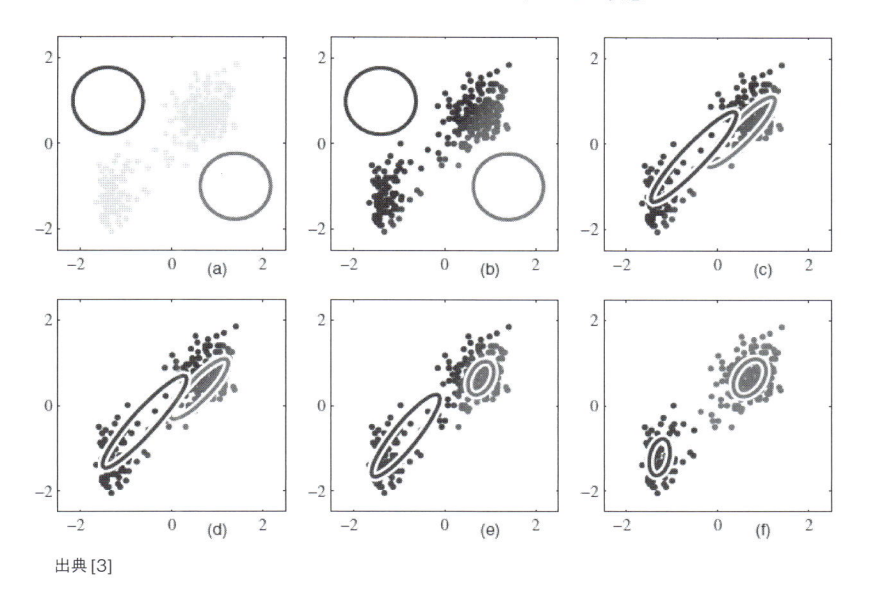

出典[3]

## 混合ガウス分布（GMM）による
## ワインデータのクラスタリングの実装

　K-meansと同様ワインデータセットを使って、プロリンと色の特徴量を使い、3
種類のワインを混合ガウス分布でクラスタリングします。混合ガウス分布はパラ
メータに共分散行列があります。今回の実装は共分散行列の非対角成分がゼロと
非ゼロの2つの場合で、プロットを比較します。

▼ ライブラリのインポート

`In`

```
# ライブラリのインポート
%matplotlib inline
import matplotlib.pyplot as plt
import numpy as np
from sklearn.mixture import GaussianMixture
from sklearn.mixture import BayesianGaussianMixture
from sklearn.preprocessing import StandardScaler
from sklearn import datasets
```

▼ワインデータのダウンロードと標準化

```
In
```

```
# ワインデータのダウンロード
wine = datasets.load_wine()
X = wine.data[:,[9,12]]
y = wine.target

# 特徴量の標準化
sc = StandardScaler()
X_std = sc.fit_transform(X)
```

　ハイパーパラメータ「n_components」は混合要素の数3を指定します。ハイパーパラメータ「covariance_type」は非対角成分がゼロ 'diag' の場合は軸$x_1, x_2$の2方向に拡大縮小した楕円になります。一方、非対角成分が非ゼロ 'full' の場合は自由度が増し、特徴量空間の軸$x_1, x_2$に対して斜めの楕円によるクラスタリングも可能になります。2つの共分散タイプで異なるモデルを作成し、2つのモデルをそれぞれ作成し、fitメソッドで訓練します。

◆混合ガウス分布のハイパーパラメータ指定

| n_components | 混合要素の数を指定 |
| --- | --- |
| covariance_type | 共分散タイプを指定<br>diagの場合は非対角成分がゼロ<br>fullの場合は非対角成分が非ゼロ |
| random_state | 乱数を固定する際に指定 |

▼混合ガウス分布のモデルの訓練

```
In
```

```
# covariance_typeに'diag'を指定しGMMのモデルを作成
model = GaussianMixture(n_components=3, covariance_type='diag',
random_state=1)

#モデルの訓練
model.fit(X_std)
```

```
# covariance_typeに'full'を指定し GMMのモデルを作成
model2 = GaussianMixture(n_components=3, covariance_type='full',
random_state=1)

#モデルの訓練
model2.fit(X_std)
```

Out

```
GaussianMixture(covariance_type='full', init_params='kmeans',
max_iter=100,
                means_init=None, n_components=3, n_init=1,
precisions_init=None,
                random_state=1, reg_covar=1e-06, tol=0.001,
verbose=0,
                verbose_interval=10, warm_start=False, weights_
init=None)
```

　共分散タイプ 'diag' と 'full' のモデルで、クラスタリングの結果と分布の等高線を同時に表示します。上のプロットは特徴量の軸に沿ったクラスタリングになります。星印はガウス分布の平均です。一方、下の非対角成分が非ゼロのプロットはデータの形状に合わせて、軸に斜めのガウス分布でクラスタリングされます。

▼共分散タイプdiagとfullの混合ガウス分布のプロット

In

```
plt.figure(figsize=(8,8)) #プロットのサイズ指定
# 色とプロリンの散布図のGMM(diag)によるクラスタリング
plt.subplot(2, 1, 1)

x = np.linspace(X_std[:,0].min(), X_std[:,0].max(), 100)
y = np.linspace(X_std[:,0].min(), X_std[:,0].max(), 100)
X, Y = np.meshgrid(x, y)
XX = np.array([X.ravel(), Y.ravel()]).T
Z = -model.score_samples(XX)
Z = Z.reshape(X.shape)
```

```
plt.contour(X, Y, Z, levels=[0.5, 1, 2 ,3 ,4, 5]) # 等高線のプロット
plt.scatter(X_std[:,0], X_std[:,1], c=model.predict(X_std))
plt.scatter(model.means_[:,0], model.means_[:,1],s=250,
marker='*',c='red')
plt.title('GMM(covariance_type=diag)')

# 色とプロリンの散布図のGMM(full)によるクラスタリング
plt.subplot(2, 1, 2)

x = np.linspace(X_std[:,0].min(), X_std[:,0].max(), 100)
y = np.linspace(X_std[:,0].min(), X_std[:,0].max(), 100)
X, Y = np.meshgrid(x, y)
XX = np.array([X.ravel(), Y.ravel()]).T
Z = -model2.score_samples(XX)
Z = Z.reshape(X.shape)

plt.contour(X, Y, Z, levels=[0.5, 1, 2 ,3 ,4, 5]) # 等高線のプロット
plt.scatter(X_std[:,0], X_std[:,1], c=model2.predict(X_std))
plt.scatter(model2.means_[:,0], model2.means_[:,1],s=250,
marker='*',c='red')
plt.title('GMM(covariance_type=full)')

plt.show
```

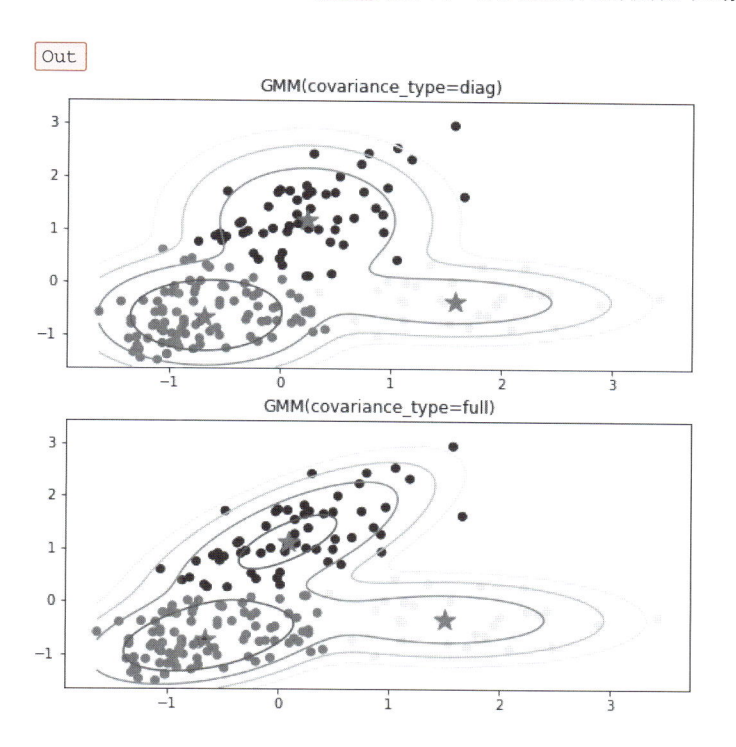

クラスタリングが予測するラベルはpredictメソッドで出力します。

### ▼クラスタリングの予測結果

`In`

```
model.predict(X_std) #予測
```

`Out`

```
array([0,0,0,0,1,0,0,0,0,0,0,0,0,0,0,0,0,0,0,0,0,0,1,
      0,0,1,1,0,0,0,0,0,0,0,0,0,0,0,0,0,0,0,1,0,0,0,1,
   省略
   )
```

　本実装は混合要素の数に3を指定したので、混合ガウス分布は3つのガウス分布の線形和になります。weights_メソッドで混合係数を出力します。混合係数の和は1になることが確認できます。

▼混合要素ごとの混合係数

```
In
```
```
model.weights_  #混合係数
```

```
Out
```
```
array([0.33382347, 0.50039829, 0.16577824])
```

　モデルの平均ベクトルはmeans_メソッドで出力します。平均ベクトルは3個のガウス分布の平均の位置になります。

▼平均ベクトル

```
In
```
```
model.means_  #平均ベクトル
```

```
Out
```
```
array([[ 0.24529784,  1.16494852],
       [-0.68692906, -0.65838607],
       [ 1.5795315 , -0.35850242]])
```

　モデルの共分散行列はcovariances_メソッドで出力します。共分散タイプがdiagの場合、非対角成分がゼロのため、対角成分だけが表示されます。

▼共分散タイプ（diag）

```
In
```
```
model.covariances_  # covariance_type='diag'の共分散行列
```

```
Out
```
```
array([[0.3247152 , 0.51324971],
       [0.24025176, 0.23149423],
       [0.61267547, 0.13016258]])
```

　モデルの共分散タイプが 'full' の場合は非対角成分が非ゼロのため、行列の非対角成分も表示されます。

▼ **共分散タイプ（full）**

`In`

```
model2.covariances_  # covariance_type='full'の共分散行列
```

`Out`

```
array([[[ 0.3930839, 0.3184785 ],
        [ 0.3184785, 0.51537395]],

       [[ 0.2722111, 0.0899247 ],
        [ 0.0899247, 0.1860756 ]],

       [[ 0.62958843, -0.00149391],
        [-0.00149391, 0.15105973]]])
```

 ## 変分混合ガウス分布（VBGMM）による ワインデータのクラスタリングの実装

　混合ガウス分布の実装は3種類のワインデータセットを使用し、正解ラベルの数、つまりクラスタ数$K=3$は既知である前提で実装しました。しかし、手に入るほとんどのデータの正解ラベルの数は未知です。この場合、変分法を使った「変分混合ガウス分布」が有効です。変分混合ガウス分布はデータからクラスタ数を自動提案し、提案したクラスタ数でクラスタリングします。実装はハイパーパラメータ「n_components = 10」を指定し、10個の混合要素を用いて、クラスタ数を自動提案します。ハイパーパラメータ「random_state」を変更すると、異なるクラスタリング結果になります。

◆ **変分混合ガウス分布のハイパーパラメータ指定**

| n_components | 混合要素の数を指定 |
|---|---|
| covariance_type | 共分散タイプを指定 |
| random_state | 乱数を固定する際に指定 |

▼**変分混合ガウス分布のモデルの訓練**

In

```
# VBGMMのモデルを作成
model3 = BayesianGaussianMixture(n_components=10, covariance_
type='full', random_state=6)

#モデルの訓練
model3.fit(X_std)
```

Out

```
BayesianGaussianMixture(covariance_prior=None, covariance_
type='full',
                        degrees_of_freedom_prior=None, init_
params='kmeans',
                        max_iter=100, mean_precision_prior=None,
                        mean_prior=None, n_components=18, n_
init=1,
                        random_state=6, reg_covar=1e-06,
tol=0.001, verbose=0,
                        verbose_interval=10, warm_start=False,
                        weight_concentration_prior=None,
                        weight_concentration_prior_
type='dirichlet_process')
```

　変分混合ガウス分布のクラスタリング結果と等高線を同時に表示します。プ
ロットは1つ前の共分散タイプ（full）の混合ガウス分布と同じようなプロットに
なりました。変分混合ガウス分布を用いると、自動的にクラスタ数3が提案され
ました。

## ▼ 変分混合ガウス分布のプロット

In

```python
plt.figure(figsize=(8,4)) #プロットのサイズ指定

# 色とプロリンの散布図のVBGMMによるクラスタリング
x = np.linspace(X_std[:,0].min(), X_std[:,0].max(), 100)
y = np.linspace(X_std[:,0].min(), X_std[:,0].max(), 100)
X, Y = np.meshgrid(x, y)
XX = np.array([X.ravel(), Y.ravel()]).T
Z = -model3.score_samples(XX)
Z = Z.reshape(X.shape)

plt.contour(X, Y, Z, levels=[0.5, 1, 2 ,3 ,4, 5]) # 等高線のプロット
plt.scatter(X_std[:,0], X_std[:,1], c=model3.predict(X_std))
plt.title('VBGMM(covariance_type=full)')

plt.show
```

Out

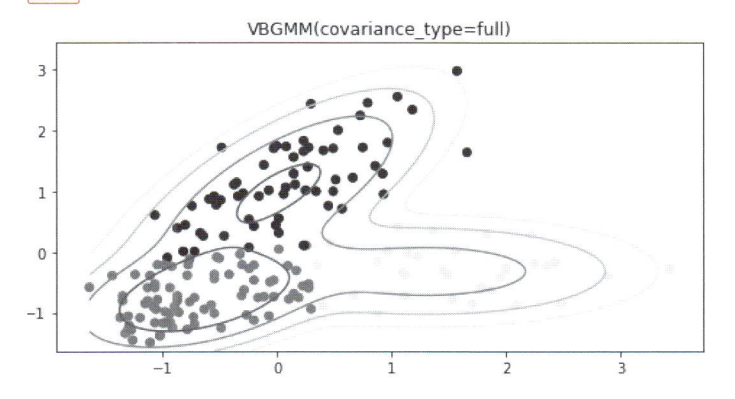

混合要素ごとの混合係数はweights_メソッドで出力します。

### ▼混合要素ごとの混合係数

```
In
```

```
model3.weights_ #混合係数
```

```
Out
```

```
array([3.83238590e-01,4.16040082e-01,2.00182821e-01,4.89551515e-04,
       4.45045720e-05,4.04587018e-06,3.67806380e-07,3.34369437e-08,
       3.03972215e-09,2.76338377e-10])
```

　最後に、混合要素ごとの混合係数をプロットで可視化します。横軸は混合要素のインデックスで、縦軸は混合係数です。

### ▼混合要素ごとの混合係数のプロット

```
In
```

```python
# 混合係数の可視化
x =np.arange(1, model3.n_components+1)

plt.figure(figsize=(8,4)) #プロットのサイズ指定
plt.bar(x, model3.weights_, width=0.7, tick_label=x)

plt.ylabel('Mixing weights for each mixture component')
plt.xlabel('Number of mixture components')
plt.title('Wine dataset')
plt.show
```

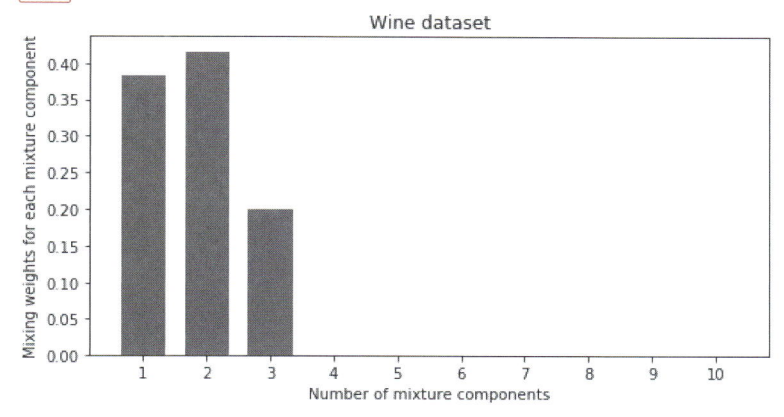

プロットを見ると、インデックス 1, 2, 3の混合係数が高く、混合ガウス分布は
インデックス 1, 2, 3のガウス分布の線形和になります。ワインデータセットを変
分混合ガウス分布の予測モデルに入力した結果、クラスタ数$K=3$を自動提案しま
した。この結果は偶然にも正解ラベルのクラス数3に一致しています。

---

## この章のまとめ

・クラスタリングは教師なし学習の1つで、正解ラベルがなくてもデータを
　クラスタ数にグループ分けします。
・K-Meansのアルゴリズムは重心を計算して、データを指定したクラスタ数
　にグループ分けします。
・混合ガウス分布（GMM）のアルゴリズムは混合ガウス分布を用いて、デー
　タを指定したクラスタ数にグループ分けします。
・変分混合ガウス分布（VBGMM）のアルゴリズムは混合ガウス分布を用い
　て、データをグループ分けします。クラスタ数は予測モデルが自動提案し
　ます。

# 次元削減

# 6.1

# 次元削減のアルゴリズム

本節は次元削減アルゴリズムの全体像を示し、「特徴選択」と「特徴抽出」の違い
を整理します。また、正解率の結果一覧は次元削減後に、ロジスティック回帰でワ
インデータセットを分類したときの正解率です。

##  次元削減のアルゴリズム

次元削減は教師なし学習の1つで、データの可視化、データ圧縮（予測モデルの
訓練の時間短縮）、過学習の抑制の目的で前処理に使用します。次元削減は「特徴
選択」、「特徴抽出」の2つに分かれます。

### ● 特徴選択

特徴選択は特徴量の中からモデルを作成する上で重要な特徴量だけを残し、残
りの特徴量の次元を削減します。例えば、4.2節のワイン分類の実装は、データ
セットの中の13個の特徴量の中から2個の特徴量（色、プロリン）を選択し、3種
類のワイン分類を可視化しました。このとき未選択の11個の特徴量はモデル作成
に使用していません。つまり、特徴選択は特徴量を使用するかまったく使用しな
いかのどちらかになります。また、3.3節はL1正則化を用いて、重要度が低い特徴
量を削減して、予測モデルの過学習を抑制しました。

### ● 特徴抽出

本章で紹介する主成分分析（PCA:Principal Component Analysis）のアルゴリズ
ムは特徴抽出の1つの手法で、特徴量を使用するかまったく使用しないかという極
端な方法ではなく、すべての特徴量を使って新たな軸（主成分）を作成し、重要度
が低い軸を削減します。主成分分析は可視化とデータ圧縮の目的で使用します。

**アルゴリズムごとの正解率の結果一覧**

4章は「特徴選択」で次元削減してデータを可視化しましたが、6章は「特徴抽出」の手法で次元削減します。表はワインデータセットを用いて、アルゴリズムごとに正解率を計算した結果です。6.2節はワインデータセットをPCAで前処理して、特徴量の次元を13次元から2次元に削減します。続いて、ロジスティック回帰で3種類のワインを分類し、その正解率を計算します。6.3節は前処理にカーネルPCAを使用し、ロジスティック回帰で正解率を計算します。

▼アルゴリズムごとの正解率の結果一覧

| 節 | 予測モデル | 次元削減 | 特徴量 | テストデータ正解率 |
|---|---|---|---|---|
| 4.2 | ロジスティック回帰 | 特徴選択 | プロリンと色を選択 | 0.89 |
| | ソフトマックス回帰 | 特徴選択 | プロリンと色を選択 | 0.89 |
| 4.3 | 線形サポートベクトル分類 | 特徴選択 | プロリンと色を選択 | 0.92 |
| 4.4 | サポートベクトル分類 | 特徴選択 | プロリンと色を選択し、ガウスカーネルに変換 | 0.92 |
| 4.5 | ランダムフォレスト | 特徴選択 | 13個の特徴量をランダムに選択 | 0.94 |
| 6.2 | PCA+ロジスティック回帰 | 特徴抽出 | PCAの第1主成分、第2主成分 | 0.97 |
| 6.3 | KPCA+ロジスティック回帰 | 特徴抽出 | KPCAの第1主成分、第2主成分 | 1.00 |

# 主成分分析（PCA）

本節は次元削減アルゴリズムの主成分分析を紹介します。最初に主成分分析の仕組みと射影行列の計算ステップを理解します。続いて、因子寄与率と累積寄与率の基本用語を理解し、主成分分析の2つの次元削減方法を紹介します。実装は前処理に主成分分析を用いて、ワインデータセットの特徴量を13個から2個に削減し、ロジスティック回帰でクラス分類します。

##  主成分分析のイントロダクション

　主成分分析は次元削減の中の1つのアルゴリズムで可視化とデータ圧縮の前処理に使用します。可視化は元の次元を2次元または3次元に次元削減します。結果、前処理で作成した主成分を軸にプロットを作成することで、データを可視化できます。データ圧縮はモデルの訓練にかかる時間を短縮します。主成分分析は過学習を抑制する手法ではありません。過学習を抑制する場合は3.3節で紹介した正則化を使用します。

　主成分分析はデータの元情報（以降、「分散」と記載）を多く持つ順に、$n$個の特徴量を第1主成分、第2主成分、…、第$n$主成分の新しい軸（主成分）を作成します。これらの主成分の中から分散が少ない主成分を削減して（第1主成分が最も分散が大きく、順に分散が少なくなります）、特徴量の次元を削減します。

　主成分は元の特徴量の線形和になります。例えば、$x_1, x_2$の2つの特徴量を持つ2次元の特徴量ベクトル$x$があるとします。なお、主成分分析はバイアスパラメータ$\theta_0$の特徴量$x_0=1$は無視して考えます。

$$x = (x_1, x_2)^T$$

　主成分分析は射影行列$W$（$w_{mn}$は射影行列の要素）を用いて、特徴量$x_1, x_2$を主成分$z_1, z_2$に変換します。主成分$z_1, z_2$は互いに直交していて、第1主成分$z_1$と第

2主成分$z_2$は次の式の線形和になります。以下は、射影行列による主成分分析の数式です。

$$\begin{pmatrix} z_1 \\ z_2 \end{pmatrix} = \begin{pmatrix} w_{11} & w_{12} \\ w_{21} & w_{22} \end{pmatrix} \begin{pmatrix} x_1 \\ x_2 \end{pmatrix}$$

　主成分分析を用いて、特徴量ベクトル$x = (x_1, x_2)^T$を主成分ベクトル$z = (z_1, z_2)^T$に変換できました。主成分ベクトルは元情報（分散）の大きさを持っていて、図6.1のように分散が小さい主成分$z_2$の次元を削減しても、主成分ベクトルの元情報は大きく損なわれないことがわかります（元情報の多くは主成分$z_1$が持っているため）。これが主成分分析を用いた次元削減の直感的理解です。

■ **図6.1　2次元の特徴量を主成分分析で1次元に削減するイメージ**

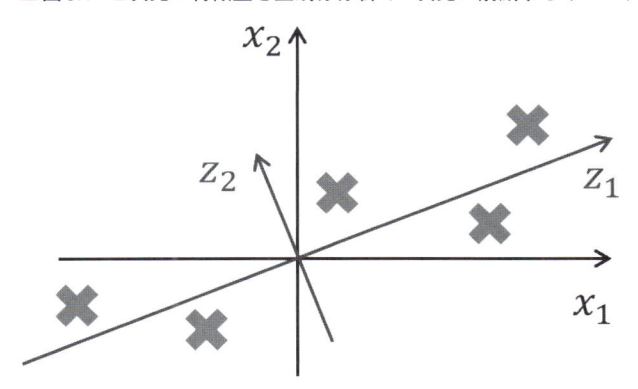

 ## 主成分分析の射影行列 W の計算ステップ

　イントロダクションは2次元特徴量の単純な例を用いて主成分分析して分散が小さい主成分を削減することで、元情報を残しつつ、次元削減できることを直観的に理解しました。次は、主成分の射影行列$W$の具体的な計算手順を紹介します。主成分は特徴量の共分散行列を作成し、固有値分解します。結果、固有値の分

散、固有ベクトルの主成分のペアが取得できます。分散が大きい主成分ほど元データの情報を多く含んでいるため、分散が大きい順に主成分を並べて射影行列$W$を作成します。最後に、射影行列$W$から分散つまり固有値が小さい主成分を削減して、射影行列を小さくします。

　具体的な主成分の計算ステップは以下の6つです。

1. $n$次元の特徴量ベクトル$x$を標準化する
2. 特徴量ベクトルを使って、$n \times n$の共分散行列を作成する
3. 共分散行列を固有値分解して、固有値と固有ベクトルを計算する
4. 固有値を降順ソートして、固有ベクトルで$n \times n$の射影行列$W$を作成する
5. $n \times n$の射影行列$W$の$k$列より先を削減し、$n \times k$の射影行列$W$に変換する
6. $n$次元の特徴量ベクトル$x$に射影行列$W$をかけて、$k$次元の主成分$z$を作成する

　標準化前の共分散行列の要素$\sigma_{jk}$は以下の式です。$m$は訓練データの数でインデックス$i$は$m$個の訓練データを指定します。また、インデックス$j, k$は共分散行列の行と列を指定します。

$$\sigma_{jk} = \frac{1}{m} \sum_{i=1}^{m} (x^{(i)} - \mu_j)(x_k^{(i)} - \mu_k)$$

　ステップ1の標準化で特徴量ベクトルの平均は0になり、$\mu_j = 0, \mu_k = 0$となります。

$$\sigma_{jk} = \frac{1}{m} \sum_{i=1}^{m} (x_j^{(i)})(x_k^{(i)})$$

　ステップ2の標準化後の共分散行列$\Sigma$は以下の式に書き直せます。

$$\Sigma = \frac{1}{m} \sum_{i=1}^{m} (x^{(i)})(x^{(i)})^T$$

**活用メモ**

## 共分散行列の具体例

共分散行列は1データの中の特徴量を組み合わせた行列になります。例えば、3次元の特徴量ベクトル$x = (x_1, x_2, x_3)^T$のデータが1個ある場合、共分散行列は次のようになります。共分散行列は5.3節で解説しているので、ご確認ください。

■図6.2 3×3の共分散行列

$$\Sigma = \begin{pmatrix} x_1^2 & x_1 x_2 & x_1 x_3 \\ x_2 x_1 & x_2^2 & x_2 x_3 \\ x_3 x_1 & x_3 x_2 & x_3^2 \end{pmatrix}$$

　ステップ3は共分散行列$\Sigma$を固有値分解して、$n$個の固有値（分散）と$n$個の固有ベクトル（主成分）を計算します。

　ステップ4はステップ3の固有値が大きい順に固有ベクトルを第1主成分、第2主成分、…、第$n$主成分に割り当て、第1主成分の縦ベクトルを1列目、第2主成分の縦ベクトルを2列目、第$n$主成分の縦ベクトルを$n$列目とする射影行列$W$を作成します。

■ 図6.3　射影行列 $W$

$$W = \begin{pmatrix} w_{11} & \cdots & w_{1n} \\ \vdots & & \vdots \\ w_{n1} & \cdots & w_{nn} \end{pmatrix}$$

　射影行列 $W$ は $n \times n$ の形状で $n$ 次元の特徴量ベクトル $x = (x_1, x_2, \cdots, x_n)^T$ を $n$ 次元の主成分ベクトル $z = (z_1, z_2, \cdots, z_n)^T$ に変換します。このとき、$z = Wx$ の関係になります。

　ここでは Python 実装の配列と合わせるため、$z = Wx$ の両辺を転置して、縦ベクトルを横ベクトルに変換します。転置した結果、$z^T = x^T W^T$ は図6.4のように横ベクトルになります。射影行列は転置行列 $W^T$ のため、要素のインデックスが逆になるのでご注意ください。射影行列の行は元の特徴量の次元、列は主成分の次元になります。

■ 図6.4　$n$ 次元の特徴量ベクトルから $n$ 次元の主成分ベクトル $z$ への変換

$$(z_1, z_2 \cdots z_n) = (x_1, x_2 \cdots x_n) \begin{pmatrix} w_{11} & \cdots & w_{k1} & \cdots & w_{n1} \\ w_{12} & & w_{k2} & & w_{n2} \\ \vdots & & \vdots & & \vdots \\ w_{1n} & \cdots & w_{kn} & \cdots & w_{nn} \end{pmatrix}$$

　ステップ5は行列 $W$ の $k$ 列から先を削減します。結果、第1主成分から第 $k$ 主成分までの主成分が残り、射影行列 $W$ は $n \times k$ の形状になります。

■ 図6.5　次元削減後の射影行列 $W$

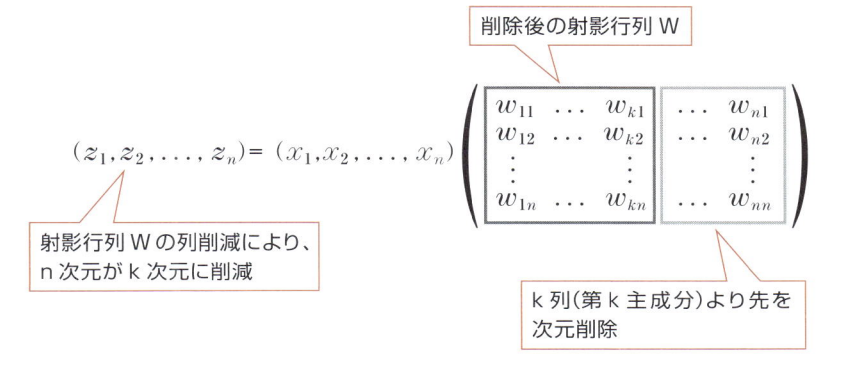

$$(z_1, z_2, \ldots, z_n) = (x_1, x_2, \ldots, x_n)$$

削除後の射影行列 W

射影行列 W の列削減により、n 次元が k 次元に削減

k 列（第 k 主成分）より先を次元削減

ステップ6は図6.6のように$n$次元の特徴量ベクトル$x$に$n \times k$の射影行列$W$かけて、$k$次元の主成分ベクトル$z$に次元削減します。

■ 図6.6　$n$次元の特徴量ベクトル$x$から$k$次元の主成分ベクトル$z$への変換

$$(z_1, z_2 \cdots z_k) = (x_1, x_2 \cdots x_n) \begin{pmatrix} w_{11} & \cdots & w_{k1} \\ w_{12} & & w_{k2} \\ \vdots & & \vdots \\ w_{1n} & \cdots & w_{kn} \end{pmatrix}$$

以上が射影行列の計算の流れです。$n \times k$の射影行列を$n$次元の特徴量ベクトル$x$にかけることで、$k$次元の主成分ベクトル$z$が作成でき、$n$次元から$k$次元に次元削減できるのです。

 ## 主成分分析の因子寄与率、累積寄与率

射影行列$W$の削減後の次元$k$を指定する際に役に立つ「因子寄与率」、「累積寄与率」を紹介します。なお、次元$k$はscikit-learnの次元削減ライブラリPCAのハイパーパラメータになっています。

固有値分解して得られた固有値は分散を示し、元データの重要度を表しています。固有値を全固有値の合計で割った割合を「因子寄与率」と呼びます。主成分分

析すると、固有値は因子寄与率が高い順に並び、固有ベクトルも因子寄与率が高い順に第1主成分、第2主成分、…、第$n$主成分と続きます。因子寄与率は第1主成分から第$n$主成分まで合計すると1になります。つまり、因子寄与率は主成分が持つ分散の割合で、各主成分の重要度を評価します。

「累積寄与率」は因子寄与率を第1主成分から第$k$主成分まで合計します。「累積寄与率」を計算することで、第$k$主成分までの情報で、元データの何％の情報持つか評価できます。累積寄与率の最大値は1.0になります。

##  主成分分析による2つの次元削減方法

scikit-learnの主成分分析による次元削減方法は以下2つです。

### ● 削減方法1：主成分の次元$k$を指定

直接削減する次元数$k$を指定します。ワインデータセットの場合、特徴量ベクトルは13次元なので、1から13の整数を指定します。

### ● 削減方法2：累積寄与率を指定

累積寄与率は第1主成分から第$k$主成分までの因子寄与率の合計なので、0より大きく1未満の少数を指定し、指定した累積寄与率を満たすよう、次元$k$を削減します。

図6.7は削減方法1と2のイメージです。プロットはワインデータセットの特徴量の次元数を横軸、累積寄与率を縦軸で作成しています。13次元の特徴量は次元削減されていないので、累積寄与率は1.0になります。

■図6.7 削減方法1と2のイメージ

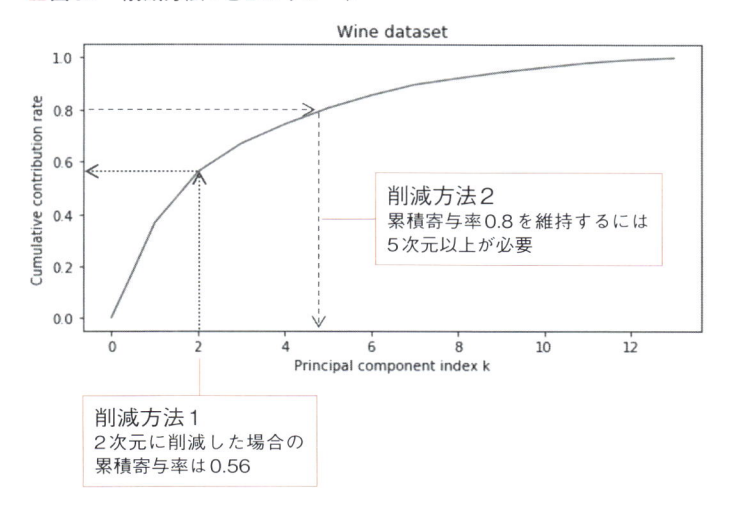

## 次元数kの指定による主成分分析の実装（削減方法1）

　分類の4.2節は、ワインデータセットの13個の特徴量からプロリンと色の2つの特徴量を選択し、3種類のワインを2次元プロットで分類しました。本節は主成分分析で作成した第1主成分と第2主成分の2つの特徴量でロジスティック回帰の予測モデルを作成し、ワインを分類します。

▼ライブラリのインポート

`In`

```
# ライブラリのインポート
%matplotlib inline
import matplotlib.pyplot as plt
import numpy as np
from sklearn.linear_model import LogisticRegression
from sklearn.preprocessing import StandardScaler
from sklearn.model_selection import train_test_split
from sklearn.metrics import accuracy_score
from mlxtend.plotting import plot_decision_regions
from sklearn import datasets
```

まず、ワインデータをダウンロードし、特徴量Xに13個の特徴量をセットします。続けて、訓練データとテストデータに分けてから標準化します。訓練データとテストデータの形状を確認すると、13個の成分の特徴量ベクトルが確認できます。

▼ワインデータセットのダウンロードとデータの標準化

`In`

```
# ワインデータのダウンロード
wine = datasets.load_wine()
X = wine.data
y = wine.target

# 特徴量と正解ラベルを訓練データとテストデータに分割
X_train, X_test, y_train, y_test=train_test_split(X, y, test_
size=0.2, random_state=0)

# 特徴量の標準化
sc = StandardScaler()
X_train_std = sc.fit_transform(X_train)
X_test_std =sc.transform(X_test)

# 特徴量は13個
X_train_std.shape,  X_test_std.shape
```

`Out`

```
((142, 13), (36, 13))
```

scikit-learnのPCAはハイパーパラメータ「n_components」があります。ここでは、2次元プロットで可視化するため、特徴量の次元数2を指定します。結果、第2主成分まで固有値分解し、第1主成分と第2主成分の固有値と固有ベクトルを計算します。

◆ PCAのハイパーパラメータ指定（削減方法1）

| n_components | 主成分の次元つまり削減後の特徴量の次元数を指定。1以上の整数を指定する |
| --- | --- |

PCAの fit_transform メソッドは訓練データの特徴量ベクトルを使い主成分分析のモデルを作成し、続けて主成分分析を実行します。次に、transform メソッドを使いテストデータの特徴量ベクトルの主成分分析を実行します。

▼ **主成分分析の実行**

```
In
```

```
# 削減後の次元を2に指定し、主成分分析を実行
PCA = PCA(n_components=2)
# 訓練データで主成分分析のモデル作成
X_train_pca = PCA.fit_transform(X_train_std)
# 訓練データで作成したモデルでテストデータを主成分分析
X_test_pca = PCA.transform(X_test_std)
```

PCA モデルは explained_variance_ メソッドで「固有値」、explained_variance_ratio_ メソッドで「因子寄与率」を取り出すことができます。第1主成分と第2主成分の因子寄与率は約0.37と0.19で、第2主成分までの累積寄与率は0.56です。第2主成分までで元情報の56%を保持しています。

▼ **固有値と因子寄与率の計算**

```
In
```

```
# 第2主成分までの主成分分析の結果
print("固有値")
print(PCA.explained_variance_)
print("因子寄与率")
print(PCA.explained_variance_ratio_)
```

```
Out
```

```
固有値
[4.82894083 2.52920254]
因子寄与率
[0.36884109 0.19318394]
```

6

次元削減

　PCAモデルはcomponents_メソッドで「固有ベクトル」を取り出すことができます。固有ベクトルは2×13の2次元の形状で、1次元目は主成分の次元数、2次元目は変換前の特徴量の次元数です。

▼第1主成分と第2主成分の固有ベクトル

In

```
print("固有ベクトルの形状")
print(PCA.components_.shape)
print('')
print("固有ベクトル")
print(PCA.components_)
```

Out

固有ベクトルの形状
```
(2, 13)
```

固有ベクトル
```
[[ 0.12959991 -0.24464064 -0.01018912 -0.24051579  0.12649451
0.38944115
   0.42757808 -0.30505669  0.30775255 -0.11027186  0.30710508
0.37636185
   0.2811085 ]
 [-0.49807323 -0.23168482 -0.31496874  0.02321825 -0.25841951
-0.1006849
  -0.02097952 -0.0399057  -0.06746036 -0.53087111  0.27161729
0.16071181
  -0.36547344]]
```

　削減後の特徴量ベクトルのデータ形状を確認すると、13次元から2次元に削減されています。

#### ▼削減後の訓練データとテストデータの形状

In
```
# 特徴量は2個
X_train_pca.shape, X_test_pca.shape
```

Out
```
((142, 2), (36, 2))
```

以上の前処理で、次元削減済みの訓練データとテストデータが準備できました。

ここからは、訓練データと正解ラベルを使ってロジスティック回帰モデルを訓練し、テストデータを使ってモデルの正解率を計算します。結果は0.97です。この結果は4.2節で特徴量にプロリンと色の2つの特徴量を選択したモデルの正解率0.89を上回っています。

#### ▼ロジスティック回帰でモデルの訓練

In
```
# ロジスティック回帰モデルを作成
model = LogisticRegression( multi_class='ovr', max_iter=100,
solver='liblinear', penalty='l2', random_state=0)

# モデルの訓練
model.fit(X_train_pca, y_train)

# テストデータで正解率を計算
y_test_pred = model.predict(X_test_pca)
ac_score = accuracy_score(y_test, y_test_pred)
print('正解率 = %.2f' % (ac_score))
```

Out
```
正解率 =  0.97
```

次に、第1主成分と第2主成分の2軸を使い、訓練データのプロットを作成します。

▼訓練データのプロット

In

```
# 訓練データのプロット
plt.figure(figsize=(8,4)) #プロットのサイズ指定
plot_decision_regions(X_train_pca, y_train, model)
```

Out

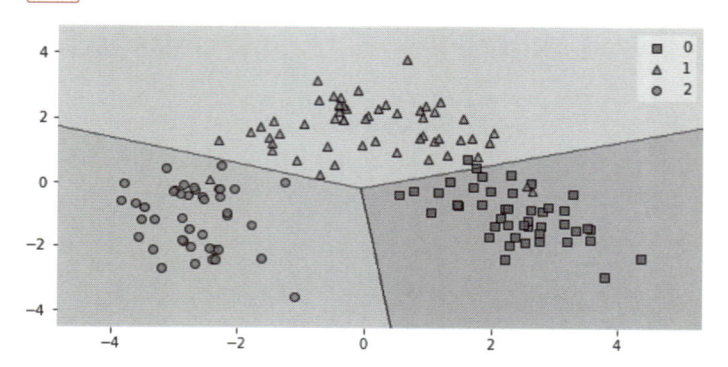

第1主成分と第2主成分の2軸を使い、テストデータのプロットを作成します。

▼テストデータのプロット

```
# テストデータのプロット
plt.figure(figsize=(8,4)) #プロットのサイズ指定
plot_decision_regions(X_test_pca, y_test, model)
```

Out

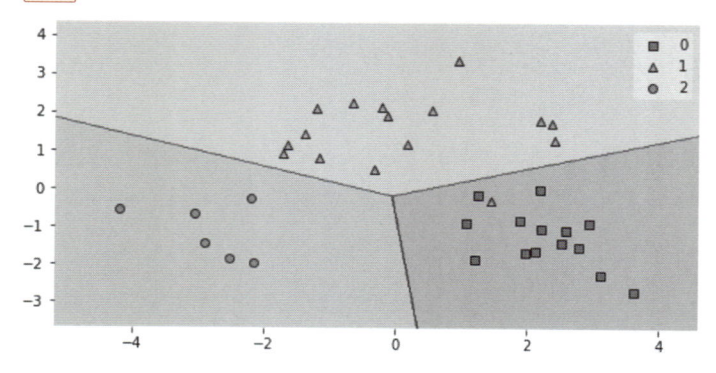

　本実装の最後に「n_components=None」を指定します。この場合、すべての主成分を計算します。ワインデータセットは13個の特徴量を持つため、13個の固有値と固有ベクトルが出力されます。

◆ PCAのハイパーパラメータ指定（削減方法1）

| n_components | None を指定すると、すべての固有値を計算します |
|---|---|

▼すべての主成分を分解

`In`

```
from sklearn.decomposition import PCA
# # 削減後の次元を指定しないで、主成分分析を実行
PCA2 = PCA(n_components=None)
PCA2.fit_transform(X_train_std)
```

　モデルの固有値と因子寄与率を表示すると、変換前の特徴量の次元数と同じ13個の値が表示されます。

▼すべての固有値と因子寄与率の表示

`In`

```
# すべての固有値の主成分分析の結果
print("固有値")
print(PCA2.explained_variance_)
print("因子寄与率")
print(PCA2.explained_variance_ratio_)
```

`Out`

```
固有値
[4.82894083 2.52920254 1.40778607 0.97170248 0.81772614 0.64269609
 0.53904343 0.32677915 0.30227988 0.24405475 0.22672631 0.16401706
 0.09124383]
因子寄与率
[0.36884109 0.19318394 0.10752862 0.07421996 0.06245904 0.04909
 0.04117287 0.02495984 0.02308855 0.01864124 0.01731766 0.01252785
```

```
0.00696933]
```

　主成分の次元を横軸と累積寄与率を縦軸にプロットを作成します。第1主成分から第13主成分までの累積寄与率のプロットで、第2主成分は約0.56になることが確認できました。この結果は、削減後の次元に2を指定した実装と同じ結果になります。

▼ **主成分と累積寄与率のプロット**

`In`

```
主成分と累積寄与率のプロット
# 次元数と累積寄与率
ratio = PCA2.explained_variance_ratio_
ratio = np.hstack([0, ratio.cumsum()])

plt.figure(figsize=(8,4)) # プロットのサイズ指定
plt.plot(ratio)
plt.ylabel('Cumulative contribution rate')
plt.xlabel('Principal component index k')
plt.title('Wine dataset')

plt.show()
```

`Out`

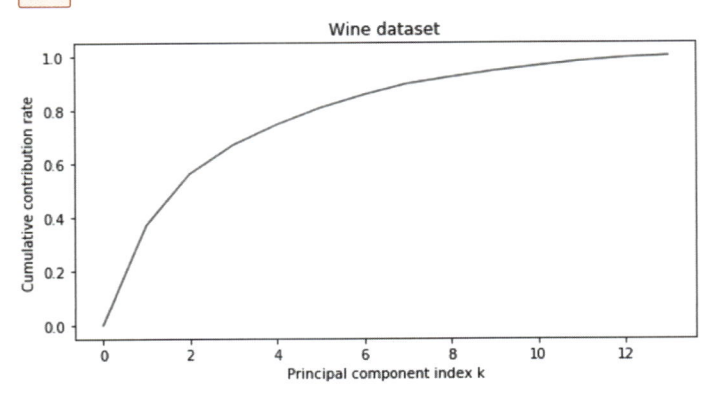

**累積寄与率の指定による主成分分析の実装（削減方法２）**

今度は累積寄与率を指定して次元削減します。ハイパーパラメータ「n_components=0.8」を指定すると、累積寄与率が0.8以上の条件を満たすよう主成分分析します。explained_variance_ratio_メソッドの5つの因子寄与率の合計は0.8を超えていて、ワインデータセットの場合、第5主成分まであれば、累積寄与率が0.8以上になることが確認できました。この削減方法は元データの情報の何％の分散を維持するか決まっているときに有効です。

◆ PCAのハイパーパラメータ指定（削減方法2）

| n_components | 指定した累積寄与率になるまで第1主成分から第$k$主成分まで順に因子寄与率を合計する。0より大きく、1未満の間の数字を指定する |
| --- | --- |

▼累積寄与率を指定して主成分分析

`In`

```
from sklearn.decomposition import PCA
# # 削除後の次元を指定しないで、主成分分析を実行
PCA3 = PCA(n_components=0.8)
X_train_pca3 = PCA3.fit_transform(X_train_std)

# 指定した累積寄与率を超えるよう主成分分析した結果
print("固有値")
print(PCA3.explained_variance_)
print("因子寄与率")
print(PCA3.explained_variance_ratio_)
```

`Out`

固有値

```
[4.82894083 2.52920254 1.40778607 0.97170248 0.81772614]
```

因子寄与率

```
[0.36884109 0.19318394 0.10752862 0.07421996 0.06245904]
```

# カーネルPCA

> SVCの予測モデルは特徴量をガウスカーネルに変更し、モデルの特徴量を高次元に切り替えることで、高次元の特徴量空間で線形分類します。同様に、カーネルPCAは特徴量をガウスカーネルに変更してから主成分分析するので、前節の主成分分析で線形分類できないデータでも、線形分類できるようになります。

##  カーネルPCAの計算ステップ

　前節の主成分分析は、予測モデル$h_\theta(x)$の$n$次元の特徴量ベクトル$x = (x_1, x_2, \cdots, x_n)^T$で共分散行列を作成し固有値分解して、分散の固有値と、主成分の固有ベクトルを計算しました。

$$h_\theta(x) = \theta_1 x_1 + \theta_2 x_2 + \cdots + \theta_n x_n = \sum_{j=1}^{n} \theta_j x_j$$

　本節でご紹介するカーネルPCAは主成分分析する前にモデル$h_\theta(x)$の$n$次元の特徴量ベクトル$x = (x_1, x_2, \cdots, x_n)^T$を$m$次元のガウスカーネル$K(x^{(i)}, x)$の線形和に変更します。

$$h_\theta(x) = a^{(1)} K(x^{(1)}, x) + a^{(2)} K(x^{(2)}, x) + \cdots + a^{(m)} K(x^{(m)}, x) = \sum_{i=1}^{m} a^{(i)} K(x^{(i)}, x)$$

ガウスカーネル：

$$K(x^{(i)}, x) = exp(-\gamma \|x - x^{(i)}\|^2)$$

$$\|x - x^{(i)}\|^2 = \sum_{j=1}^{n} (x_j - x_j^{(i)})^2$$

$$\gamma = \frac{1}{2\sigma^2}$$

続いて、$m$次元のカーネルベクトルを用いて、$m \times m$のカーネル行列$K$を作成します。カーネル主成分分析はPCAの共分散行列の計算ステップと同様、カーネル行列を固有値分解して主成分分析します。

**活用メモ**

## カーネル行列の具体例

カーネル行列は$m$個の位置ベクトルデータ$x^{(i)}$を組み合わせた行列になります。例えば、3個のデータの集合$\{x^{(1)}, x^{(2)}, x^{(3)}\}$がある場合、カーネル行列は3×3になります。

■ **図6.8　3×3のカーネル行列**

$$K = \begin{pmatrix} K(x^{(1)}, x^{(1)}) & K(x^{(1)}, x^{(2)}) & K(x^{(1)}, x^{(3)}) \\ K(x^{(2)}, x^{(1)}) & K(x^{(2)}, x^{(2)}) & K(x^{(2)}, x^{(3)}) \\ K(x^{(3)}, x^{(1)}) & K(x^{(3)}, x^{(2)}) & K(x^{(3)}, x^{(3)}) \end{pmatrix}$$

カーネルPCAのメリットは1次の特徴量で作成した主成分だと線形分類できないデータでも、線形分類が可能な点です。デメリットはPCAで紹介した累積寄与率が使えないこと、カーネル関数のハイパーパラメータ指定が必要なことの2点です。

# カーネル PCA 前処理後のワイン分類の実装

前節のPCAに続いて、カーネルPCAの実装にもワインデータセットを使用します。PCAの実装では第1主成分と第2主成分を軸にロジスティック回帰モデルを作成し、3種類のワインを分類しました。このときのプロットを確認すると、データを完全には線形分類できていません。今回の実装はカーネルPCAを用いて、特徴量をガウスカーネルに変換してから主成分分析します。

▼ライブラリのインポート

`In`

```
# ライブラリのインポート
%matplotlib inline
import matplotlib.pyplot as plt
import numpy as np
from sklearn.linear_model import LogisticRegression
from sklearn.preprocessing import StandardScaler
from sklearn.model_selection import train_test_split
from sklearn.metrics import accuracy_score
from mlxtend.plotting import plot_decision_regions
from sklearn import datasets
```

ワインデータセットをダウンロードし、訓練データとテストデータをそれぞれ標準化します。特徴量ベクトルの次元数は13です。

▼ワインデータセットをダウンロードと標準化

`In`

```
# ワインデータのダウンロード
wine = datasets.load_wine()
X = wine.data
y = wine.target

# 特徴量と正解ラベルを訓練データとテストデータに分割
X_train, X_test, y_train, y_test=train_test_split(X, y, test_
size=0.2, random_state=0)
```

```
# 特徴量の標準化
sc = StandardScaler()
X_train_std = sc.fit_transform(X_train)
X_test_std =sc.transform(X_test)

# 特徴量は13個
X_train_std.shape,  X_test_std.shape
```

Out

```
((142, 13), (36, 13))
```

　次に、標準化した訓練データの特徴量ベクトルを「n_components=2」のKPCA を使って、第2主成分まで分解します。ハイパーパラメータ「kernel」にはガウス カーネルを指定し、ガウスカーネルのハイパーパラメータ「gamma=0.3」を指定 します。KPCA実行後の次元は2次元になります。

◆ カーネルPCAのハイパーパラメータ

| | |
|---|---|
| n_components | 主成分の次元、つまり削減後の特徴量の次元数を指定。1以上の整数を指定する。PCAとは異なり、累積寄与率の指定はできない |
| kernel | モデルに使用する新しい特徴量 |
| gamma | 訓練データの位置を中心としたガウス分布の広がりで精度パラメータと呼ぶ。精度パラメータは小さいほど緩やかなガウス分布になり、訓練データの感度が下がる。大きいと尖ったガウス分布になり、訓練データの位置に過学習しやすくなる。 |

▼ カーネル主成分分析の実行

In

```
from sklearn.decomposition import KernelPCA

# 削減後の次元を2に指定し、主成分分析を実行
```

```
KPCA = KernelPCA(n_components=2, kernel='rbf', gamma=0.3)

# 訓練データで主成分分析のモデル作成
X_train_kpca = KPCA.fit_transform(X_train_std)
# 訓練データで作成したモデルでテストデータを主成分分析
X_test_kpca = KPCA.transform(X_test_std)

# 特徴量は2個
X_train_kpca.shape, X_test_kpca.shape
```

Out

```
((142, 2), (36, 2))
```

　カーネルPCAの第1主成分と第2主成分の訓練データを使って、ロジスティック回帰を計算します。結果、テストデータの正解率100%のモデルになりました。6.2節のPCAの2軸だと正解率は97%で完全な線形分類に失敗しましたが、カーネルPCAだと完全な線形分類に成功しました。

▼カーネル主成分を軸にロジスティック回帰のモデルを訓練

In

```
# ロジスティック回帰モデルを作成
model = LogisticRegression( multi_class='ovr', max_iter=100,
solver='liblinear', penalty='l2', random_state=0)

# モデルの訓練
model.fit(X_train_kpca, y_train)

# テストデータで正解率を計算
y_test_pred = model.predict(X_test_kpca)
ac_score = accuracy_score(y_test, y_test_pred)
print('正解率 = %.2f' % (ac_score))
```

正解率 ＝　1.00

　カーネルPCAの第1主成分と第2主成分の2軸を用いて、訓練データのプロットを作成します。6.2節のPCAを使った2軸だと、線形分類できなかった分布がカーネルPCAの2軸だと線形分類できています。

▼訓練データのプロット

In

```
# 訓練データのプロット
plt.figure(figsize=(8,4)) #プロットのサイズ指定
plot_decision_regions(X_train_kpca, y_train, model)
```

Out

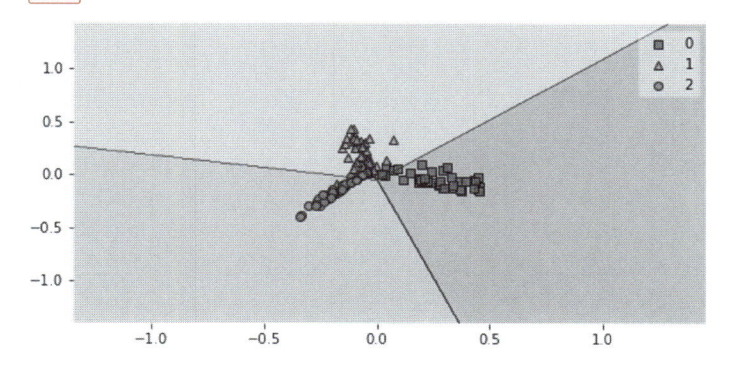

　カーネルPCAの第1主成分と第2主成分の2軸を用いて、テストデータのプロットを作成します。こちらも訓練データと同様に、カーネルPCAの2軸だと完全に線形分類できています。

▼テストデータのプロット

In

```
# テストデータのプロット
plt.figure(figsize=(8,4)) #プロットのサイズ指定
```

```
plot_decision_regions(X_test_kpca, y_test, model)
```

Out

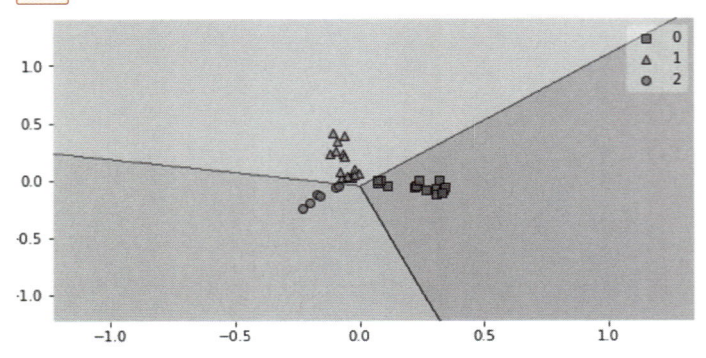

### この章のまとめ

- 次元削減は教師なし学習の1つで、次元削減は「特徴選択」と「特徴抽出」に分けることができ、主成分分析は「特徴抽出」の手法の1つです。主成分分析(PCA)は可視化、データ圧縮の目的で前処理に使用します。
- 主成分分析(PCA)は射影行列を用いて、元の特徴量を主成分に変換し、次元削減します。
- 主成分分析の次元削減方法には削除後の次元を指定する方法と、累積寄与率を指定して累積寄与率を満たすよう主成分まで削減するという方法の2つがあります。
- カーネルPCAは高次元の特徴量で主成分分析するので、線形分類できないデータもカーネルPCAで前処理することで線形分類ができるようになります。

# 第7章

## モデルの評価

# モデルの評価

この節では、モデルの評価に関して交差検証を扱う方法を学びます。また、モデルを改良する方法に関しても学びます。

##  本節で学ぶこと

機械学習では未知のデータに対して、正しく予測できるモデルを作ることが重要です。そのため、モデルを評価し、学習に使っていない未知のデータに対する予測能力を確かめる必要があります。

手元のデータをすべて訓練データとして使わずに、一部を未知のデータとすることで、そのモデルの汎化性能（未知のデータの予測能力）が計算可能になります。

この節では、この汎化性能を評価する方法を学んでいきます。

##  交差検証とは

交差検証（cross validation）は汎化性能を評価するための手法です。

ここでは、全体のデータから、学習用の訓練データと評価用のテストデータに分割します。データを分割し、評価する方法に交差検証があります。交差検証にはいくつかあり、ここでは2つ紹介します。1つが手元のデータから訓練データとテストデータに分割するホールドアウト法、もう1つが訓練データとテストデータの分割を複数回行い、それぞれで学習・評価を行うk-分割交差検証です。

ホールドアウト法では、scikit-learnのtrain_test_split関数を使うことで、データセットを訓練データとテストデータに分割できます。

k-分割交差検証では、scikit-learnのcross_val_score関数を使うことで分割できます。

## ホールドアウト法

ホールドアウト法は、データセット全体から訓練データとテストデータに分割し、評価する方法です。

訓練データはモデルの訓練に使用され、テストデータはモデルの汎化性能を評価するために使用されます。

In

```
from sklearn.model_selection import train_test_split
x_train, x_test, y_train, y_test = train_test_split(x, y)
```

ホールドアウト法の問題は、元のデータから訓練データとテストデータを、どのように分割するかによって性能の評価に影響が及ぶことがあります。つまり、データのサンプルによって評価が変わってきます。次の副節ではk-分割交差検証に関して説明します。

 ## k-分割交差検証

交差検証の中で、もっともよく用いられる手法は、k分割交差検証です。kは自由に設定でき、分割した数だけの異なる予測結果が取得できます。

ホールドアウト法に比べ、k分割交差検証はデータをより効率的に使えることがメリットです。

デメリットとしては、計算時間が多く必要とすることです。k個のモデルを訓練するため、単純に分割するよりもk倍遅くなります。

 ## model_selectionモジュールの cross_val_score関数

交差検証は、scikit-learn の model_selection モジュールの cross_val_score 関数を利用します。4.2節の分類で扱ったロジスティック回帰を用いて評価して見ましょう。

```
In
```

```python
# 交差検証に必要なモジュール等の読み込み
from sklearn.model_selection import cross_val_score
from sklearn.linear_model import LogisticRegression
from sklearn.datasets import load_iris

iris = load_iris()
model = LogisticRegression()

# 初期値は3分割
scores = cross_val_score(model, iris.data, iris.target)
print(scores)

# cvに指定の数値を入れると分割数を自由に設定できる
scores = cross_val_score(model, iris.data, iris.target, cv=5)
print(scores)
```

##  層化k分割交差検証

scikit-learnのクラス分類では、層化k分割交差検証（stratified k-fold cross-validation）を用います。

層化交差検証では、各分割内でのクラスの比率が全体の比率と同じようになるように分割します。

ちなみに、scikit-learnのクラス分類ではデフォルトで層化交差検証になっています。

一般的にクラス分類器を評価するには、k分割交差検証ではなく層化k分割交差検証を使います。回帰では、k分割交差検証がデフォルトで動作します。

##  KFold

先ほどクラス分類では層化交差検証がデフォルトで動作するという説明をしましたが、クラス分類にk分割交差検証を何らかの理由で使う必要があるかもしれません。そういったケースの場合、model_selectionモジュールからKFoldクラス

を読み込み使用することでより詳細な設定が可能になります。

```
from sklearn.model_selection import KFold
from sklearn.linear_model import LogisticRegression

kfold = KFold(n_splits=3)  # 分類はデフォルトでは層化交差検証だが、KFoldを使
うと回帰でデフォルトの交差検証になる。

iris = load_iris()
model = LogisticRegression()

# [0. 0. 0.]
print(cross_val_score(model, iris.data, iris.target,cv=kfold))

# 層化して分割する代わりに、データのシャッフルが可能
kfold = KFold(n_splits=3, shuffle=True, random_state=0)
# [0.9  0.96 0.96]
print(cross_val_score(model, iris.data, iris.target, cv=kfold))
```

　上記のプログラムでは、アイリスの花の分類を行なっています。

　本来、分類問題では、cross_val_score()のみを用いた際に層化k分割交差検証でしたが、KFoldを用いたことにより、層化されていない交差検証になっています。そのため、irisデータセットの結果がすべて0というスコアになっています。

　これは、irisデータセットはデータの最初の1/3はクラス0、次の1/3はクラス1、残りの1/3はクラス2となっていることが理由で、何も学習することができなかったのです。

　この問題を解決するためには、KFoldのshuffleパラメータをTrueにすることで解決することができます。

**1つ抜き交差検証 (leave-one-out)**

1つ抜き交差検証は、k分割交差検証の個々の分割が1サンプルしかないものです。毎回テストセット中の1サンプルだけをテストセットとして検証します。小さいデータセットに対しては、より良い推定ができますが、大規模なデータに対しては非常に時間がかかってしまいます。

`In`

```python
from sklearn.model_selection import LeaveOneOut
from sklearn.linear_model import LogisticRegression

iris = load_iris()
model = LogisticRegression()
lo = LeaveOneOut()
scores = cross_val_score(model, iris.data, iris.target, cv=lo)
print(len(scores))
print(scores.mean())
```

 **シャッフル分割交差検証 (shuffle-split cross-validation)**

シャッフル分割交差検証とは、テストデータ数、訓練データ数、繰り返し数を指定して検証する手法です。シャッフル分割交差検証を用いることで訓練データとテストデータのサイズとは別に、独立して繰り返し回数を制御することができます。

下記のコードでは、データセットの50%を訓練データに、50%をテストデータにして10回分割を繰り返している例です。

`In`

```python
from sklearn.model_selection import ShuffleSplit
from sklearn.linear_model import LogisticRegression

iris = load_iris()
model = LogisticRegression()
```

```
shuffle_split = ShuffleSplit(test_size=.5, train_size=0.5, n_
splits=10)
scores = cross_val_score(model, iris.data, iris.target,
cv=shuffle_split)
print(scores)
```

　また、test_size + train_sizeの和が1にならないように指定することで、データの一部だけを用いた検証をすることができます。

　これをサブサンプリングと呼び、大規模データで効率的に検証を行いたいときに有用です。

##  グリッドサーチ

　グリッドサーチとは、指定したすべての入力パラメータの組み合わせを試す手法です。

　学習モデルに用いられるハイパーパラメータを調整していき、モデルの汎化性能を向上させる方法を探す代表的な手法で、よく利用されます。

　ハイパーパラメータとは、人が調整する必要のあるパラメータのことで、サポートベクトルマシンの場合は、カーネルの精度パラメータ（3.6参照）gamma、正則化パラメータCなどが該当します。

##  交差検証を用いたグリッドサーチ

　model_selectionモジュールか、あるいはGridSearchCVクラスを読み込んで使用することにより、グリッドサーチを利用することができます。

　下記のコードは、サポートベクトルマシンのハイパーパラメータをグリッドサーチを用いて最適なパラメータの組み合わせを探しています。

In

```
from sklearn.model_selection import GridSearchCV
from sklearn.model_selection import train_test_split
from sklearn.svm import SVC
from sklearn.datasets import load_iris
```

```
iris = load_iris()

# サーチするパラメータのグリッド
param_grid={'C':[0.001,0.01,0.1,1,10,100],
            'gamma':[0.001,0.01,0.1,1,10,100]}

# モデルSVC、作成したグリッド、交差検証戦略は5分割層化交差検証
grid_search = GridSearchCV(SVC(), param_grid, cv=5)

#テストデータと訓練データに分ける
X_train, X_test, y_train, y_test = train_test_split(
    iris.data, iris.target, random_state=0)

# 訓練データを用いてモデル構築。この際、cv=5にしているので訓練データは内部で訓練デー
タ(小)と検証データに分かれて5分割層化交差検証されている
grid_search.fit(X_train,y_train)

grid_search.score(X_test,y_test)
```

また、モデル.best_params_ で最適化したパラメータを確認できます。

```
print(grid_search.grid_scores_)
print(grid_search.best_params_)
```

##  分類評価方法

混同行列は、実際の値(教師データ)と予測値を表にしたものです。
混同行列は、二値分類(正事例と負事例の予測)をするときに使用されます。

予測値

| | | Negative(0) | Positive(1) |
|---|---|---|---|
| 実際の値 | Negative(0) | TN(FalseNegative) | FP(False Positive) |
| | Positive(1) | FN(FalseNegative) | TP(True Positive) |

True Positive（TP）は、真の値が正のものに対して、正と予測したもので、真陽性ともいいます。

False Positive（FP）は、真の値が負のものに対して、正と予測したもので、偽陽性ともいいます。

False Negative（FN）は、真の値が正のものに対して、負と予測したもので、偽陰性ともいいます。

True Negative（TN）は、真の値が負のものに対して、負と予測したもので、真陰性ともいいます。

`In`

```
from sklearn.metrics import confusion_matrix

# データの読み込み
y_test = [0,0,0,0,0,1,1,1,1,1]
pred   = [0,1,0,0,0,0,0,1,1,1]

confusion = confusion_matrix(y_test, pred)
print(confusion) # 混同行列を出力
```

`Out`

```
[[4 1]
 [2 3]]
```

次に、①正解率、②適合率、③再現率、④F値の4つに関して説明します。

### ● 正解率

正解率は出力した結果がどの程度正解していたのかを表す指標です。

$$acc = \frac{TP+TN}{TP+TN+FP+FN}$$

### ● 適合率

適合率は、正（Positive）と予想したデータの中で正解したデータの割合を表す指標です。

偽陽性の数を制限したい場合に用います。

$$precision = \frac{TP}{TP+FP}$$

## ● 再現率

実際に、陽性のうち、陽性と予測されたデータの割合です。真の値が正のデータの中で正解したデータの割合です。

$$Recall = \frac{TP}{TP+FN}$$

## ● F値

適合率と再現率はトレードオフの関係にあります。この2つの指標の間（調和平均）をとったものがF値です。

$$F値 = \frac{2 \times Precision \times Recall}{Precision+Recall}$$

In

```python
from sklearn.metrics import precision_score
print('Precision:', precision_score(y_test, pred))

from sklearn.metrics import recall_score
print('Recall:', recall_score(y_test,y_pred))

from sklearn.metrics import f1_score
print('F1 score:', f1_score(y_test,pred))
```

##  回帰評価方法

回帰では分類とは異なった評価指標を使います。

回帰で使われる評価指標でメジャーな平均二乗誤差（MSE）と二乗平均平方根誤差（RMSE）と決定係数（R2）をみていきます。

　平均二乗誤差（MSE：Mean Squares Error）とは、実際の値と予測値の絶対値の2乗を平均したものです。この値が小さければ小さいほど、誤差が小さいモデルであるといえます。

$$\mathrm{MSE} = \frac{1}{h} \sum_{i=0}^{h-1} (y_i - \widehat{y_i})^2$$

$y_i$：実際の値　　$\widehat{y_i}$：予測値　　$y_i$：データの総数

　二乗平均平方根誤差（RMSE）とは、上記のMSEに平方根をとることで計算されるものです。
　二乗したことの影響を平方根で補正しています。

$$\mathrm{RMSE} = \sqrt{\frac{1}{h} \sum_{i=0}^{h-1} (y_i - \widehat{y_i})}$$

In
```
from sklearn.metrics import mean_squared_error
from math import sqrt
rmse = sqrt(mean_squared_error(実際の値, 予測した値))
```

　決定係数(R2)とは、推定された回帰式の当てはまりの良さ（度合い）を表します。
　0から1までの値を取り、1に近いほど回帰式が実際のデータに当てはまっていることを表しており、説明変数が目的変数を説明しているといえます。逆に0に近ければあまり良くない性能であることを示します。

In
```
from sklearn.linear_model import LinearRegression
from sklearn.metrics import r2_score
model = LinearRegression
model.fit(X, y)
result = model.score(X, y)
```

## この章のまとめ

・ホールドアウト法とは、手元のデータから訓練データとテストデータに分割する手法で、K-分割交差検証とは訓練データとテストデータの分割を複数回行い、それぞれで学習・評価を行う手法です。

・グリッドサーチとは、指定したすべての入力パラメータの組み合わせを試す手法で、学習モデルに用いられるハイパーパラメータを調整していき、モデルの汎化性能を向上させる方法を探す代表的な手法です。

・分類と回帰では、それぞれ評価する手法があり、分類では適合率や再現率、回帰では二乗平均平方根誤差（RMSE）や決定係数などがあります

# 第8章

# Preprocessing、実データ分析

# はじめに

この章では、様々なデータを用いた前処理（Preprcoessing）とそのデータを活用した機械学習を用いた予測モデルづくりを実践します。

 **予測モデルづくりの前に**

　scikit_learn のデータ（Irisやボストンデータ）を活用したトイモデルと、実際に入手したデータでやってみたいと思うモデルとは、浅いけれど広い谷間があるのではないかと思っており、この章では自分の作りたいモデルづくりを進められる橋渡し的な役割が果たせることを望んでいます。

　昨今の機械学習や深層学習のトレンドですが、なぜ、ここまで大きなうねりが来ているのでしょうか？　筆者は次の3つの要因が大きいと考えています。

1. ネット環境の充実によるデータの爆発的な増加（インターネット、SNS、WEBサービス）
2. 開発環境と機械学習ライブラリの充実
3. 高性能なPCの民主化

　以上の3つの要因で、すべての人が高度な分析環境を手に入れることができたと考えています。

　『イアン・エアーズ　その数学が戦略を決める』（文春文庫）では、単純な回帰モデルでも大量のデータがあれば、熟練した専門家のノウハウや知見を凌駕するさまが描かれています。この本は2007年の出版ですが、いまは先程の3つの要因により、すべての人が安価にこの本に出てくるような事例をこなすことができる高度なデータ分析環境を手に入れられる時代となりました。

　またこのような流れの中、コンピュータサイエンスとビッグデータにより、科学もその形を変えようしています。現・東京大学情報理工学系研究科の特任教授でおられる北川源四郎先生の講演を拝聴する機会を得ましたが、そこで第4の科

学と呼ばれるデータ駆動型のデータ中心の科学という存在を知りました（ネットで「北川源四郎　データ中心型」で検索すれば資料がヒットしますので、是非調べてみてください）。

このデータ中心の科学の流れを感じたのが、たまたま本書執筆中にリリースされた慶応大学の研究でした（https://www.keio.ac.jp/ja/press-releases/2019/3/22/28-51954/）。考古学＋コンピュータ・サイエンスで、大きなパラダイムシフトと成り得る研究が可能になったと感じました。

考古学の分野にも大きなインパクトを起こしたこの事例はコンピュータ・サイエンスがもたらすデータ駆動型学問によるパラダイム・シフトの1つの流れだと感じています。

AI人材が25万人必要という計画が政府から打ち出されていますが、これは単にAIができる人・データサイエンスだけができる人を増やすということではなく、慶応大学の研究にみられるように、文系・理系のみならず、産・学においても、その分野や事業ドメインへの深い理解がある人材がコンピュータ・サイエンスの素養や機械学習・深層学習を習得すれば、より大きな成果につながると考えてのことだと思われます。

筆者はビジネス、アカデミックの両方の領域にいますが、双方の交流がもっと活発になれば日本社会に新たなパラダイムシフトをもたらすことができるのではないかと考えています。この本をきっかけに、ビジネスの最前線に立っている人たちが更に研究を進めるために大学や研究機関に赴き、研究開発に携わることで、ビジネス、研究双方の領域での議論が活発になり、アメリカや中国の背中に触れる位置まで追いつけるのではないかと思っています。

これからは、機械学習や深層学習は特別なスキルセットではなく、読み書き、そろばんに並ぶくらいの、すべての人が身につけると生きていくのに役に立つ知識になっていくと考えています。

## この章が目標とすること

「電卓を使うように機械学習を使えるようになる」

　ということです。そのために本章では初学者にとっては思考フローの妨げとなりがちな、class、def、ループ、条件分岐、複雑な描画は極力排除しています。極端に言えば一行打てば一行結果が帰ってくる、電卓と同じ感覚でつかえるような手法を心がけています。

　なるべく実践的なデータに近いものをと思い、以下の3つを活用してモデルづくりを行っていきます。

1. 分類問題で、定番の Titanic データ（ただし Kaggle 用のデータ・セットではありません）
2. 回帰問題で、典型的な時系列データである気温データと、家計消費の経済データ
3. レコメンデーションで使われる、ユーザー ID × 作品のレーティングデータである MovieLens データ

　1つ目のタイタニックは前処理の教材として非常に網羅的かつ良いデータ・セットのため、最初のとっかかりとして活用することにしました。タイタニックデータの分析については Kaggle の Kernel やネット記事など多くの良質な記事があるので、それも参照しながらスキルアップしていただければと思います。ここで扱うタイタニックのデータは、権利関係で Kaggle で使われているものではなく、大学が提供しているものを使用しています。データセットの違いには注意してください。

　2つ目は典型的な時系列データである気象データ、特に気温データを活用してモデルづくりを行います。さらに国の統計データを使って、違ったモデルづくりができないかを模索します。単体ではあまり価値を発揮しないデータでも、他のデータと掛け合わせることで非常に価値のあるデータやモデルになったりすることがあります。そんな事例にトライしていこうと思います。

　3つ目はレコメンデーションモデルです。AmazonやNetflixに見られるように、レコメンデーションモデルはWEBサービスを強固なものにするために欠かせません。情報がどんどんあふれる時代にますます重要になると思われるレコメンデーションモデルを作ってみます。

　本章ではnumpyやPandasの具体的な説明はしません。numpy、Pandasには『Wes McKinney　Pythonによるデータ分析入門』（オライリージャパン）という素晴らしい本がありますので、わからないことがあったらこの本やネットの情報を参照しながら進めていきましょう。

　またWeb上では日本語でも情報がありますが、英語のホームページにも多くの魅力的な情報があります。今はGoogle翻訳がかなりこなれてきており、いいたいことはだいたいわかりますので、英語のページでもどんどん情報を探していきましょう！

　最後にこれから学ぶにあたり、機械学習モデルの構築には大きく次のステップがあることを頭に入れておいてください。

1. データを入手する
2. データの概要をしる
3. データを加工する
4. 機械学習モデルを作る
5. 評価をする

　ステップといいつつも、実際には行ったり来たりとグルグル、グルグル回りながら機械学習モデルを作っていきます。悩みながら導いた仮説が検証され予想以上の精度が出た時に得られるカタルシスは機械学習を学んで得られる大きな喜びの1つです。

# ロジスティック回帰を活用した
# タイタニックの予測モデルの作成

##  データを入手しよう

Vanderbilt大学のページには多くのデータ・セットが揃えられています（http://biostat.mc.vanderbilt.edu/wiki/Main/DataSets）。

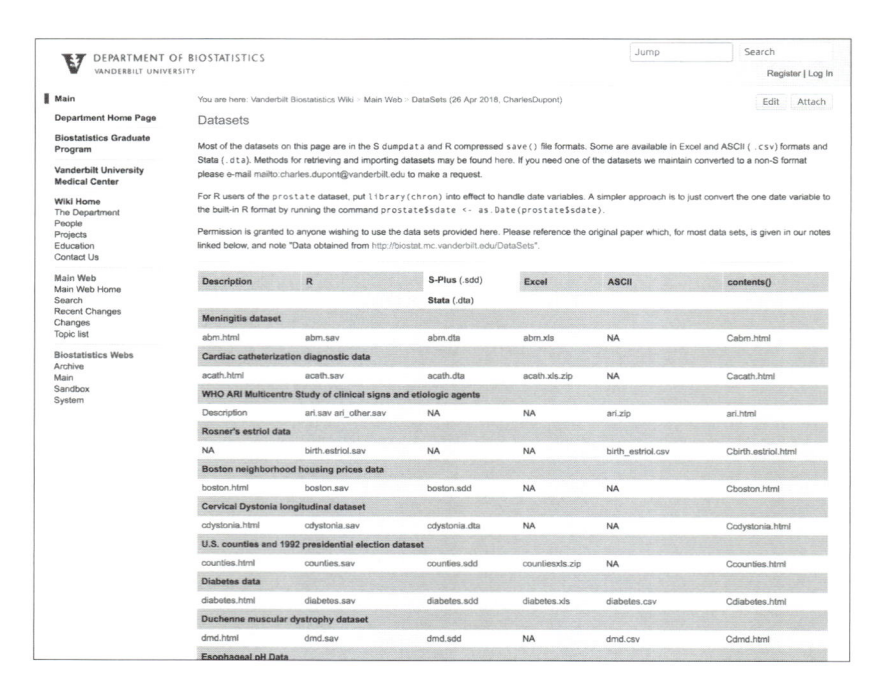

このページからData for Titanic passengers→titanic3.csvのデータ（http://biostat.mc.vanderbilt.edu/wiki/pub/Main/DataSets/titanic3.csv）をダウンロードして、分析用に作ったJupyterノートブックファイルを置いてある所と同じフォルダに保存します。

分析用Jupyterノートブックファイルは、ここではtitanic.ipynbとします。

| IN | みなさんがコードを入力するパートです |
|---|---|
| OUT | Jupyter が結果を出力するパートです |

　分析に必要なライブラリを事前にインポートします。これらのライブラリは、データ分析を始めるおまじないのように、冒頭で読み込んでください。

```
In
import pandas as pd
import numpy as np
import matplotlib.pyplot as plt
import seaborn as sb
%matplotlib inline
```

　pandasだったらpd、numpyだったらnpをつければ読み込めるように設定しています。

　pandasのライブラリにある機能を使いたければ、pd.○○○(○○○は関数名)のようにpdを使ってライブラリを読み出して使います。numpyを使いたければ、np.○○○のように呼び出して使います。
　ダウンロードしたファイルを読み込むために、早速pandasを使ってみましょう。
　lsコマンドでノートブックファイル（.ipynb）と同じフォルダ内にデータがあるか確認します。

```
In
ls
```
```
Out
titanic.ipynb   titanic3.csv
```

　titanic.ipynbは分析用のノートブックファイルです。データ・セット titanic3.csvがノートブックと同じフォルダ内にあることが確認されました。Pandasを使ってcsvファイルを読み込みます。

　同じフォルダ内に入ってれば、ファイル名を指定するだけで読み込めます。pandasのread_csv機能を使ってデータを読み込みます。

> In

```
df = pd.read_csv('titanic3.csv')
```

　dfはデータフレームの略ですが、この変数はどんな名前にしても結構です。read_csvを使って読み込む時、データはデータフレームの形で読み込まれます。データフレームとはpandasがもつデータ構造の一つで、非常に乱暴に表現すると、様々なデータの型(数値型、文字列型、ブール型など)の違いを内包して、2次元の行列の形に保持できるデータ構造です。

##  データの概要を知ろう

　読み込んだ後は、データフレームの中身を見てみます。それぞれの特徴量は何を意味しているのか、データのボリュームはどれくらいか、基本的な統計量からデータがどういう性質を持っているのか、などデータの概要を知ることがはじめの一歩です。

　多くの場合、用意されているデータ・セットには説明があります。その説明を見てみましょう(http://biostat.mc.vanderbilt.edu/wiki/pub/Main/DataSets/titanic3info.txt)。

| pclass | Passenger Class(1 = 1st; 2 = 2nd; 3 = 3rd) |
|---|---|
| survival | Survival(0 = No; 1 = Yes) |
| name | Name |
| sex | Sex |
| age | Age |
| sibsp | Number of Siblings/Spouses Aboard |
| parch | Number of Parents/Children Aboard |
| ticket | Ticket Number |

| fare | Passenger Fare |
| --- | --- |
| cabin | Cabin |
| embarked | Port of Embarkation (C = Cherbourg; Q = Queenstown; S = Southampton) |
| boat | Lifeboat |
| body | Body Identification Number |
| home.dest | Home/Destination |

　pclassは、客室のグレード、1がいわゆる1等船室で、一番グレードが高く、3等が一番グレードが低くなります。つまりここここから、客の経済状況が間接的に把握できます。

　sibspは、乗客のsibling（兄弟姉妹）、spouse（配偶者）をくっつけた造語のようです。

　同様にparchは、乗客parent（親）とchildren（子供）をくっつけた造語のようですね。

　fareは運賃で、単位はBritish Pounds（£）、cabinは船が沈んだときに所在が確認された場所。

　embarkedは乗船した港です。

　boatは説明にはないのですが、データ・セットを見ると生き残った人はなんらかの番号が付与されており、なくなった人はNaNになっていることが多いので、生き残った人が乗り込んだボート番号ではないかと推測できます。

　home.destはHome/Desitinationで故郷出発地／目的地です。bodyは識別ナンバーです。

　これらの特徴量が、タイタニック号の事件の生死にどう関わってきたのかを予測していきます。例えば女性か男性か、大人か子供か、客室のグレードがどこだったら、生き残ることができたのかを過去のデータから学習し、判別（分類）できる機械学習モデルを作ります。

　データ・セットの最初と最後を見ましょう。こういうときは、head()、tail()関数を使います。

In

```
df.head()
```

Out

| | pclass | survived | name | sex | age | sibsp | parch | ticket | fare | cabin | embarked | boat | body | home.dest |
|---|---|---|---|---|---|---|---|---|---|---|---|---|---|---|
| 0 | 1 | 1 | Allen, Miss. Elisabeth Walton | female | 29.00 | 0 | 0 | 24160 | 211.3375 | B5 | S | 2 | NaN | St Louis, MO |
| 1 | 1 | 1 | Allison, Master. Hudson Trevor | male | 0.92 | 1 | 2 | 113781 | 151.5500 | C22 C26 | S | 11 | NaN | Montreal, PQ / Chesterville, ON |
| 2 | 1 | 0 | Allison, Miss. Helen Loraine | female | 2.00 | 1 | 2 | 113781 | 151.5500 | C22 C26 | S | NaN | NaN | Montreal, PQ / Chesterville, ON |
| 3 | 1 | 0 | Allison, Mr. Hudson Joshua Creighton | male | 30.00 | 1 | 2 | 113781 | 151.5500 | C22 C26 | S | NaN | 135.0 | Montreal, PQ / Chesterville, ON |
| 4 | 1 | 0 | Allison, Mrs. Hudson J C (Bessie Waldo Daniels) | female | 25.00 | 1 | 2 | 113781 | 151.5500 | C22 C26 | S | NaN | NaN | Montreal, PQ / Chesterville, ON |

In

```
df.tail()
```

Out

| | pclass | survived | name | sex | age | sibsp | parch | ticket | fare | cabin | embarked | boat | body | home.dest |
|---|---|---|---|---|---|---|---|---|---|---|---|---|---|---|
| 1304 | 3 | 0 | Zabour, Miss. Hileni | female | 14.5 | 1 | 0 | 2665 | 14.4542 | NaN | C | NaN | 328.0 | NaN |
| 1305 | 3 | 0 | Zabour, Miss. Thamine | female | NaN | 1 | 0 | 2665 | 14.4542 | NaN | C | NaN | NaN | NaN |
| 1306 | 3 | 0 | Zakarian, Mr. Mapriededer | male | 26.5 | 0 | 0 | 2656 | 7.2250 | NaN | C | NaN | 304.0 | NaN |
| 1307 | 3 | 0 | Zakarian, Mr. Ortin | male | 27.0 | 0 | 0 | 2670 | 7.2250 | NaN | C | NaN | NaN | NaN |
| 1308 | 3 | 0 | Zimmerman, Mr. Leo | male | 29.0 | 0 | 0 | 315082 | 7.8750 | NaN | S | NaN | NaN | NaN |

　データフレームが持っている情報（数や特徴量のデータ型）を見るにはinfo()を使います。

In

```
df.info()
```

Out

```
<class 'pandas.core.frame.DataFrame'>
RangeIndex: 1309 entries, 0 to 1308
Data columns (total 14 columns):
pclass      1309 non-null int64
survived    1309 non-null int64
name        1309 non-null object
sex         1309 non-null object
age         1046 non-null float64
sibsp       1309 non-null int64
parch       1309 non-null int64
```

```
ticket       1309 non-null object
fare         1308 non-null float64
cabin        295 non-null object
embarked     1307 non-null object
boat         486 non-null object
body         121 non-null float64
home.dest    745 non-null object
dtypes: float64(3), int64(4), object(7)
memory usage: 143.2+ KB
```

データ数（RangeIndex）は1,309個、インデックスは0から始まり1,308まで。特徴量は全部で14個（total 14 columns）です。それぞれの特徴量の有効（non-null）なデータの数とデータの型（int、floatなど）が見えます。

1,309個がデータの総数ですから、欠損値があるのはage,fare,cabin,embarked,boat,body,home.destです。例えばbodyは1,309個のうち、121個がnon-nullつまり有効なデータということです。

このことから、先程推測した生き残った人だけがboatに乗り込んだという推測が正しいとすると、486人が残ったということでしょうか？　など、データの情報から様々なことが推測できたりします。

データの統計的数値を見てみましょう。describe()関数で基本的な統計量を見ることができます。

In

```
df.describe()
```

Out

|       | pclass | survived | age | sibsp | parch | fare | body |
|-------|--------|----------|-----|-------|-------|------|------|
| count | 1309.000000 | 1309.000000 | 1046.000000 | 1309.000000 | 1309.000000 | 1308.000000 | 121.000000 |
| mean | 2.294882 | 0.381971 | 29.881138 | 0.498854 | 0.385027 | 33.295479 | 160.809917 |
| std | 0.837836 | 0.486055 | 14.413493 | 1.041658 | 0.865560 | 51.758668 | 97.696922 |
| min | 1.000000 | 0.000000 | 0.170000 | 0.000000 | 0.000000 | 0.000000 | 1.000000 |
| 25% | 2.000000 | 0.000000 | 21.000000 | 0.000000 | 0.000000 | 7.895800 | 72.000000 |
| 50% | 3.000000 | 0.000000 | 28.000000 | 0.000000 | 0.000000 | 14.454200 | 155.000000 |
| 75% | 3.000000 | 1.000000 | 39.000000 | 1.000000 | 0.000000 | 31.275000 | 256.000000 |
| max | 3.000000 | 1.000000 | 80.000000 | 8.000000 | 9.000000 | 512.329200 | 328.000000 |

survivedの平均が38％近くです。生き残った人が1、なくなった方が0なので、6割近くがなくなってしまったということです。搭乗した人の平均年齢は30歳近くです。

実際に生き残った人の数値を見てみましょう。特徴量の中からsurvivedを選んで、value_counts()関数で調べることができます。

```
In
df['survived'].value_counts()
```

```
Out
0    809
1    500
Name: survived, dtype: int64
```

0が亡くなったということ、1が生き残ったということですから、1,309名中500名が生き残って809名がなくなったということです。この数値をみると先程のboatの数が生き残った人ではないかという推測でしたが、必ずしもすべて当てはまるわけではなさそうです。つまり、ボートに乗らなくても生き残った人はいたということが考えられます。

もうちょっとデータを見てみましょう。今度は可視化をしていきます。便利な可視化ライブラリ、seabornを使います。countplotはデータの型が数値ではなくても、数を数え上げて可視化できる非常に便利な関数です。

```
In
sb.countplot('survived',data = df)
```

Out

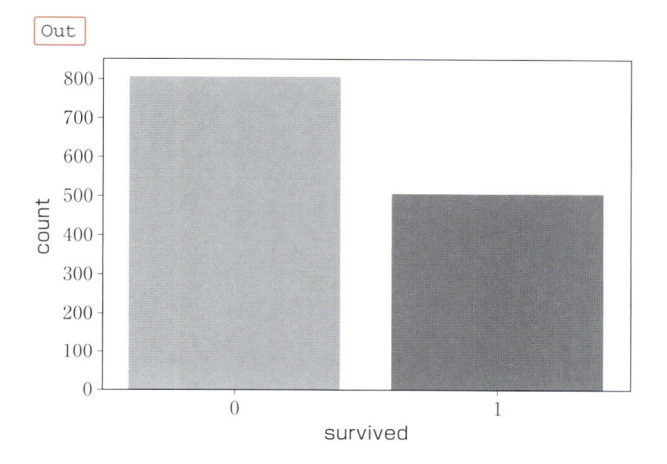

可視化すると、改めてなくなった方が圧倒的に多いことがわかります。次に、生き残った人と亡くなった方の船室のグレードの違いを見てみましょう。船室のグレードの違いは、その人の経済力に比例すると考えられます。

経済的な要因が生死に関係してくるのでしょうか？　先程のcountplot()関数に、hueで特徴量を指定することでグラフに組み込むことができます。

In

```
sb.countplot('survived',hue = 'pclass',data= df)
```

Out

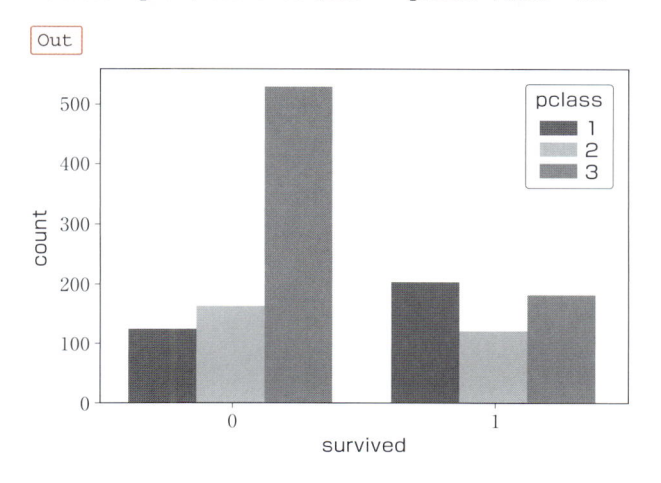

　パッと見ても1等船室の人は生き残っている可能性が高そうに見えますし、亡くなった方の大部分は3等船室であることがわかります。このことから経済的な要因が生死に大きく関係していると推測できます。

　男女の違いでの生死の違いはどうでしょうか？　先程hueで指定したpclassをsexに変えるだけです。

In

```
sb.countplot('survived',hue = 'sex',data= df)
```

Out

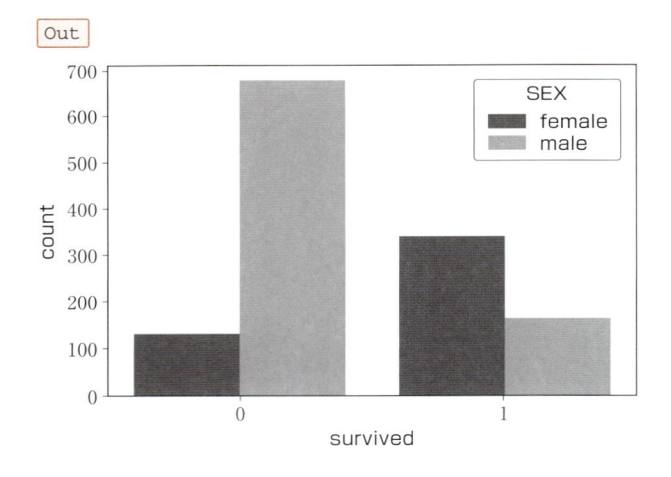

　圧倒的に男性が亡くなっています。女性、子供を優先して助けていたことが伝えられていますが、数字にも現れています。この事故で亡くなった方々の勇気に対して尊敬の念に耐えません。性別も生死に関わる大きな要因といえそうです。

　embarkedは乗り込んだ港を示します。これも生死に関係する要因になりうるでしょうか？

In
```
sb.countplot('survived',hue = 'embarked',data= df)
```

Out

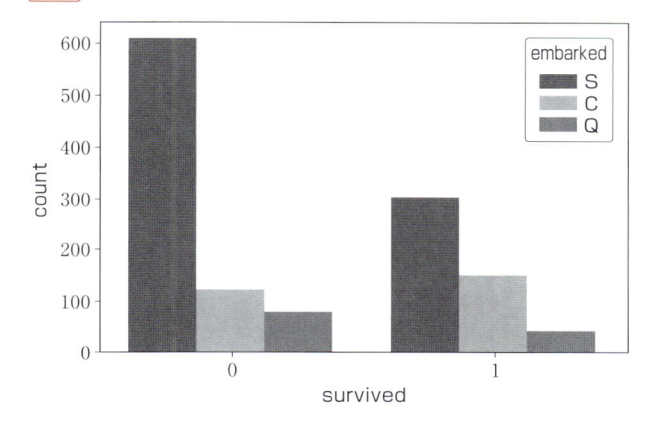

乗り込んだ港も生死に大きく関係してきそうです。SつまりSouthamptonから乗り込んで亡くなった人が非常に多くなっています。同時に生き残っている方も一番多いので、大きな港であることが伺われます。

ネットで調べてみるとSouthamptonはタイタニックの母港なのです。乗り込み人数が一番多いのも納得できます。こうなると乗り込んだ港と経済力の関係も気になりますので、見てみましょう。

In
```
sb.countplot('pclass',hue = 'embarked',data= df)
```

`Out`

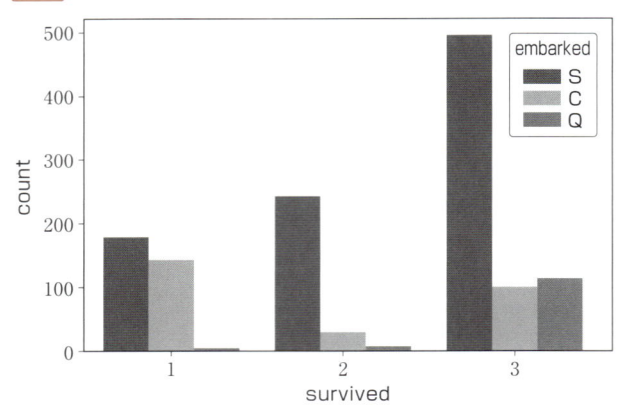

　こうみると、Cを表すCherbourgは経済的に恵まれた人が多く乗り込んだ港、Qを表すQueenstownは3等客室が多いので、経済的に裕福でない人が多いことがわかります。

## 🐍 データを加工しよう

　データ加工に入りましょう。今回はロジスティックリグレッションを使います。ロジスティックリグレッションは数値データしか読み込めないので、すべて数値データに変換する必要があります。

　まず、sexとembarkedを数値化しましょう。replace()関数を使います。男性を0、女性を1、Sを0、Cを1、Qを2に変換します。replace()関数は連ねることができるので、一気に処理します

`In`

```python
df = df.replace('male',0).replace('female',1)
df = df.replace('S',0).replace('C',1).replace('Q',2)
```

　次に欠損値を埋めていきましょう。ほとんどの機械学習モデルは欠損値、NaNがあると処理できません。欠損値を処理していくことが非常に重要になります。

　欠損値の処理をするには大きく3つ方法があります。

・欠損値がある行、列をまるごと削除してしまう　dropna ( )、delete ( )
　　一番楽な方法ですが、欠損値があっても、ほかのデータは非常に価値のある
　　データである可能性もあるので、最後の手段です。
・欠損値を平均値や0などの値に置き換えてしまう fillna ( )
・Imputer を使って埋める

　ここでは2つ目の方法を使います。今回はageの特徴量の欠損値を、平均値で
埋めます。
　平均値の出し方はmean ( )関数を使います。

`In`

```
df['age'].mean()
```

`Out`

```
29.881137667304014
```

　fillna ( )関数を使って、欠損値を平均年齢に置き換えます。

`In`

```
df['age'] = df['age'].fillna(df['age'].mean())
```

　欠損値を埋めた上で年齢の分布を見てみます（先程は欠損値があり、うまく可
視化できなかったので、いまやります）。

`In`

```
sb.distplot(df['age'])
```

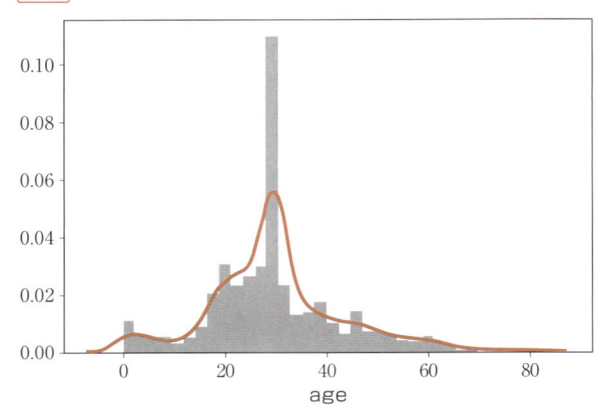

　埋めた歳が突出してしまいました。もうちょっとうまい埋め方がありそうですが、今回は、この方法でいきます。より良い処理方法については各自ネット記事などで調べてみてください。

　次にembarkedの欠損値を埋めます。こちらは年齢と違って連続値でなく、0,1,2の離散値なので中央値で埋めていきましょう。中央値はmedian()で出すことができます。

`In`

```
df['embarked'] = df['embarked'].fillna(df['embarked'].median())
```

　先程データの概要を調べてみましたが、性別は大きく生死に関わってくる特徴量でした。性別が大きく関わってきそうな特徴量は、Sex以外にあるでしょうか？　日本で言えば、太郎は男性、花子は女性だろうと推測できるように、性別に大きく関わってくるのが名前です。

　特にヨーロッパの名称は、Miss、Mrなど、男女によってprefixつまり敬称が違います。またSirやDrなどは社会的な地位を反映しており、経済力にも関係していそうです。

　こういった類推から名前の特徴量を活用することを考えましょう。ただロジスティックリグレッションは、テキストデータを処理できません。名前というテキ

ストデータを、数値化してあげる必要がありますが、どのように数値化すればよいでしょうか？　やってみましょう。

　まずprefixを抽出します。正規表現を使って抽出します。正規表現はテキストデータを扱う際の非常に強力な処理方法です。

In

```
df['name'].head()
```

Out

```
0                      Allen, Miss. Elisabeth Walton
1                      Allison, Master. Hudson Trevor
2                      Allison, Miss. Helen Loraine
3            Allison, Mr. Hudson Joshua Creighton
4    Allison, Mrs. Hudson J C (Bessie Waldo Daniels)
Name: name, dtype: object
```

　データを見てみると、prefixの後に必ずピリオドがついています。この特徴を使って抽出しましょう。prefixを抽出するのに関数str.extract()を使います。中の正規表現([A-Za-z]+).は、

　[A-Za-z]は大文字アルファベット、小文字アルファベットの要素、

　+はその文字列の繰り返し、

を表します。つまり([A-Za-z]+)はアルファベットの繰り返しの要素ということになります。なのでコードを日本語にすると、アルファベットの繰り返しのピリオドの前の文字を抽出するということになります。

In

```
df['name'].str.extract('([A-Za-z]+)[.]', expand=False).head()
```

Out

```
0     Miss
1     Master
2     Miss
3       Mr
4      Mrs
Name: name, dtype: object
```

抽出できていることが確認できたので、新しい特徴量としてデータフレームに
加えましょう。

```
In
df['prefix'] = df['name'].str.extract('([A-Za-z]+)[.]',
expand=False)
df.head()
```

```
Out
```

| | pclass | survived | name | sex | age | sibsp | parch | ticket | fare | cabin | embarked | boat | body | home.dest | prefix |
|---|---|---|---|---|---|---|---|---|---|---|---|---|---|---|---|
| 0 | 1 | 1 | Allen, Miss. Elisabeth Walton | 1 | 29.00 | 0 | 0 | 24160 | 211.3375 | B5 | 0.0 | 2 | NaN | St Louis, MO | Miss |
| 1 | 1 | 1 | Allison, Master. Hudson Trevor | 0 | 0.92 | 1 | 2 | 113781 | 151.5500 | C22 C26 | 0.0 | 11 | NaN | Montreal, PQ / Chesterville, ON | Master |
| 2 | 1 | 0 | Allison, Miss. Helen Loraine | 1 | 2.00 | 1 | 2 | 113781 | 151.5500 | C22 C26 | 0.0 | NaN | NaN | Montreal, PQ / Chesterville, ON | Miss |
| 3 | 1 | 0 | Allison, Mr. Hudson Joshua Creighton | 0 | 30.00 | 1 | 2 | 113781 | 151.5500 | C22 C26 | 0.0 | NaN | 135.0 | Montreal, PQ / Chesterville, ON | Mr |
| 4 | 1 | 0 | Allison, Mrs. Hudson J C (Bessie Waldo Daniels) | 1 | 25.00 | 1 | 2 | 113781 | 151.5500 | C22 C26 | 0.0 | NaN | NaN | Montreal, PQ / Chesterville, ON | Mrs |

データフレームにprefixの特徴量が加わっているのが確認できました。データ
フレームの処理をしたときは、必ず確認のためにデータの中身をきちんと見るよ
うにしましょう。処理したつもりが反映されていなくて、何回やっても結果が出
ないということはよくあります（抽出したあとのprefixの要素を数え上げます）。

```
In
df['prefix'].value_counts()
```

```
Out
Mr          757
Miss        260
Mrs         197
Master       61
Dr            8
Rev           8
Col           4
Ms            2
Mlle          2
Major         2
Countess      1
```

```
Mme          1
Don          1
Sir          1
Lady         1
Capt         1
Jonkheer     1
Dona         1
Name: prefix, dtype: int64
```

　ネットで調べてみると、Masterは少年か青年男性、Mlleはマドモアゼルで未婚女性なのでMissと同じ。Ms、MmeはMrsと同じ。revは聖職者。Lady、countess、Donaは身分の高い女性。Majorは少佐。captは船長。Drは博士や医者。Sir、Jonkheerは貴族を指しているようなので、この区分にしたがって特徴量を作りましょう。

　'Dr'、'Lady'、'Countess'、'Capt'、'Col'、'Don'、'Major'、'Rev'、'Sir'、'Jonkheer'、'Dona'などが身分の高そうな敬称なので、これをRareとします。先程のMlleやMsなどの表記揺れもreplace()関数を使ってまとめます。

In

```
df['prefix'].replace(['Lady','Countess','Capt','Col','Don','Dr','Maj
or','Rev','Sir','Jonkheer','Dona'],'Rare',inplace = True)
df['prefix'].replace('Mlle','Miss',inplace = True)
df['prefix'].replace(['Ms','Mme'],'Mrs',inplace = True)
```

　変換できているかどうか確認しましょう。

In

```
df['prefix'].value_counts()
```

Out

```
Mr        757
Miss      262
Mrs       200
Master     61
```

```
Rare          29
Name: prefix, dtype: int64
```

　変換されたことが確認できたところで、MrやMissなどの特徴量を数値に変換します。今度はmap関数を使います。まずは変換したい対応表を辞書形式で作って（prefix_mapping）、その辞書形式を読み込んで変換します。対応表にないprefixはNaNになるので、fillna()で0としましょう

In
```
prefix_mapping = {'Mr': 1, 'Miss': 2, 'Mrs': 3, 'Master': 4,
'Rare': 5}
df['prefix'] = df['prefix'].map(prefix_mapping)
df['prefix'] = df['prefix'].fillna(0)
```

　prefixの特徴量がどうなったか見てみます。

In
```
df['prefix'].value_counts()
```

Out
```
1     757
2     262
3     200
4      61
5      29
Name: prefix, dtype: int64
```

　次にticketが891個も有効なデータがあるのでticketの活用を考えます。ticketの中身をみてみます。

In
```
df['ticket'].head()
```

```
Out
0                    24160
1                    113781
2                    113781
3                    113781
4                    113781
Name: ticket, Length: 1309, dtype: object
```

　いまいち法則性が見えません。ticket番号と生死の関係性をみていくために、survived、name、tikcetのデータを抽出します。

```
In
df.loc[:,['survived','name','ticket']].sort_values(by = 'ticket').
head()
```

```
Out
```

| | survived | name | ticket |
|---|---|---|---|
| **67** | 1 | Cherry, Miss. Gladys | 110152 |
| **245** | 1 | Rothes, the Countess. of (Lucy Noel Martha Dye... | 110152 |
| **195** | 1 | Maioni, Miss. Roberta | 110152 |
| **289** | 1 | Taussig, Miss. Ruth | 110413 |
| **291** | 1 | Taussig, Mrs. Emil (Tillie Mandelbaum) | 110413 |

　上記はhead()で冒頭だけ抽出していますが、各自、全データを見てみてください。

　例えば、ticket番号が110152の人は全員生き残っていたり、11465、11469の番号の人はみな亡くなっています。このことからticket番号も生死に大きな要因となっていそうなので、使いましょう。冒頭のアルファベットがあるものについては、現段階の調査ではよくわからないのでいったん番号だけ抽出します。

　名前の特徴量の抽出でやった時と同じように、正規表現を使って数字部分のみ抽出します。数字列が2回以上続いたものを条件として抽出しましょう。データの中身をよく見ると「LINE」という全部文字列のデータもあり欠損値が出てしまうので、fillna(0)で埋めてしまいます。

In

```
df['ticket_no'] = df['ticket'].str.extract('([0-9]+)').fillna(0)
```

データの中身をみてみます。

In

```
df.info()
```

Out

```
<class 'pandas.core.frame.DataFrame'>
RangeIndex: 1309 entries, 0 to 1308
Data columns (total 16 columns):
pclass      1309 non-null int64
survived    1309 non-null int64
name        1309 non-null object
sex         1309 non-null int64
age         1309 non-null float64
sibsp       1309 non-null int64
parch       1309 non-null int64
ticket      1309 non-null object
fare        1308 non-null float64
cabin       295 non-null object
embarked    1309 non-null float64
boat        486 non-null object
body        121 non-null float64
home.dest   745 non-null object
prefix      1309 non-null float64
ticket_no   1309 non-null object
dtypes: float64(5), int64(5), object(6)
memory usage: 163.7+ KB
```

　ticket_noがobjectのままなので数値に変換します。外見上は数値でも、データ上はobjectのままで、モデルにかけてもいつまでたっても処理できないという事もあります。データ加工をしたあとはこまめにinfo()でデータフレームの中身をみる癖をつけましょう。

In

```
df['ticket_no'] = df['ticket_no'].astype(np.int64)
```

　さらに、もしかしたらticket番号の長さも大きく影響してくるのかしれないので、ticket番号の長さも特徴量として加えます。

　特定の計算式を適用してデータ加工したい場合はapply()関数を用います。applyの中に、処理したい関数を引数として入力します。lambdaは簡単に関数を定義したいときに使う関数で、

　lambda 引数:処理関数(引数)

の形で使われます。例えば、xの2倍の数値を返したいときは

　lambda x : 2 * x

と表現します。

　ここでは、引数xをdf['ticket']、処理関数を引数xの長さを返す関数len()を使ってチケットの長さの特徴量を作ります。

```
df['ticket_len'] = df['ticket'].apply(lambda x: len(x))
```

　他に生死に関わりそうな特徴量はなんでしょう？

　先程の推測から、経済力が大きく関わりがありそうでした。経済力に関係ありそうなのは、pclassのほかには、運賃 (fare) の特徴量です。fareは数値なので、いったんこのままにしておきます。

　次にcabinの特徴量をみます。欠損値もかなり多いですが、中身を見てみます。

In

```
df[['survived','sex','age','cabin']].head()
```

`Out`

| | survived | sex | age | cabin |
|---|---|---|---|---|
| **0** | 1 | 1 | 29.00 | B5 |
| **1** | 1 | 0 | 0.92 | C22 C26 |
| **2** | 0 | 1 | 2.00 | C22 C26 |
| **3** | 0 | 0 | 30.00 | C22 C26 |
| **4** | 0 | 1 | 25.00 | C22 C26 |

　今回も head()でしか見てみませんが、皆さんは全部のデータを調べてみてください。

　キャビンの値が残っているということは、直前までそこにいたという情報が残っているということですから、生き残っている人が多い傾向にありそうです。もうちょっと深掘りして、cabinのデータを可視化します。

　cabinの詳細な情報はhttps://www.encyclopedia-titanica.org/cabins.htmlでも得られます。
　この情報を見てみると、頭文字のアルファベットがデッキナンバーを表しているので、頭文字だけ残した特徴量を作ってみます。cabinのデータをstr()関数によって文字列型のリストにします。

`In`

```
df['cabin'].apply(lambda x:str(x)).head()
```

`Out`

```
0            B5
1     C22 C26
2     C22 C26
3     C22 C26
4     C22 C26
Name: cabin_head, dtype: object
```

　スライシング機能を使って、冒頭のアルファベットだけ抽出します。

```
In
df['cabin'].apply(lambda x:str(x)[0]).head()
```

```
Out
0    B
1    C
2    C
3    C
4    C
Name: cabin, dtype: object
```

　冒頭の頭文字だけ抽出できていますね。cabin_headとしてデータフレームに加えます。

```
In
df['cabin_head'] = df['cabin'].apply(lambda x:str(x)[0])
```

　ここでデータ可視化をします。seabornのcountplot()を使います。

```
In
sb.countplot('cabin_head',hue = 'survived',data =df )
```

```
Out
```

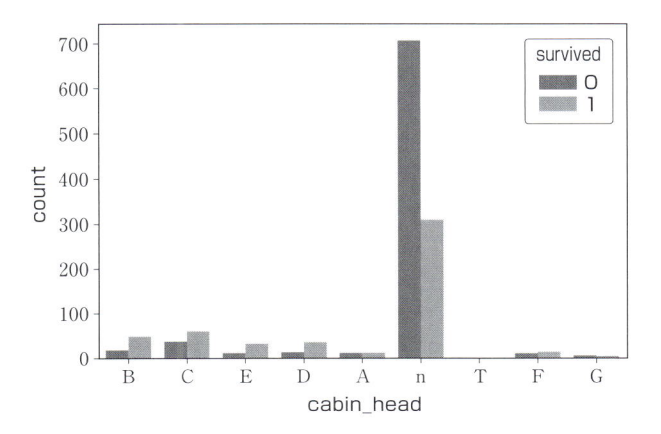

　nがNaNを表します。nのところは唯一生き残った人数と亡くなった方の人数が逆転しています。逆に、キャビン番号が残っているのは、亡くなった方より生き残った方が多い傾向にあります。

　このことから、生き残ったからキャビン情報が残っているという推定は成り立つかもしれません。特徴量として活用することにします。

　文字列型を数値に変換します。先程と同じようにmap()関数を使います。NaNはfillna()で0に変換します。

In

```python
cabin_map = {'A':1,'B':2,'C':3,'D':4,'E':5,'F':6,'G':7,'T':8}
df['cabin_head'] = df['cabin_head'].map(cabin_map)
df['cabin_head'].fillna(0,inplace = True)
```

　sibspとparchは近親者の数と親類の数を表す特徴量です。独身か独身でないか、大家族かそうでないかが生死に決定づける特徴量になりうるかもしれません。家族の人数は、sibspとparchの和で表せます。

In

```python
df['familysize'] = df['sibsp'] + df['parch']
```

　familysizeが0かそうでないかで、独身者かそうでないかが区別できるようになります。

　独身者であることを示すaloneの特徴量を作ります。独身の場合は1、そうでない場合は0の特徴量を作ります。familysizeの特徴量を見てみます。

In

```python
df['familysize'].head()
```

Out

```
0    0
1    3
2    3
3    3
```

```
4       3
Name: familysize, dtype: int64
```

独身者は0、そうでない人が1の特徴量alone作ります。

`In`

```
df['alone'] = 0
```

aloneの特徴量を設定します。独身者は0、そうでない人は1にしましょう。df['familysize']が0でない人、つまり独身者でない人は論理式でdf['familysize'] != 0と表せるので、スライス機能を使って論理式を内包させると

`In`

```
df.loc[df['familysize'] != 0,'alone'] =1
```

と処理できます。スライス内の論理式を活用したデータ処理は非常に重要なので専門の本を読んでしっかりマスターしましょう。

最後にfareが1,308個で1個だけ欠損値があります。これを中央値で埋めます。

`In`

```
df['fare'].fillna(df['fare'].median(),inplace = True)
```

一連のデータ・セットの前処理ができました。今回使いたい特徴量は
pclass,survived,sex,age,sibsp,parch,fare,embarked,prefix,ticket_no,ticket_Len,cabin_head,familysize,aloneです。ちゃんと処理できているか見てみましょう。

`In`

```
df.info()
```

`Out`

```
<class 'pandas.core.frame.DataFrame'>
RangeIndex: 1309 entries, 0 to 1308
Data columns (total 20 columns):
```

```
pclass        1309 non-null int64
survived      1309 non-null int64
name          1309 non-null object
sex           1309 non-null int64
age           1309 non-null float64
sibsp         1309 non-null int64
parch         1309 non-null int64
ticket        1309 non-null object
fare          1309 non-null float64
cabin          295 non-null object
embarked      1309 non-null float64
boat           486 non-null object
body           121 non-null float64
home.dest      745 non-null object
prefix        1309 non-null float64
ticket_no     1309 non-null int64
ticket_Len    1309 non-null int64
cabin_head    1309 non-null float64
familysize    1309 non-null int64
alone         1309 non-null int64
dtypes: float64(6), int64(9), object(5)
memory usage: 204.6+ KB
```

　使用したい特徴量の数がすべて1,309になってますね。次の項ではいよいよ前処理した特徴量のデータ・セットから機械学習モデルを作ります。

##  機械学習モデルを作ろう

　ようやく機械学習モデルを作ります。

　pclass, sex, age, sibsp, parch, fare, embarked, prefix, ticket_no, ticket_Len, cabin_head, familysize, aloneの特徴量を使いたいので、pandasのスライス機能を使って特徴量データを作ります。

```
In
```
```
x = df[['pclass','sex','age','sibsp','parch','fare','embarked','pref
ix','ticket_no','ticket_len','cabin_head','familysize','alone']]
```

今回は乗客の生死を予測したいので、正解を表すターゲットデータは

```
In
```
```
y = df['survived']
```

です。

　作成した特徴量データとターゲットデータを学習データとテストデータに分けます。
　今回は学習データを8割、テスト用データを2割にします。2.3節 「scikit-learnによる機械学習の基本的な実装」でやったように、train_test_split関数をインポートして分割します。
　処理に必要なライブラリをインポートしましょう。

```
In
```
```
from sklearn.model_selection import train_test_split
from sklearn.linear_model import LogisticRegression
from sklearn.model_selection import GridSearchCV
from sklearn.metrics import accuracy_score
```

　train_test_split()関数を使って分割します。scikit-learnには、pandasのデータフレーム形式では処理できない場合もあったりしますので、念のためnumpyに変換します。データフレームの後に「.values」をつけるだけでnumpy形式に変換できます。

```
In
```
```
x_train, x_test, y_train, y_test = train_test_split(x.values,y.
values, test_size=0.2)
```

データを分割した後は、ちゃんと分割できているか確認しましょう。

In

```
x_train.shape,y_train.shape,x_test.shape,y_test.shape
```

Out

```
((1047, 13), (1047,), (262, 13), (262,))
```

綺麗に分割されていますね。
次はモデルを作ります。

In

```
lr = LogisticRegression()
```

先程作った訓練データで学習させます。

In

```
lr.fit(x_train,y_train)
```

Out

```
LogisticRegression(C=1.0, class_weight=None, dual=False, fit_
intercept=True,intercept_scaling=1, max_iter=100, multi_
class='ovr', n_jobs=1,penalty='l2', random_state=None,
solver='liblinear', tol=0.0001,verbose=0, warm_start=False)
```

学習したモデルができました。この学習したモデルにテストデータを読み込ませて予測させます。テストデータの特徴量をもった人が生き残るか生き残らないかを予測するのです。

In

```
y_pred = lr.predict(x_test)
```

中身を見てみると

In

```
y_pred
```

Out

```
array([0, 0, 1, 0, 0, 0, 0, 1, 0, 0, 1, 0, 0, 0, 0, 0, 0, 0, 0, 1, 0, 0,
       0, 0, 0, 0, 0, 0, 0, 0, 0, 1, 0, 1, 0, 0, 0, 0, 0, 0, 1, 0, 0, 1,
       0, 0, 0, 0, 0, 0, 1, 0, 1, 0, 0, 0, 0, 0, 1, 0, 0, 1, 1, 0, 0,
       1, 0, 0, 0, 0, 1, 0, 0, 0, 0, 0, 0, 0, 0, 0, 0, 0, 0, 0, 1, 0,
       0, 0, 0, 0, 0, 0, 0, 0, 0, 0, 0, 0, 1, 0, 0, 0, 0, 0, 0, 1,
       0, 0, 0, 1, 0, 0, 1, 0, 0, 1, 0, 1, 0, 0, 0, 0, 0, 0, 0, 0, 0,
       1, 0, 0, 0, 0, 0, 0, 0, 0, 0, 0, 0, 1, 1, 1, 0, 0, 1, 1, 0, 1,
       1, 0, 0, 0, 0, 0, 0, 0, 0, 0, 0, 0, 1, 0, 0, 0, 0, 0, 0, 1,
       0, 0, 0, 1, 0, 0, 0, 0, 0, 0, 0, 0, 1, 0, 0, 0, 0, 0, 0, 1, 0,
       0, 1, 0, 0, 0, 0, 0, 0, 0, 0, 0, 0, 0, 0, 0, 0, 0, 0, 0, 0,
       0, 0, 0, 1, 0, 0, 0, 0, 0, 1, 0, 1, 0, 0, 0, 0, 0, 1, 0, 1, 0,
       0, 1, 0, 1, 0, 1, 1, 0, 1, 0, 0, 1, 0, 0, 0, 0, 0, 0, 0, 0])
```

　0か1か、つまり（亡くなったか、生き残ったか）予測できていることがわかります。予測した数値(y_pred)と実際の数値(y_test)がどれだけあっているかを確認しましょう。第2章で学んだのと同様にやってみると

In

```
accuracy_score(y_test, y_pred)
```

Out

```
0.683206106870229
```

　この数値は、コード実行ごとに変わりますので、あくまでも目安の数値としてください。
　68％という数値がでました。あまり良くありませんね。精度をあげるためには

・特徴量を作り変える、構成を変える
・モデルのチューニングをする
・別のモデルを選択する。

などいくつか方法があります。
ここではチューニングをしてみましょう。

##  モデルを評価、チューニングしよう

　モデルを作ってみたのはいいですが、あまり良い精度がでませんでした。コインの裏表で判断するよりちょっといいくらいです。もっと精度があがらないかGridSearchCV を使って調べてみます。

　チューニング用のパラメータを辞書形式で作ります。

In
```
param_grid = {'C': [0.0001,0.001,0.01,0.1,1],
              'intercept_scaling': [0.001,0.01,0.1,1],
              'penalty': ['l2'],
              'solver':['liblinear'],
              'tol':[0.1,0.01,0.001,0.0001,0.000001],
              'warm_start':['False','True']}
```

　第7章で学んだグリッドサーチを使ってパラメータチューニングを行いましょう。

In
```
grid_search = GridSearchCV(lr,param_grid,cv = 5)
```

　次に学習させてみます。

In
```
grid_search.fit(x_train,y_train)
```

Out

```
GridSearchCV(cv=5, error_score='raise',
       estimator=LogisticRegression(C=1.0, class_weight=None, dual=False, fit_intercept=True,
           intercept_scaling=1, max_iter=100, multi_class='ovr', n_jobs=1,
           penalty='l2', random_state=None, solver='liblinear', tol=0.0001,
           verbose=0, warm_start=False),
       fit_params=None, iid=True, n_jobs=1,
       param_grid={'C': [0.0001, 0.001, 0.01, 0.1, 1], 'intercept_scaling': [0.001, 0.01, 0.1, 1], 'penalty': ['l2'], 'solver': ['liblinear'], 'tol': [0.1, 0.
01, 0.001, 0.0001, 1e-05], 'warm_start': ['False', 'True']},
       pre_dispatch='2*n_jobs', refit=True, return_train_score='warn',
       scoring=None, verbose=0)
```

スコアを見てみます。

In

```
grid_search.score(x_test,y_test)
```

Out

```
0.7900763358778626
```

一気に精度があがりました。

現時点でのベストなチューニングパラメーターを見てみます。

In

```
grid_search.best_params_
```

Out

```
{'C': 0.1,
 'intercept_scaling': 0.001,
 'penalty': 'l2',
 'solver': 'liblinear',
 'tol': 1e-06,
 'warm_start': 'False'}
```

精度があがりましたが、もともとの精度がかなり低かったですね。特徴量の選択が悪かったのでしょうか？　もう一度特徴量を最低限のものに修正してモデルを作り直してみて、「特徴量の選択」が及ぼす影響をみていきます。

流れは先程と同様なので、一気にやります。

特徴量を先程より少なくしたデータフレームを作ります。

In

```
x = df[['pclass','sex','age','fare','embarked','prefix','ticket_
len','cabin_head','alone']]
y = df['survived']
```

訓練データとテストデータに分割してモデルを作り、精度をみます。

In

```
x_train, x_test, y_train, y_test = train_test_split(x.values,y.
values, test_size=0.2,random_state = 0)
lr = LogisticRegression()
lr.fit(x_train,y_train)
y_pred = lr.predict(x_test)
accuracy_score(y_test, y_pred)
```

Out

```
0.8053435114503816
```

特徴量を変えるだけでパラメーターチューニングをしなくても一気に精度があがりました。ではパラメータチューニングすれば更に精度はあがるのでしょうか?

先程と同様にパラメータチューニングをして、GridSearchCV を使って精度を見てみます。

In

```
param_grid = {'C': [0.0001,0.001,0.01,0.1,1],
              'intercept_scaling': [0.001,0.01,0.1,1],
              'penalty': ['l2'],
              'solver':['liblinear'],
              'tol':[0.1,0.01,0.001,0.0001,0.000001],
              'warm_start':['False','True']}
grid_search = GridSearchCV(lr,param_grid,cv = 5)
grid_search.fit(x_train,y_train)
grid_search.score(x_test,y_test)
```

In

```
0.7900763358778626
```

逆に今度は下がってしまいました。ここで見てきたように、特徴量の選択やパラメータチューニングによってモデルの精度は大きく変わります。

条件や組み合わせによって大きく精度が変わってきますので、特徴量の選択およびパラメータチューニングは、地道に最適な組み合わせを探し出していかなければなりません。

ちょっと寄り道して、最初の特徴量で精度がでやすいランダムフォレストでモデルを作ってみます。こちらも先程と同様に一気にやってしまいます。

データ・セットを最初のものと同じ特徴量にします。

In

```
x = df[['pclass','sex','age','fare','embarked','prefix','ticket_
Len','cabin_head','alone']]
y = df['survived']
```

一気にモデル作り、学習、評価までやってしまいましょう。

In

```
from sklearn.ensemble import RandomForestClassifier
rf = RandomForestClassifier()
x_train, x_test, y_train, y_test = train_test_split(x.values,y.
values, test_size=0.2,random_state = 0)
rf.fit(x_train,y_train)
y_pred = rf.predict(x_test)
accuracy_score(y_test, y_pred)
```

Out

```
0.8129770992366412
```

同じ特徴量でもロジスティックリグレッションでは0.68でしたが、ランダム

フォレストは0.81と大きくパフォーマンスが向上しました。

　ランダムフォレストは、特徴量を雑に作っても許容量が高く、精度が高めに出る傾向がある特性をもっているようです。しかしながら特徴量を作り込んだり、パラメータのチューニングをするとロジスティックリグレッションの方が精度が出る場合もあるので、状況に合わせて最適なモデルを見い出していきましょう。

　特徴量の選択、パラメータチューニングとモデルの選択が如何に重要かがおわかりになったかと思います。

　Kaggleでは同じタイタニックデータを活用したコンペが開かれているので、この章で学んだことを参考にして、ぜひトライしてみてください。またKaggle内にあるKernelやネットの記事は非常に参考になるものが多いので、その腕を磨きましょう（冒頭でも申し上げたとおり、kaggelのタイタニックデータは今回利用したタイタニックデータと多少違っているのでご注意ください）。

# ランダムフォレストを活用した気温分析と消費の予測モデルの作成

この節では典型的な時系列データである気温データを使って、次の日の気温を予測するモデルを作ります。

##  本節で学ぶこと

　この世界には時間が流れており、人によって生み出されるデータはすべて時系列になっているといっても過言ではありません。日頃触れている時系列のデータ、例えば日々のWebPV、売上、時間ごとのサービスの利用頻度、明日の株価などを予測できるといいのに、と思ったことがあるかもしれません。現に機械学習を活用した売上予測モデルなどが実際にソリューションとして提供されはじめています。

　天気は人間の活動の最も重要な影響を与える重要な時系列データであるといって良いかもしれません。

　例えば、お店の来店人数は天気によって大きく変動します。　レストラン、理髪店や病院でも天気の悪い日は空いていたりすることが多い気がします。　晴れたら明日はここへ行こう、雨だったら一日中家にいよう、と天気は人間の行動や気分に大きな影響を与えます。

　人間の生活に大きな影響があるということは、人間の経済活動にも大きな影響を及ぼしているということです。天気のデータを様々なデータを掛け合わせることで、経済活動の新しい見え方ができるかもしれません。

　前半では、気温の予測モデルの作成を、後半では気温が旅行の支出にどう影響するかを政府の統計データを活用してモデル作りを行います。単体のデータを因果関係の高そうな特徴量を加えることで、その精度があげることができるか挑戦します。

#  データを入手しよう

気象庁が膨大な過去の天気データを提供しています。気象庁のWebページは貴重な天気データの商用利用を許しています。ここでは、天気データを活用してみましょう。

過去10年の東京のど真ん中の気温データの予測モデルを入手します。

気象庁のホームページ（https://www.jma.go.jp/jma/index.html）には天気に関する様々なデータ・セットを揃えることができます。過去の気象データ・ダウンロードページ（https://www.data.jma.go.jp/gmd/risk/obsdl/index.php）にアクセスしてください。

ステップを踏んで入手していきましょう。

①地点を選ぶ→東京の中の東京を選ぶ

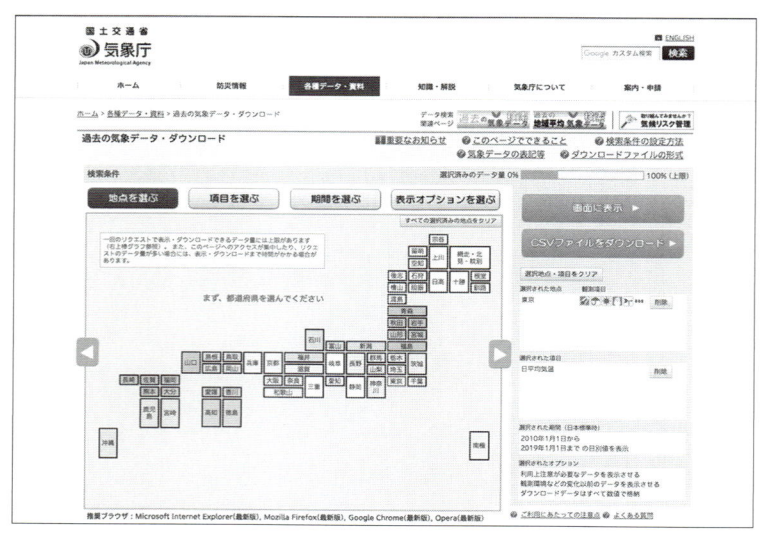

出典：気象庁ホームページ

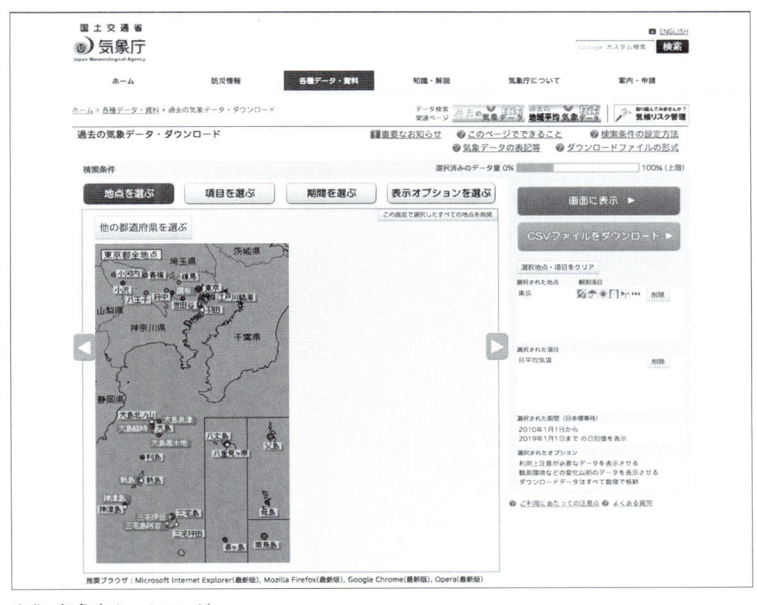

出典：気象庁ホームページ

②項目を選ぶ→データの種類、「項目：気温」の中の「日平均気温」にチェック

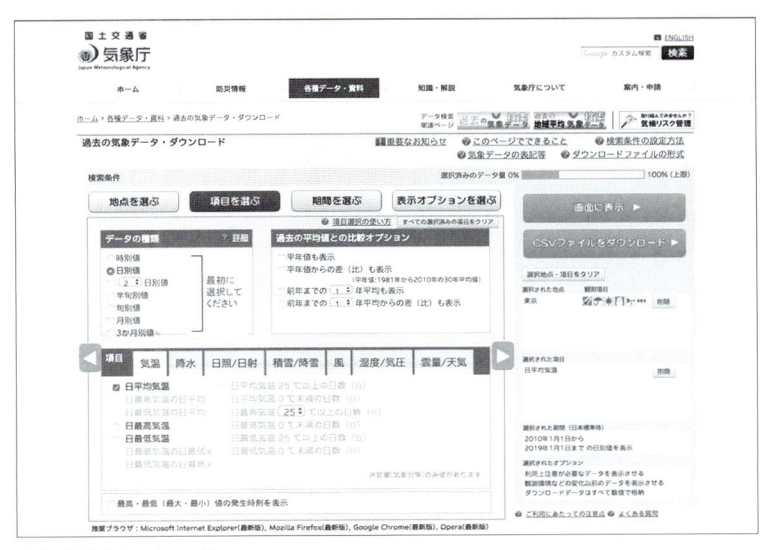

出典：気象庁ホームページ

③期間を選ぶ→2010年1月1日~2019年1月1日 を選ぶ

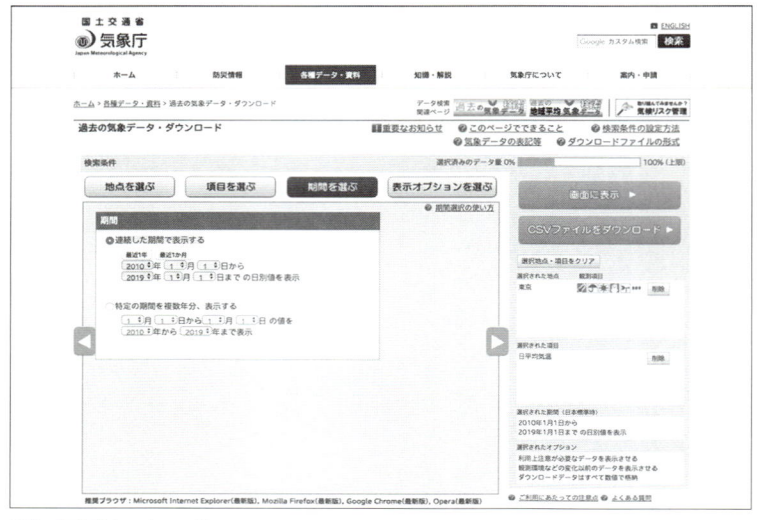

出典：気象庁ホームページ

④最後に右側にあるオレンジの「csvファイルをダウンロード」ボタンを押して、ファイルをダウンロードします。おそらく「data.csv」というファイルが保存されると思います。

データがダウンロードできたでしょうか。
ではこのデータの中身を見てみましょう。

## 🐍 データの概要を理解しよう

分析するためにおまじないのライブラリインポートを唱えます。今回は時系列を扱うのでdatetimeライブラリもインポートします。

`In`

```
import numpy as np
import pandas as pd
import seaborn as sb
```

```
import matplotlib.pyplot as plt
%matplotlib inline
from datetime import datetime
```

lsコマンドで同じフォルダ内にデータ・セットがあるか確認します。

In

```
ls
```

Out

```
data.csv      時系列分析.ipynb
```

ここではノートブックファイルは時系列分析として保存しました。data.csvが
ダウンロードしたファイルです。pandasでデータを読み込みます。

In

```
df = pd.read_csv('data.csv')
```

Out

```
UnicodeDecodeError: 'utf-8' codec can't decode byte 0x83 in
position 0: invalid start byte
```

エラーが出てしまいました。

エラーメッセージを見るとUnicodeDecodeError: 'utf-8' codec can't decode
byte 0x83 in position 0: invalid start byteと出ています。

要はUTD-8は読み込めないよ、といっています。こういうときは慌てず、shift-
jisに変換して読み込みましょう。オプションで指定するだけです。

In

```
df = pd.read_csv('data.csv',encoding = 'shift-jis')
```

読み込めたところでデータの中身を見ていきます。

In

```
df.head()
```

Out

| ダウンロードした時刻：2019/03/23 17:59:10 | Unnamed: 1 | Unnamed: 2 | Unnamed: 3 |
|---|---|---|---|
| 0 | NaN | NaN | NaN | NaN |
| 1 | NaN | 東京 | 東京 | 東京 |
| 2 | 年月日 | 平均気温(°C) | 平均気温(°C) | 平均気温(°C) |
| 3 | NaN | NaN | 品質情報 | 均質番号 |
| 4 | 2010/1/1 | 4.8 | 8 | 1 |

　冒頭に不要なデータが残ってしまっています。csvファイルをExcelで開いて直接加工してもよいですが、ここではpandasで加工してみます。不要なトップ3([0,1,3])行をdrop()関数を使って削除します。

In

```
df = df.drop([0,1,3]).reset_index(drop = True)
df.head()
```

Out

| ダウンロードした時刻：2019/03/23 17:59:10 | Unnamed: 1 | Unnamed: 2 | Unnamed: 3 |
|---|---|---|---|
| 0 | 年月日 | 平均気温(°C) | 平均気温(°C) | 平均気温(°C) |
| 1 | 2010/1/1 | 4.8 | 8 | 1 |
| 2 | 2010/1/2 | 6.3 | 8 | 1 |
| 3 | 2010/1/3 | 5.7 | 8 | 1 |
| 4 | 2010/1/4 | 6.5 | 8 | 1 |

　さらにUnnamed:2、Unnamed:3も削除します。axis = 1は列を削除、つまり縦方向を削除という指定です。デフォルトではaxis = 0、行つまり横方向を削除します。

In

```
df = df.drop(['Unnamed: 2','Unnamed: 3'],axis = 1)
df.head()
```

Out

| | ダウンロードした時刻：2019/03/23 17:59:10 | Unnamed: 1 |
|---|---|---|
| **0** | 年月日 | 平均気温(°C) |
| **1** | 2010/1/1 | 4.8 |
| **2** | 2010/1/2 | 6.3 |
| **3** | 2010/1/3 | 5.7 |
| **4** | 2010/1/4 | 6.5 |

　インデックス番号0の行、つまり「年月日、平均気温」を特徴量、つまりcolumnsとしたいので置き換えます。

In
```
df.columns = df.iloc[0,:]
```

　不要になった0行目のデータは削除します。

In
```
df = df.drop([0])
```

　index番号が2からになっているので、振り直しましょう。インデックスを振り直すにはreset_index()関数を使います。drop = Trueとしておくと、元のindexが削除されます（各自drop = Trueをなくした場合で打ってみて比較してみてください）。

In
```
df = df.reset_index(drop = True)
df.head()
```

Out

| | 年月日 | 平均気温(°C) |
|---|---|---|
| **0** | 2010/1/1 | 4.8 |
| **1** | 2010/1/2 | 6.3 |
| **2** | 2010/1/3 | 5.7 |
| **3** | 2010/1/4 | 6.5 |
| **4** | 2010/1/5 | 7.3 |

ひととおりデータを整理したところで、データの中身を見てみます。

```
In
df.info()
```

```
Out
<class 'pandas.core.frame.DataFrame'>
RangeIndex: 3288 entries, 0 to 3287
Data columns (total 2 columns):
年月日          3288 non-null object
平均気温(℃)      3288 non-null object
dtypes: object(2)
memory usage: 51.5+ KB
```

年月日、平均気温どちらも3,288個のデータがあり欠損値はなさそうです。年月日、平均気温ともにobjectになっているので数値にデータ変換します。

年月日は時系列に関する特徴量にしたいので、pandasのto_datetime()関数を使って、datetime型に変換します。

```
In
df['年月日'] = pd.to_datetime(df['年月日'])
```

平均気温を数値型に変換します。

```
In
df['平均気温(℃)'] = pd.to_numeric(df['平均気温(℃)'])
```

ちゃんと変換できたか見てみましょう。

```
In
df.info()
```

Out

```
<class 'pandas.core.frame.DataFrame'>
RangeIndex: 3288 entries, 0 to 3287
Data columns (total 2 columns):
年月日          3288 non-null datetime64[ns]
平均気温(℃)     3288 non-null float64
dtypes: datetime64[ns](1), float64(1)
memory usage: 51.5 KB
```

　年月日はdatetime型に、平均気温はfloat型に変換できました。データの概要を見ていくために可視化してみましょう。

　見やすくするために、描画領域の大きさなどをセッティングするplt.figure()関数を、グラフ描画をするplt.plot(x,y)関数を、グリッド線を書き込むplt.grid()関数を、それぞれ使います。

In

```
plt.figure(figsize = (18,10))
plt.plot(df['年月日'],df['平均気温(℃)'] )
plt.grid()
```

Out

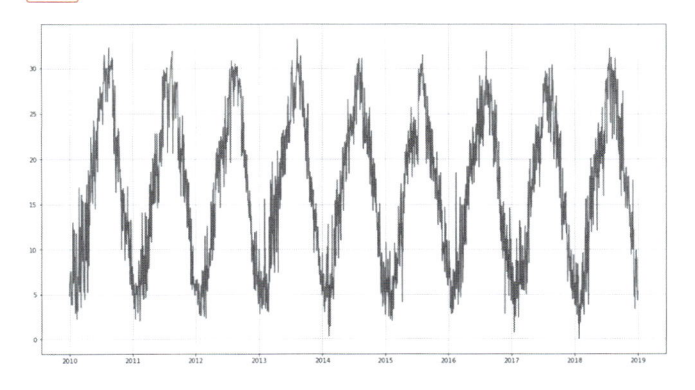

　典型的な周期関数です。次にデータ・セットの統計的な概要を見ます。
descirbe()関数を使えば簡単に出せるのでした。

In

```
df.describe()
```

Out

| | 平均気温(°C) |
|---|---|
| count | 3288.000000 |
| mean | 16.576977 |
| std | 8.142092 |
| min | 0.000000 |
| 25% | 8.900000 |
| 50% | 17.100000 |
| 75% | 23.100000 |
| max | 33.200000 |

　平均値は16度と平均だけみるとちょっと寒いくらいの気候です。最高が33度
です。あれ？　去年37度とかいかなかったけ？　と感じたあなたは鋭いです。入
手したデータは1日の平均気温であって、1日の最高気温ではないので最高が37
度ではなく33度になるのです。

## データを加工しよう

　時系列データをPOSIX Timeに変換します。機械学習モデルの分析では数値的
に処理できるように、時系列データを1970年1月1日を基準としたPOSIX Time
形式に変換するのが一般的となっています。

　datetime型からPOSIXへの変換式はあまり深く考えず、こういう変換式であ
ると割り切ってこのまま適用してください。詳しく知りたい方は、ネットで調べ
てみましょう。

```
df['POSIX']= df['年月日'].astype(np.int64).values//10**9
```

時系列の特徴量である、年、月、日、曜日（データによっては時間、秒まで）の特徴量をこれから作っていきたいところですが、時系列分析において、年、月、日、曜日という特徴量が、モデルの精度に対してどのような影響を及ぼすかの過程を見ていきます

 ## 機械学習モデルを作ろう

時系列の特徴量POSIX Timeを$x$に、気温をターゲット特徴量である$y$とするデータを作ります。

```
In
x = df['POSIX'].values
y = df['平均気温(℃)'].values
```

先ほどと同様に、学習データを8割、テストデータとして2割とします。タイタニックではデータをランダムにシャッフルして学習および評価を行いましたが、時系列データは順番を保持しなければいけません。

時系列データの特徴として、前の時間のデータが今の時間のデータに大きく影響しているため、学習データもテストデータも時系列に沿っている必要があります。例えば株価も、多くの場合は前の日の株価を参考にして、当日の株価が値動きしていきます。

データを分けるために全体のデータ数が何個あるかを把握します。$x$のデータの数は次のように取得します。

```
In
N = len(x)
N
```

```
Out
3288
```

この数値に8割にするために0.8をかけても

In
```
len(x)*0.8
```

Out
```
2630.4
```

と整数にならず、きれいに分割できません。データを分割するために整数にする必要があるので、round関数を使います。

In
```
N_train = round(len(x)*0.8)
N_train
```

Out
```
2630
```

これを学習データの数とします。テストデータの数は$N$から学習データの数を引きます。

In
```
N_test = N - N_train
```

学習データとテストデータのそれぞれのデータ数が求められたので、順番を保持したままの学習データとテストデータを作ります。スライス機能を使います。

In
```
x_train,y_train = x[:N_train],y[:N_train]
x_test,y_test = x[N_train:],y[N_train:]
```

データが分割できているか見てみます。

In
```
len(x_train),len(x_test)
```

Out
```
(2630, 658)
```

学習データとテストデータを作ったので、機械学習モデルにを作ります。

今回はRandomForestRegressorを使います。その名のとおり、探索のスタートとなるシード値をランダムに設定し、その値を基に探索していきます。今回はシード値を固定してモデルを作っていきます。オプションでrandom_state = 0として固定します。

In
```
from sklearn.ensemble import  RandomForestRegressor
rf = RandomForestRegressor(random_state = 0)
```

モデルに学習させます。

In
```
rf.fit(x_train,y_train)
```

Out
```
ValueError: Expected 2D array, got 1D array instead:
array=[1.2623040e+09 1.2623904e+09 1.2624768e+09 ... 1.4892768e+09
1.4893632e+09
 1.4894496e+09].
Reshape your data either using array.reshape(-1, 1) if your data
has a single feature or array.reshape(1, -1) if it contains a
single sample.
```

またエラーが出てしまいました。

エラー文の中身をみると、「Reshape your data either using array.reshape(−1, 1) if your data has a single feature or array.reshape(1,　−1) if it contains a single sample. 」と書いてあります。エラー文の中身がわからなかったら、適宜Google翻訳にかけて調べましょう。

Google翻訳にかけてみると「データに単一の特徴がある場合はarray.reshape（−1, 1）を、単一のサンプルが含まれる場合はarray.reshape（1, −1）のいずれかを使用してデータを変形します。」とあります。大意はつかめるでしょうか。

つまり「データはRandomForestRegressorが処理できるデータ形式ではない
から処理できるデータ形式に変形して、その形はrehsape( −1,1)かreshape(1, −1)
で成形すればいいよ」といっているようです。

ここでは、素直にエラーメッセージの指示どおりにreshapeを活用して変形
データに変形します。

まずは基となるデータ・セットをエラーメッセージにしたがって成形します。

```
In
```
```
x = x.reshape(-1,1)
y = y.reshape(-1,1)
```

先程と同じように学習データとテストデータを作ります。

```
In
```
```
x_train,y_train = x[:N_train],y[:N_train]
x_test,y_test = x[N_train:],y[N_train:]
```

そしてモデルに学習させます。

```
In
```
```
rf.fit(x_train,y_train)
```
```
Out
```
```
RandomForestRegressor(bootstrap=True, criterion='mse', max_
depth=None,
           max_features='auto', max_leaf_nodes=None,
           min_impurity_decrease=0.0, min_impurity_split=None,
           min_samples_leaf=1, min_samples_split=2,
           min_weight_fraction_leaf=0.0, n_estimators=10, n_
jobs=1,
           oob_score=False, random_state=None, verbose=0, warm_
start=False)
```

　アラートが出ましたが、何とか学習しました。テストデータを使って予測をします。

```
y_pred = rf.predict(x_test)
```

　予測したデータの中身を見てみると

```
y_pred
```

```
array([8.19, 8.19, 8.19, 8.19, 8.19, 8.19, 8.19, 8.19, 8.19, 8.19, 8.19,
       8.19, 8.19, 8.19, 8.19, 8.19, 8.19, 8.19, 8.19, 8.19, 8.19, 8.19,
       8.19, 8.19, 8.19, 8.19, 8.19, 8.19, 8.19, 8.19, 8.19, 8.19, 8.19,
       8.19, 8.19, 8.19, 8.19, 8.19, 8.19, 8.19, 8.19, 8.19, 8.19, 8.19,
       8.19, 8.19, 8.19, 8.19, 8.19, 8.19, 8.19, 8.19, 8.19, 8.19, 8.19,
       8.19, 8.19, 8.19, 8.19, 8.19, 8.19, 8.19, 8.19, 8.19, 8.19, 8.19,
       8.19, 8.19, 8.19, 8.19, 8.19, 8.19, 8.19, 8.19, 8.19, 8.19, 8.19,
       8.19, 8.19, 8.19, 8.19, 8.19, 8.19, 8.19, 8.19, 8.19, 8.19, 8.19,
       8.19, 8.19, 8.19, 8.19, 8.19, 8.19, 8.19, 8.19, 8.19, 8.19, 8.19,
```

　予測値が一定になってしまっています。学習したモデルが、テストデータではなく、学習データではどのような予測値を出しているのかを見てみます。

```
y_pred_train = rf.predict(x_train)
y_pred_train
```

```
array([5.58, 6.03, 5.76, ..., 7.75, 8.33, 8.19])
```

　こちらは数字だけみると一定の値でなく変動しており、ちゃんと予測値を出しているように見えます。

　数値だけだとよくわからないので、データを可視化します。

In

```
plt.figure(figsize = (18,10))
plt.plot(x,y)
plt.grid()
```

Out

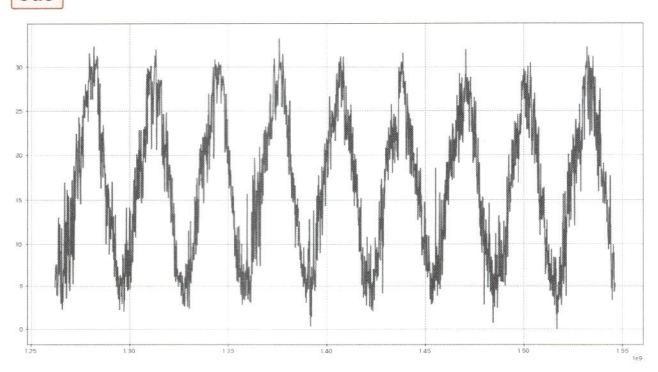

matplotlibは非常に柔軟なライブラリなので、描画する関数を加えていけば、グラフも重ねて描画することができます。学習したデータ(x_train、y_train)と、予測したデータ(x_test、y_pred)を重ねて描画します。

In

```
plt.figure(figsize = (18,10))
plt.plot(x,y)
plt.plot(x_train,y_pred_train)
plt.plot(x_test,y_pred)
plt.grid()
```

Out

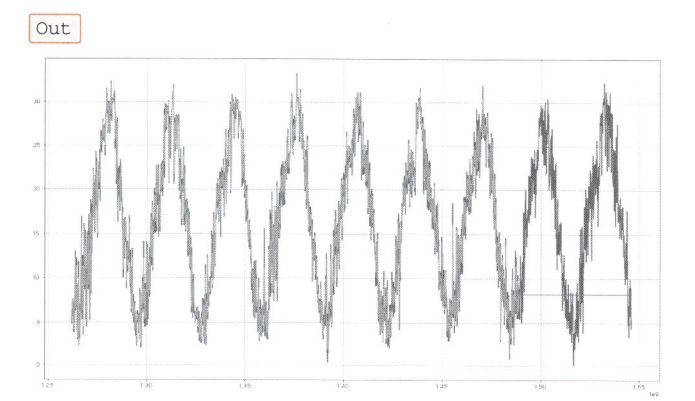

　ちょっと見にくいので、基のデータをグレー＆ドットにして薄くしてみます。plot()関数にcolorとlinestyleのオプションを加えるだけです。

In

```
plt.figure(figsize = (18,10))
plt.plot(x,y,color = 'gray',linestyle='dashdot')
plt.plot(x_train,y_pred_train,'+')
plt.plot(x_test,y_pred)
plt.grid()
```

Out

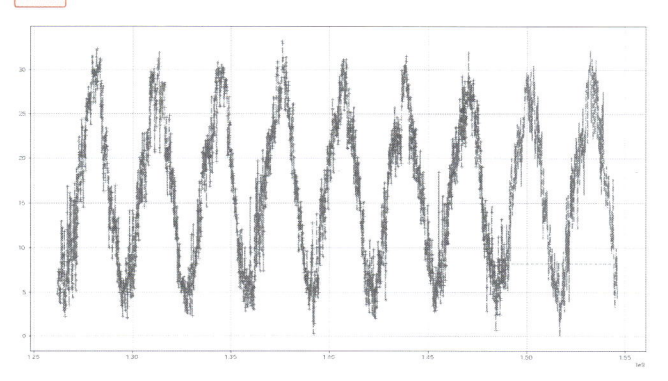

　学習データはうまく予測できているように見えますが、テストデータの領域に入った途端、オレンジ色で示している予測した値が一定になってしまっています。現状の特徴量だけだと、データが変動する判断要因に乏しくてモデルが判断できないようです。

　モデルにもっと判断材料を与えるために、特徴量を加えていきます。
　年から加えましょう。年の特徴量を作るにはdatetime関数のyearを使います。pandasのデータフレームには日時処理を行うdt属性があるので、その属性から年の要素を取り出します。

```In
df['year'] = df['年月日'].dt.year
```

　データフレームの中身を見てみます。

```In
df.head()
```

```Out
```

|   | 年月日 | 平均気温(°C) | POSIX | year |
|---|---|---|---|---|
| **0** | 2010-01-01 | 4.8 | 1262304000 | 2010 |
| **1** | 2010-01-02 | 6.3 | 1262390400 | 2010 |
| **2** | 2010-01-03 | 5.7 | 1262476800 | 2010 |
| **3** | 2010-01-04 | 6.5 | 1262563200 | 2010 |
| **4** | 2010-01-05 | 7.3 | 1262649600 | 2010 |

　年の要素が入っていることが確認できました。

　このデータフレームから特徴量データ $x$ とターゲットデータ $y$ を作りましょう。先程の手順と同様にやります。今度は年の特徴量も加えます。またグラフ描画用のデータとしてx_posを設定しました。

In

```
x_pos = df['POSIX'].values
x = df[['POSIX','year']].values
y = df['平均気温(℃)'].values
```

xは$N$行×2列の行列形式となっているので、今回はreshapeする必要はありません。

In

```
x_pos = x_pos.reshape(-1,1)
x = x
y = y.reshape(-1,1)
```

学習データとテストデータに分けます。

In

```
x_pos_train,x_pos_test = x_pos[:N_train],x_pos[N_train:]
x_train,y_train = x[:N_train],y[:N_train]
x_test,y_test = x[N_train:],y[N_train:]
```

改めてモデルを作ります。

In

```
rf = RandomForestRegressor(random_state=0)
rf.fit(x_train,y_train)
y_pred = rf.predict(x_test)
```

先程と同様に結果を描画すると

In

```
plt.figure(figsize = (18,10))
plt.plot(x_pos,y,color = 'gray',linestyle='dashdot')
plt.plot(x_pos_train,y_train,'+')
```

```
plt.plot(x_pos_test,y_pred,'--')
plt.grid()
```

Out

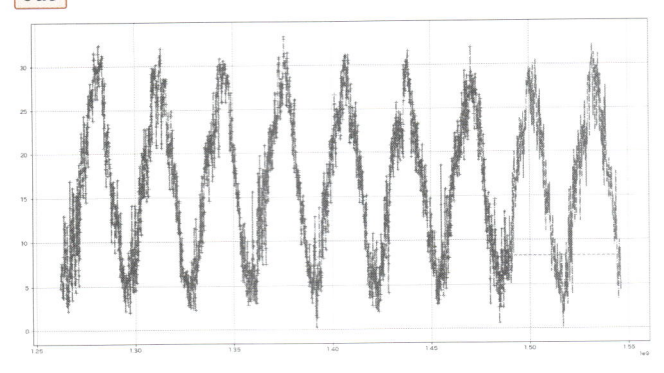

　先程と結果は変わりませんね。年の特徴量だけだとざっくりしすぎていて、判断材料としてはまだ足りないのかもしれません。

　今度は月を特徴量にいれてみましょう。年ごとに温度の変動値が劇的に変動することは多くありませんが、月によっては気温は結構変動しますから、判断材料としては有効そうです。

　今まで繰り返してきたことと、同じ手順を繰り返します。月はdt.monthで抽出します。

In

```
df['month'] = df['年月日'].dt.month
```

　同じ作業を繰り返すのは手間なので一気にコピペ＆ちょっと改変してコードを実行します。またx_posの処理など冗長ですが、処理の過程を覚えていただきたいので、すべての処理を書き込みます。

In

```
#データ生成パート
x_pos = df['POSIX'].values
x = df[['POSIX','year','month']].values
y  = df['平均気温（℃)'].values
#データ整形パート
x_pos = df['POSIX'].reshape(-1,1)
x = x
y = y.reshape(-1,1)
#学習データ、テストデータ分割パート
x_train,y_train = x[:N_train],y[:N_train]
x_test,y_test = x[N_train:],y[N_train:]
#機械学習パート
rf = RandomForestRegressor(random_state = 0)
rf.fit(x_train,y_train)
y_pred = rf.predict(x_test)
#描画パート
plt.figure(figsize = (18,10))
plt.plot(x_pos,y,color = 'gray',linestyle='dashdot')
plt.plot(x_pos_train,y_train,'+')
plt.plot(x_pos_test,y_pred,'--')
plt.grid()
```

Out

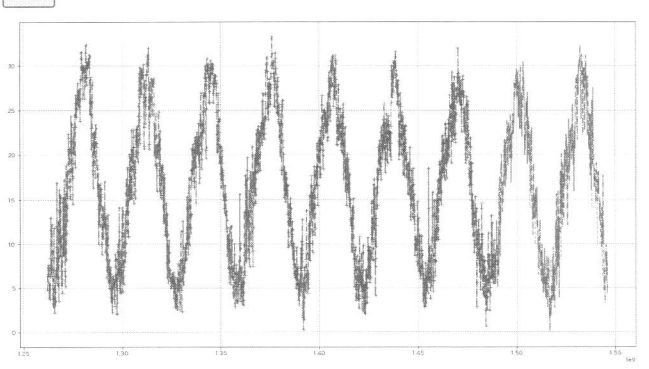

　基のデータと予測データが見た目上は一致してきましたね。なんとなく期待していたイメージの予測値が得られました。月のデータは温度の変動に非常に関連の高い特徴量ということです。次に日の要素を入れます。dt.dayで抽出します。

In

```
#日の要素をデータフレームに加える
df['day'] = df['年月日'].dt.day
#データ生成パート
x_pos = df['POSIX'].values
x = df[['POSIX','year','month','day']].values
y  = df['平均気温(℃)'].values
#データ整形パート
x_pos = x_pos.reshape(-1,1)
x = x
y = y.reshape(-1,1)
#学習データ、テストデータ分割パート
x_train,y_train = x[:N_train],y[:N_train]
x_test,y_test = x[N_train:],y[N_train:]
#機械学習パート
rf = RandomForestRegressor(random_state = 0)
rf.fit(x_train,y_train)
y_pred = rf.predict(x_test)
#描画パート
plt.figure(figsize = (18,10))
plt.plot(x_pos,y,color = 'gray',linestyle='dashdot')
plt.plot(x_pos_train,y_train,'+')
plt.plot(x_pos_test,y_pred,'--')
plt.grid()
```

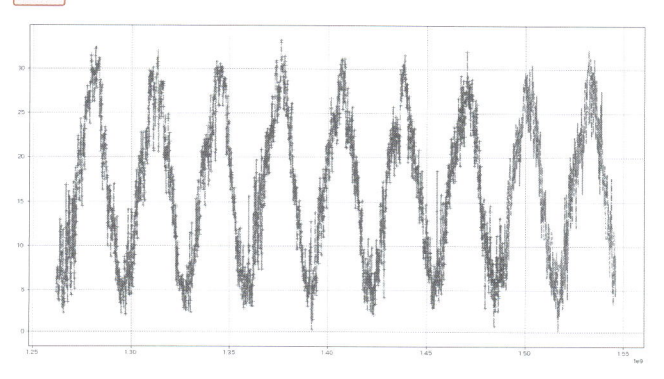

最後の一声で曜日の特徴量も入れましょう。dt.dayofweek で抽出します。

In

```
#日の要素をデータフレームに加える
df['dayofweek'] = df['年月日'].dt.dayofweek
#データ生成パート
x_pos = df['POSIX'].values
x = df[['POSIX','year','month','day']].values
y  = df['平均気温(℃)'].values
#データ整形パート
x_pos = x_pos.reshape(-1,1)
x = x
y = y.reshape(-1,1)
#学習データ、テストデータ分割パート
x_train,y_train = x[:N_train],y[:N_train]
x_test,y_test = x[N_train:],y[N_train:]
#機械学習パート
rf = RandomForestRegressor(random_state = 0)
rf.fit(x_train,y_train)
y_pred = rf.predict(x_test)
#描画パート
plt.figure(figsize = (18,10))
plt.plot(x_pos,y,color = 'gray',linestyle='dashdot')
```

```
plt.plot(x_pos_train,y_train,'+')
plt.plot(x_pos_test,y_pred,'--')
plt.grid()
```

Out

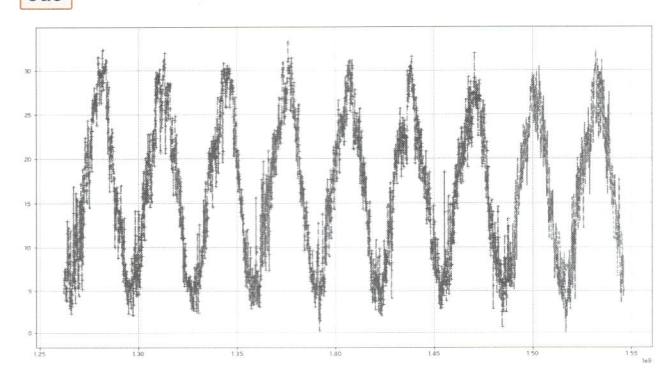

精度を MAE (Mean Absoluter Error) で見てみましょう。

In

```
from sklearn.metrics import mean_absolute_error
mean_absolute_error(y_test, y_pred)
```

Out

```
2.623161094224924
```

精度は学習済みのモデルの関数、score からもみることもできます。

In

```
print("Train-set R^2: {:.2f}".format(rf.score(X_train, y_train)))
print("Test-set R^2: {:.2f}".format(rf.score(X_test, y_test)))
```

Out

```
Train-set R^2: 0.99
Test-set R^2: 0.83
```

　80％程度のスコアが出ました。もっと精度をあげるにはどうしたらよいでしょう？

　時系列データの大きな特徴として、前の日のデータ、前の月のデータ、前の年のデータに大きく影響されます。よくよく考えれば当たり前のことです。気温で考えると前日が0度だった時、今日が30度になることは殆どありません。異常気象でもない限りは連続的な変化をします。

　そういった観点から、前の日の気温も特徴量となりうるかもしれません。ただ一つ気をつけたいのは、この方法はターゲットとなる気温を特徴量として使っているので、いわゆるLeakageになる恐れがあります。

　Leakageは直訳すると「漏れ」です。イメージしやすくすると、試験の解答が前日にみんなに漏れてしまった場合、そのままテストを実施すれば平均点が高くなるのはあたりまえ、といった事例に似ているかもしれません。

　当日のデータを入れてしまうと完全にLeakageになりますので、注意深く進めましょう。

　時系列解析で、階差や前期比、移動平均などを考慮することは多いので、ターゲット自体を特徴量に入れることはそんな不自然なことではありません。

　前の日のデータを組み込んで特徴量を作ります。一週間前のデータを組み込んで作ってみましょう。前の日(データによってはインデックス)のデータを取得するにはshift()関数を使います。引数が1だと、一日前の気温を引っ張ってきます。

`In`

```
df['1dayago'] = df['平均気温(℃)'].shift(1)
df['2dayago'] = df['平均気温(℃)'].shift(2)
df['3dayago'] = df['平均気温(℃)'].shift(3)
df['4dayago'] = df['平均気温(℃)'].shift(4)
df['5dayago'] = df['平均気温(℃)'].shift(5)
df['6dayago'] = df['平均気温(℃)'].shift(6)
df['7dayago'] = df['平均気温(℃)'].shift(7)
```

　データの中身を見てみましょう。

`In`

```
df.head(8)
```

`Out`

| | 年月日 | 平均気温(°C) | POSIX | year | month | day | dayofweek | 1dayago | 2dayago | 3dayago | 4dayago | 5dayago | 6dayago | 7dayago |
|---|---|---|---|---|---|---|---|---|---|---|---|---|---|---|
| 0 | 2010-01-01 | 4.8 | 1262304000 | 2010 | 1 | 1 | 4 | NaN | NaN | NaN | NaN | NaN | NaN | NaN |
| 1 | 2010-01-02 | 6.3 | 1262390400 | 2010 | 1 | 2 | 5 | 4.8 | NaN | NaN | NaN | NaN | NaN | NaN |
| 2 | 2010-01-03 | 5.7 | 1262476800 | 2010 | 1 | 3 | 6 | 6.3 | 4.8 | NaN | NaN | NaN | NaN | NaN |
| 3 | 2010-01-04 | 6.5 | 1262563200 | 2010 | 1 | 4 | 0 | 5.7 | 6.3 | 4.8 | NaN | NaN | NaN | NaN |
| 4 | 2010-01-05 | 7.3 | 1262649600 | 2010 | 1 | 5 | 1 | 6.5 | 5.7 | 6.3 | 4.8 | NaN | NaN | NaN |

　7日前の気温のデータまでとっているので7行目までNaNを含んでいます。NaNはRandomForestRregressorは処理できないので、訓練データおよびテストデータは冒頭から7行目までを見なければなりません。dropna()で処理してもいいのですが、今回はスライシングで対応します。

　今までのやり方を踏まえて、一気にやってしまいましょう。

`In`

```
#データ生成パート
x_pos = df['POSIX'].values
x = df[['POSIX','year','month','day']].values
x = df[['POSIX','year','month','day','dayofweek','1dayago','2dayago
','3dayago','4dayago','5dayago','6dayago','7dayago']].values
y   = df['平均気温（℃)'].values
#データ整形パート
x_pos = x_pos.reshape(-1,1)
x = x
y = y.reshape(-1,1)
#学習データ、テストデータ分割パート
x_pos_train,x_pos_test = x_pos[7:N_train],x_pos[N_train:]
x_train,y_train = x[7:N_train],y[7:N_train]
x_test,y_test = x[N_train:],y[N_train:]
#機械学習パート
rf = RandomForestRegressor(random_state = 0)
rf.fit(x_train,y_train)
y_pred = rf.predict(x_test)
#描画パート
```

```
plt.figure(figsize = (18,10))
plt.plot(x_pos,y,color = 'gray',linestyle='dashdot')
plt.plot(x_pos_train,y_train,'+')
plt.plot(x_pos_test,y_pred,'--')
plt.grid()
```

Out

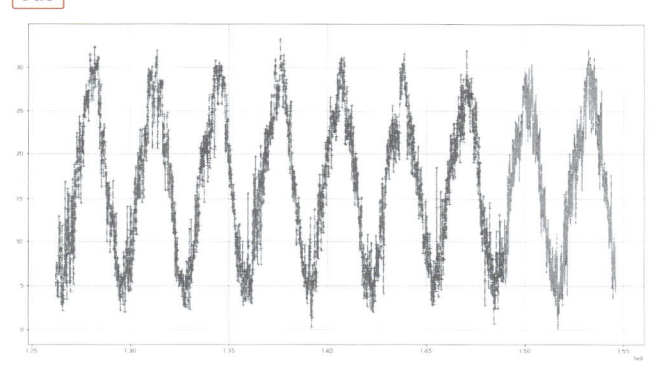

In

```
mean_absolute_error(y_test, y_pred)
```

Out

```
1.772325227963526
```

前と比べるとだいぶ誤差が小さくなりました。精度はどうでしょうか？

In

```
print("Train-set R^2: {:.2f}".format(rf.score(X_train, y_train)))
print("Test-set R^2: {:.2f}".format(rf.score(X_test, y_test)))
```

Out

```
rain-set R^2: 0.99
Test-set R^2: 0.92
```

　7日前までのデータを入れると、充分使えそうなレベルにまで精度が高まってきました。

　しかしながら、このモデルの欠点として1日前のデータを入れなければ次の日の予測はできないことです。精度と手間のトレードオフのバランスを見てモデル作りをしていきましょう。

　気象庁のホームページには他にも気圧や風など多くのデータ・セットがあります。自分の分析したいデータ・セットをかけ合わせて様々モデルづくりにトライしてみてください。

##  他のデータ・セットと掛け合わせてみよう

　この項では、他のデータ・セットと掛け合わせることで新しいモデルができないか、あるいはモデルの精度をもっと高くできないかという事にトライします。気象庁の気象データのほかに日本政府は景気指標など様々な統計データを提供しています。今回はそのデータの扱いとモデルの作り方を学びます。

　政府統計データを提供しているe-Statというページがあります。様々なデータが取得できるので見てみましょう。今回は、家計消費の中の旅行消費と気温の関係を見てみます。

　家計消費状況調査データベースを活用します。家計消費状況調査はe-Statの説明をそのまま引用すると

　「家計消費状況調査は、統計理論に基づき選定された全国約3万世帯を対象に、購入頻度が少ない高額商品・サービスの消費やICT関連消費の実態を毎月調査しています。

　家計消費状況調査の結果は、個人消費動向の分析のための基礎資料として利用されるとともに、我が国の景気動向を把握するための基礎資料としても利用されています。」

　とあります。消費動向の傾向を掴むのに良さそうなデータです。家計消費と気温が関係あるのか見てみましょう。

　「気温の変動が、家計消費の影響要因になりうるか特に旅行消費に影響を与えるかどうか」という仮説を基にモデル作りを行っていきます。少し考えると旅行消費は、季節要因、休日要因、景気要因などが大きく絡みそうですが、ここでは気温と旅行家計消費の関係について見てみましょう。

まずデータの取得からです。e-StatのWebページではAPIも提供されていますが、DBから取ったほうがわかりやすいので、ホームページから直接取得しましょう。

1. e-StatのWebページ（https://www.e-Stat.go.jp/）にアクセスする。「すべて」を選択。

出典：政府統計の総合窓口（e-Stat）

2.「すべて」をクリックすると、下記のページに飛びます。

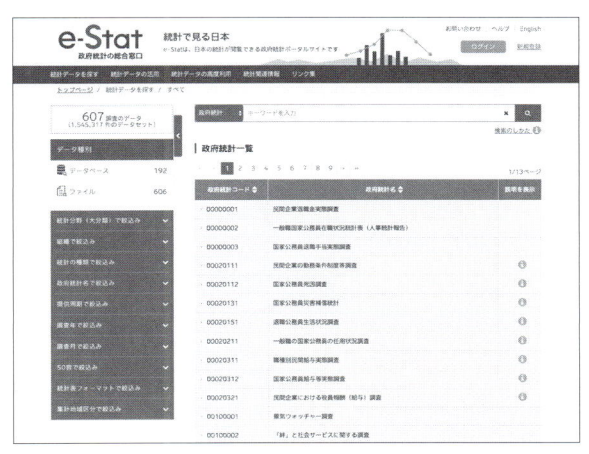

出典：政府統計の総合窓口（e-Stat）

3. 今回は月次レベルのデータが欲しいので左の欄から、提供周期で絞り込みをクリックします。

出典：政府統計の総合窓口（e-Stat）

4.「月次」を選択しましょう（自動的に絞り込みされます）。

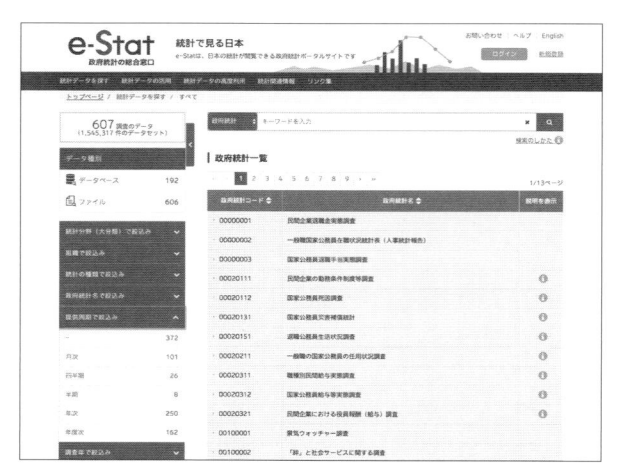

出典：政府統計の総合窓口（e-Stat）

5.「家計消費状況調査」を選択します。

出典：政府統計の総合窓口（e-Stat）

6.データベースの「68件」を選択します。

出典：政府統計の総合窓口（e-Stat）

7. 二人以上の世帯 の「月次「14件」」を選択します。

出典：政府統計の総合窓口（e-Stat）

8.「インターネットを利用した1世帯当たり1か月間の支出の1－1」の「全国・地方・都市階級別」のDB（紫のボタン）を選択します。

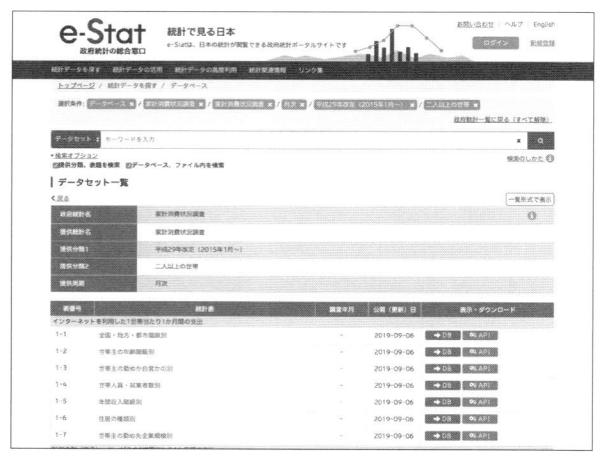

出典：政府統計の総合窓口（e-Stat）

9. 次のページのような表示になります。左のタブの「レイアウト設定」を選びます。

出典：政府統計の総合窓口（e-Stat）

10. レイアウト設定を押すと下記のようなページに飛びます。

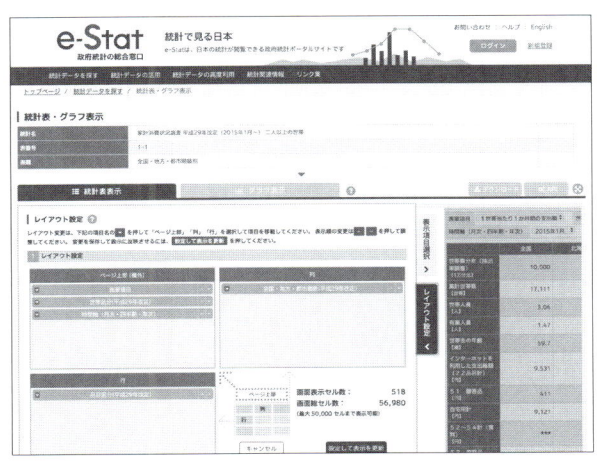

出典：政府統計の総合窓口（e-Stat）

11. 項目をドラッグ＆ドロップして行の系列に「時間軸（月次・四半期・年次）」の項目を移動します。他の項目はすべてページ上部の系列に移動します。下図のような状態にしてください。そこから「設定して表示を更新」ボタンを押します。

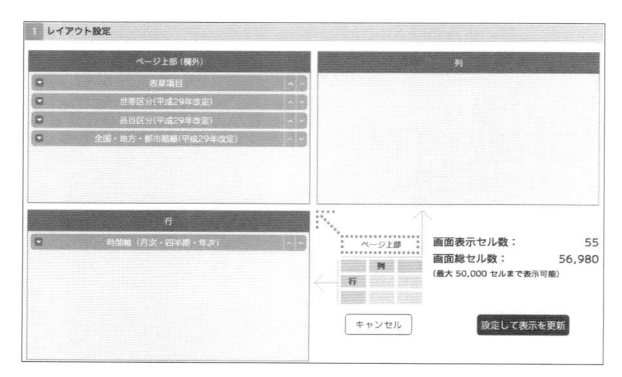

出典：政府統計の総合窓口（e-Stat）

12. 押すと次のような表示になります。

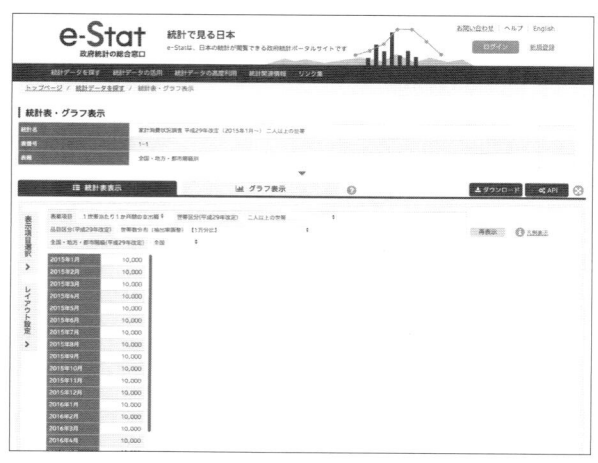

出典：政府統計の総合窓口（e-Stat）

13. 今回は気温で使ったデータが関東なので、関東のデータを使いましょう。「全国・地方・都市階級（平成29年改定）」のプルダウンメニューから「関東」を選び、さらに「品目区分（平成29年改定）の69　宿泊料…」以下を選び、再表示ボタンを押します。更新をしたら右上にあるダウンロードボタンを押してファイルをダウンロードします。

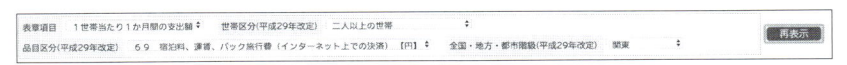

出典：政府統計の総合窓口（e-Stat）

14. ポップアップが現れるので、下記のように設定してファイルを所定のフォルダにダウンロードします。

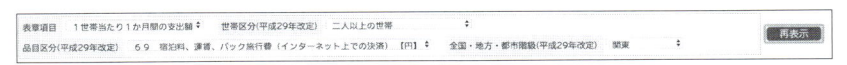

出典：政府統計の総合窓口（e-Stat）

ファイルがダウンロードできたのか、確認しましょう。

```
In
```
```
ls
```
```
Out
```
```
FEH_00200565_190407001030.xlsx    時系列用原稿.ipynb
data.csv
```

同じフォルダ内にファイルがダウンロードされたのを確認できました。上記の「FEH_00200565_190407001030.xlsx」のファイル名はダウンロードした日や中身によって異なりますので、各自ファイル名は自分がダウンロードしたファイル名を指定してください。

ダウンロードしたファイルを読み込みます。今度はcsv形式ではなく、excel形式なので次のようにします。

```
In
```
```
kakei = pd.read_excel('FEH_00200565_190406230430.xlsx')
```

いつものようにデータ・セットの中身を見てみましょう。

```
In
```
```
kakei.head(10)
```

```
Out
```

| | 統計名： | 家計消費状況調査 平成29年改定 (2015年1月～) 二人以上の世帯 | Unnamed: 2 | Unnamed: 3 |
|---|---|---|---|---|
| 0 | 表番号： | 1-1 | NaN | NaN |
| 1 | 表題 | [インターネットを利用した1世帯当たり1か月間の支出] 全国・地方・都市階級別 | NaN | NaN |
| 2 | 実施年月： | - | - | NaN |
| 3 | 表章項目： | 00000 | 1世帯当たり1か月間の支出額 | NaN |
| 4 | 世帯区分(平成29年改定)： | 0030 | 二人以上の世帯 | NaN |

データの説明要素が入ってしまっています。分析には不要なものなので削除しましょう。

欲しいデータは「Unnamed: 2」の9行目以降の値です。まず「Unnamed: 3」の列から削除します。

In
```
kakei = kakei.drop('Unnamed: 3',axis = 1)
```

特徴量の名前を設定します。

In
```
kakei.columns = ['日付コード','日付','支出']
```

0行目から8行目までは、分析では不要な情報なので削除します。同時にインデックスをリセットします。

In
```
kakei = kakei.drop([0,1,2,3,4,5,6,7,8]).reset_index(drop = True)
```

データの中身を確認します。

In
```
kakei.head()
```

Out

|   | 日付コード | 日付 | 支出 |
|---|---|---|---|
| **0** | 2015000101 | 2015年1月 | 1526 |
| **1** | 2015000202 | 2015年2月 | 1808 |
| **2** | 2015000303 | 2015年3月 | 1712 |
| **3** | 2015000404 | 2015年4月 | 1515 |
| **4** | 2015000505 | 2015年5月 | 1874 |

きれいなデータフレームになりました。データフレームの情報を見てみると

## 8.3 ランダムフォレストを活用した気温分析と消費の予測モデルの作成

In

```
kakei.info()
```

Out

```
<class 'pandas.core.frame.DataFrame'>
RangeIndex: 55 entries, 0 to 54
Data columns (total 3 columns):
日付コード   54 non-null object
日付       54 non-null object
支出       50 non-null object
dtypes: object(3)
memory usage: 1.4+ KB
```

54個のデータがありますが、支出データが50個になっています。見てみましょう。

In

```
kakei.tail(7)
```

Out

| | 日付コード | 日付 | 支出 |
|---|---|---|---|
| 48 | 2019000101 | 2019年1月 | 2070 |
| 49 | 2019000202 | 2019年2月 | 2638 |
| 50 | NaN | NaN | NaN |
| 51 | *** | 数字が得られないもの | NaN |
| 52 | - | 該当数字がないもの | NaN |
| 53 | … | 調査又は集計していないもの | NaN |
| 54 | … | 調査又は集計していないもの | NaN |

下5行は必要のないデータなので、スライシングで削除します。

In

```
kakei = kakei.iloc[0:50,:]
```

データを確認します。

370

In

```
kakei.tail()
```

Out

| | 日付コード | 日付 | 支出 |
|---|---|---|---|
| **45** | 2018001010 | 2018年10月 | 2461 |
| **46** | 2018001111 | 2018年11月 | 2252 |
| **47** | 2018001212 | 2018年12月 | 3169 |
| **48** | 2019000101 | 2019年1月 | 2070 |
| **49** | 2019000202 | 2019年2月 | 2638 |

　データの形を整えたところで、気温の分析でおこなったようにデータを数値と時系列に変換します。year、monthの時系列も特徴量としてデータフレームに入れてしまいましょう。

In

```
kakei['支出'] = pd.to_numeric(kakei['支出'])
kakei['日付']= kakei['日付'].astype(str)
kakei['日付'] = pd.to_datetime(kakei['日付'],format='%Y年%m月')
kakei['POSIX'] = kakei['日付'].astype('int64').values//10**9
kakei['年'] = kakei['日付'].dt.year
kakei['月'] = kakei['日付'].dt.month
```

　加工したデータをプロットします。

In

```
plt.figure(figsize = (18,10))
plt.plot(kakei['日付'],kakei['支出'] )
plt.grid()
```

`Out`

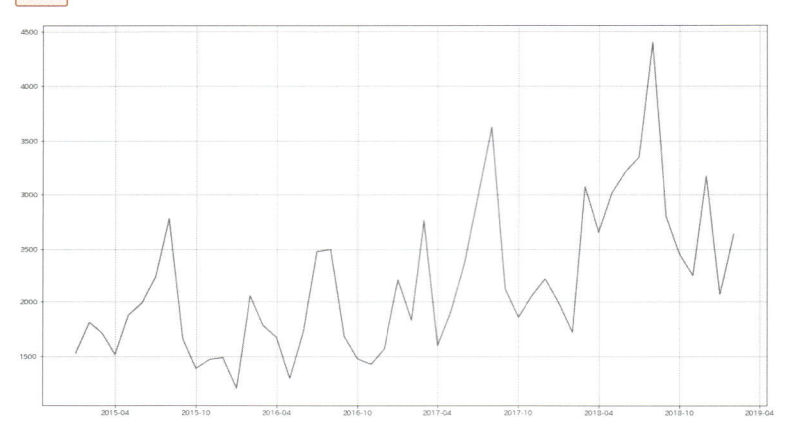

　夏休み、冬休みにピークがきているような周期的なグラフに見えます。また年々ピークの高さが高く、つまり支出が上がっています。全体的におやすみの時にかける費用が大きくなっているようです。このデータを気温のときにやったように時系列分析します。

　現状のデータでモデルを作ってみましょう。これまでやってきたように一気に処理してしまいます。少し長いのですが、いままでやってきたことの集合体に過ぎません。

`In`

```
#データフレームから特徴量データとターゲットデータをarray形式で作ります。
x_pos = kakei['POSIX'].values
x = kakei[['年','月']].values
y   = kakei['支出'].values
#処理できるように成形します。
x_pos  = x_pos.reshape(-1,1)
x = x
y = y.reshape(-1,1)
#学習データとテストデータを分割するための数値を設定します。
N = len(x)
N_train = round(len(x)*0.8)
```

```
N_test = N - N_train
#学習データとテストデータに分けます。
x_pos_train,x_pos_test = x_pos[:N_train],x_pos[N_train:]
x_train,y_train = x[:N_train],y[:N_train]
x_test,y_test = x[N_train:],y[N_train:]
#機械学習モデルを作り、学習させ、予測させます。
rf = RandomForestRegressor(random_state = 0)
rf.fit(x_train,y_train)
y_pred = rf.predict(x_test)
#予測した結果を描画します。
plt.figure(figsize = (18,10))
plt.plot(x_pos,y,color = 'gray',linestyle='dashdot')
plt.plot(x_pos_train,y_train,'+')
plt.plot(x_pos_test,y_pred,'-')
plt.grid()
#精度を出力します。
print("Train-set R^2: {:.2f}".format(rf.score(x_train, y_train)))
print("Test-set R^2: {:.2f}".format(rf.score(x_test, y_test)))
```

Out

```
Train-set R^2: 0.90
Test-set R^2: 0.14
```

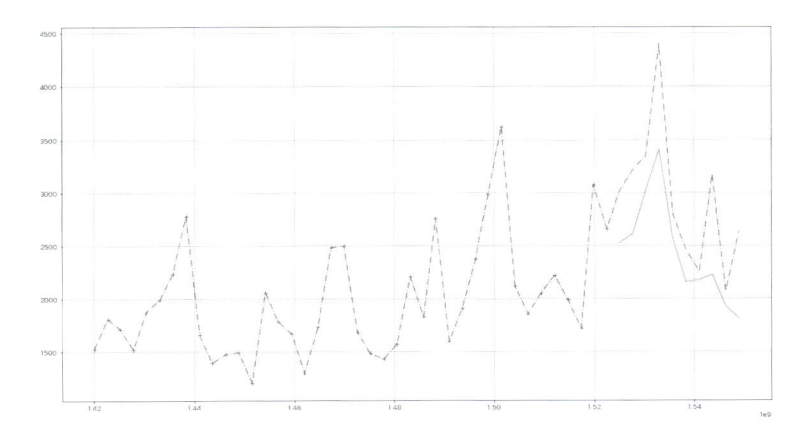

　まったく精度がでていません。年や曜日にはあまり大きな影響要因がないのか、影響要因があってもそれ意外の要素がかなり大きく影響している特徴量があるからでしょうか。データ取得ポイントが月次で、気温の時の日次と比べて粗目なことも予測を難しくしている要因です。

　前の月のデータを特徴量に組み込んでみましょう。shift()関数を使って、

```
In
```

```
kakei['1mago'] = kakei['支出'].shift(1)
kakei['2mago'] = kakei['支出'].shift(2)
kakei['3mago'] = kakei['支出'].shift(3)
kakei.fillna(0,inplace = True)
```

　一気に処理します。

```
#データフレームからデータをarray形式で作ります。
x_pos = kakei['POSIX'].values
x = kakei[['年','月','1mago','2mago','3mago']].values
y  = kakei['支出'].values
#処理できるように成形します。
x_pos  = x_pos.reshape(-1,1)
x = x
y = y.reshape(-1,1)
#学習データとテストデータを分割するための数値を設定します。
N = len(x)
N_train = round(len(x)*0.8)
N_test = N - N_train
#学習データとテストデータに分けます。
x_pos_train,x_pos_test = x_pos[:N_train],x_pos[N_train:]
x_train,y_train = x[:N_train],y[:N_train]
x_test,y_test = x[N_train:],y[N_train:]
#機械学習モデルを作り、学習させ、予測させます。
rf = RandomForestRegressor(random_state = 0)
rf.fit(x_train,y_train)
y_pred = rf.predict(x_test)
```

```
#予測した結果を描画します。
plt.figure(figsize = (18,10))
plt.plot(x_pos,y,color = 'gray',linestyle='dashdot')
plt.plot(x_pos_train,y_train,'+')
plt.plot(x_pos_test,y_pred,'-')
plt.grid()
#精度を出力します。
print("Train-set R^2: {:.2f}".format(rf.score(x_train, y_train)))
print("Test-set R^2: {:.2f}".format(rf.score(x_test, y_test)))
```

Out

```
Train-set ^2: 0.84
Test-set ^2: -0.43
```

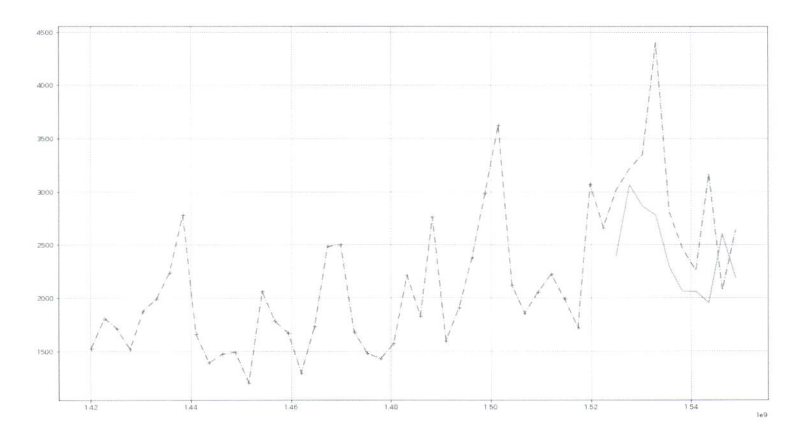

8

Preprocessing、実データ分析

　ひどい値が出ました。この手法は、今回のように目次で粗くデータが取られているときはあまり有効ではないようです。

　このことは実生活に置き換えるとわかりやすいと思います。何秒後、何分後は予測しやすいですが、1ヶ月後、1年後の未来は、なかなか予測が難しいものです。1ヶ月たつ間に様々な変動要因が加わります。例えば、1ヶ月先の休日の予定を立てても、仕事の進捗具合、プライベートの状況の変化、自分の体調などで参加できるかどうかは不確定になります。

　どうしたらモデルの精度があがるでしょうか？冒頭では家計消費には気温変動

の要因が関係あるのではないか?という仮説をたてたのでした。このモデルに、気温変動の特徴量を加えて精度があがるが試していきましょう。シンプルに考えると、家計消費と気温変動に関係があれば精度はあがりますし、関係がまったくなければ精度は変わらないか、あるいは下がります。

　果たしてモデルは、平均気温の特徴量を加えることで改善されるでしょうか?

## 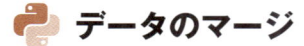 データのマージ

　気温のデータと家計のデータをマージ(合体)させましょう。先程の気温のパートで作ったデータの中身を改めて確認します。

In
```
df.head()
```

Out

| | 年月日 | 平均気温(°C) | POSIX | year | month | day | dayofweek | 1dayago | 2dayago | 3dayago | 4dayago | 5dayago | 6dayago | 7dayago |
|---|---|---|---|---|---|---|---|---|---|---|---|---|---|---|
| 0 | 2010-01-01 | 4.8 | 1262304000 | 2010 | 1 | 1 | 4 | NaN | NaN | NaN | NaN | NaN | NaN | NaN |
| 1 | 2010-01-02 | 6.3 | 1262390400 | 2010 | 1 | 2 | 5 | 4.8 | NaN | NaN | NaN | NaN | NaN | NaN |
| 2 | 2010-01-03 | 5.7 | 1262476800 | 2010 | 1 | 3 | 6 | 6.3 | 4.8 | NaN | NaN | NaN | NaN | NaN |
| 3 | 2010-01-04 | 6.5 | 1262563200 | 2010 | 1 | 4 | 0 | 5.7 | 6.3 | 4.8 | NaN | NaN | NaN | NaN |
| 4 | 2010-01-05 | 7.3 | 1262649600 | 2010 | 1 | 5 | 1 | 6.5 | 5.7 | 6.3 | 4.8 | NaN | NaN | NaN |

　家計データで使わない特徴量を削除します。

In
```
kakeidf = kakei.drop(['日付コード','日付'],axis =1)
kakeidf.head()
```

Out

| | 支出 | POSIX | 年 | 月 | 1mago | 2mago | 3mago |
|---|---|---|---|---|---|---|---|
| 0 | 1526 | 1420070400 | 2015 | 1 | 0.0 | 0.0 | 0.0 |
| 1 | 1808 | 1422748800 | 2015 | 2 | 1526.0 | 0.0 | 0.0 |
| 2 | 1712 | 1425168000 | 2015 | 3 | 1808.0 | 1526.0 | 0.0 |
| 3 | 1515 | 1427846400 | 2015 | 4 | 1712.0 | 1808.0 | 1526.0 |
| 4 | 1874 | 1430438400 | 2015 | 5 | 1515.0 | 1712.0 | 1808.0 |

dfとkakeidf、この2つのデータをマージします。マージするときに注意しなければいけないのが

・気温データは日次で2010年からのデータ
・家計データは月次で2015年からのデータ

ということです。データの取得ポイントとデータのタイムスパンが違います。
まずはデータのタイムスパンを揃えることが重要です。

細かいデータポイント（日次）から粗いデータポイント（月次）への変換は平均をとる、などによって統合できますが、逆の操作、月次データから日次データへの変換は非常に推測と憶測が混じり合ったデータになり、非常に難しい作業になります。

今回は日次データである気温データを月次データに集約します。groupby()関数を使って、日次→月次データに集約しましょう。気温データを月次データにしたあと、2015年からのデータに加工します。

```
In
```

```
kiondf = df.groupby(['year','month'])['平均気温(℃)'].mean().reset_
index()
kiondf = kiondf[kiondf['year'] >= 2015].reset_index(drop = True)
kiondf.head()
```

```
Out
```

| | year | month | 平均気温(℃) |
|---|------|-------|-----------|
| 0 | 2015 | 1 | 5.783871 |
| 1 | 2015 | 2 | 5.717857 |
| 2 | 2015 | 3 | 10.251613 |
| 3 | 2015 | 4 | 14.523333 |
| 4 | 2015 | 5 | 21.100000 |

　気温データの開始年度を2015年からに合わせ、さらに月次データに加工しました。どちらも月次データになったのでこれでマージができそうです。マージする前に2つのデータの情報を見てみましょう。

In

```
kiondf.info()
```

Out

```
<class 'pandas.core.frame.DataFrame'>
RangeIndex: 49 entries, 0 to 48
```

In

```
kakeidf.info()
```

Out

```
<class 'pandas.core.frame.DataFrame'>
RangeIndex: 50 entries, 0 to 49
```

　データの数が合いません。tail()関数を使ってデータの中身を見てみましょう。

In

```
kakeidf.tail()
```

Out

| | 支出 | POSIX | 年 | 月 | 1mago | 2mago | 3mago |
|---|---|---|---|---|---|---|---|
| 45 | 2461 | 1538352000 | 2018 | 10 | 2800.0 | 4397.0 | 3343.0 |
| 46 | 2252 | 1541030400 | 2018 | 11 | 2461.0 | 2800.0 | 4397.0 |
| 47 | 3169 | 1543622400 | 2018 | 12 | 2252.0 | 2461.0 | 2800.0 |
| 48 | 2070 | 1546300800 | 2019 | 1 | 3169.0 | 2252.0 | 2461.0 |
| 49 | 2638 | 1548979200 | 2019 | 2 | 2070.0 | 3169.0 | 2252.0 |

In

```
kiondf.tail()
```

Out

|    | year | month | 平均気温(°C) |
|----|------|-------|-------------|
| 44 | 2018 | 9     | 22.856667   |
| 45 | 2018 | 10    | 19.112903   |
| 46 | 2018 | 11    | 13.973333   |
| 47 | 2018 | 12    | 8.332258    |
| 48 | 2019 | 1     | 5.300000    |

　データを見ると、家計データ（kakeidf）は2月のデータを持っていますが、気温データ（kiondf）には2月のデータを持っていないことが原因で発生した差です。データマージの前に、家計データから2019年2月のデータ（49行目）を削除します。

In

```
kakeidf = kakeidf.drop(49)
```

　ではマージします。今回はインデックスをキーにしてマージします。left_index、right_indexというオプションを使います。

In

```
mergedf = pd.merge(kiondf,kakeidf,left_index = True,right_index =
True)
mergedf.head()
```

Out

|   | year | month | 平均気温(°C) | 支出 | POSIX | 年 | 月 | 1mago | 2mago | 3mago |
|---|------|-------|-------------|------|-------|----|----|-------|-------|-------|
| 0 | 2015 | 1 | 5.783871 | 1526 | 1420070400 | 2015 | 1 | 0.0 | 0.0 | 0.0 |
| 1 | 2015 | 2 | 5.717857 | 1808 | 1422748800 | 2015 | 2 | 1526.0 | 0.0 | 0.0 |
| 2 | 2015 | 3 | 10.251613 | 1712 | 1425168000 | 2015 | 3 | 1808.0 | 1526.0 | 0.0 |
| 3 | 2015 | 4 | 14.523333 | 1515 | 1427846400 | 2015 | 4 | 1712.0 | 1808.0 | 1526.0 |
| 4 | 2015 | 5 | 21.100000 | 1874 | 1430438400 | 2015 | 5 | 1515.0 | 1712.0 | 1808.0 |

　マージできました。
　データをマージできたところで、どの特徴量が重要度であるかを見てみましょう。RandomForestRegressorのfeature_importances_関数を使います。上記のデータを使ってモデルに学習させます。

In

```
#データをarray形式で作ります
x_pos= kakei['POSIX'].values
x = mergedf.drop(['支出'],axis = 1).values
y  = mergedf['支出'].values
#処理できるように成形します。
x_pos = x_pos.reshape(-1,1)
x = x
y = y.reshape(-1,1)
#学習データとテストデータを分割するための数値を設定します。
N = len(x)
N_train = round(len(x)*0.8)
N_test = N - N_train
#学習データとテストデータに分けます。
x_pos_train,x_pos_test = x_pos[:N_train],x_pos[N_train:]
x_train,y_train = x[:N_train],y[:N_train]
x_test,y_test = x[N_train:],y[N_train:]
#機械学習モデルを作り、学習させます。
rf = RandomForestRegressor(random_state = 0)
rf.fit(x_train,y_train)
```

学習させた後、特徴量の重要度をfeature_importances_関数を使って取得します。

In

```
featureimportance = rf.feature_importances_
featureimportance
```

Out

```
array([0.00343468, 0.01755452, 0.38093972, 0.19728156, 0.02375207,
       0.02919464, 0.23925027, 0.08306714, 0.0255254 ])
```

このままでは何が重要な特徴量なのかわからないので、pandasを使って見やすく加工します。まずfeatureimportanceをデータフレーム化します。

```
In
```
```
featuredf = pd.DataFrame(featureimportance)
featuredf
```

```
Out
```

|   | 0 |
|---|---|
| 0 | 0.003435 |
| 1 | 0.017555 |
| 2 | 0.380940 |
| 3 | 0.197282 |
| 4 | 0.023752 |
| 5 | 0.029195 |
| 6 | 0.239250 |
| 7 | 0.083067 |
| 8 | 0.025525 |

基のデータフレームからmergedfから特徴量の名称を抽出します。

```
In
```
```
featurename = mergedf.drop(['支出'],axis = 1).columns
featurename
```
```
Out
```
```
Index(['year', 'month', '平均気温(℃)', 'POSIX', '年', '月', '1mago',
'2mago',
        '3mago'],
      dtype='object')
```

特徴量がリスト形式で抽出できました。特徴量の名称を先程作ったfeaturedf
のインデックスにします。

In

```
featuredf.index = featurename
featuredf
```

Out

| | 0 |
| --- | --- |
| year | 0.003435 |
| month | 0.017555 |
| 平均気温(°C) | 0.380940 |
| POSIX | 0.197282 |
| 年 | 0.023752 |
| 月 | 0.029195 |
| 1mago | 0.239250 |
| 2mago | 0.083067 |
| 3mago | 0.025525 |

重要度が高い順に並び替えます。

In

```
featuredf.sort_values(by = 0,ascending = False)
```

Out

| | 0 |
| --- | --- |
| 平均気温(°C) | 0.380940 |
| 1mago | 0.239250 |
| POSIX | 0.197282 |
| 2mago | 0.083067 |
| 月 | 0.029195 |
| 3mago | 0.025525 |
| 年 | 0.023752 |
| month | 0.017555 |
| year | 0.003435 |

　数値が大いほど、モデルにとって重要な特徴量となります。結果をみると、平均気温の特徴量が旅行の家計消費に重要な影響を与える特徴量であると確認できます。

　この特徴量の重要度に沿って、モデルを作りましょう。先程のモデルの年、月の特徴量に加えて、平均気温（度）とPOSIXの特徴量を加えてモデル作りを行います。

In

```
#平均気温の特徴量を使ったセット
x_pos= mergedf['POSIX'].values
x = mergedf[['平均気温(℃)','POSIX','年','月']].values
y  = mergedf['支出'].values
#処理できるように成形します。
x_pos = x_pos.reshape(-1,1)
x = x
y = y.reshape(-1,1)
#学習データとテストデータを分割するための数値を設定します。
N = len(x)
N_train = round(len(x)*0.8)
N_test = N - N_train
#学習データとテストデータに分けます。
x_pos_train,x_pos_test = x_pos[:N_train],x_pos[N_train:]
x_train,y_train = x[:N_train],y[:N_train]
x_test,y_test = x[N_train:],y[N_train:]
#機械学習モデルを作り、学習させ、予測させます。
rf = RandomForestRegressor(random_state = 0)
rf.fit(x_train,y_train)
y_pred = rf.predict(x_test)
#予測した結果を描画します。
plt.figure(figsize = (18,10))
plt.plot(x_pos,y,color = 'gray',linestyle='dashdot')
plt.plot(x_pos_train,y_train,'+')
plt.plot(x_pos_test,y_pred,'-')
```

8

Preprocessing、実データ分析

```
plt.grid()
#精度を出力します。
print("Train-set R^2: {:.2f}".format(rf.score(x_train, y_train)))
print("Test-set R^2: {:.2f}".format(rf.score(x_test, y_test)))
```

Out

```
Train-set R^2: 0.90
Test-set R^2: 0.55
```

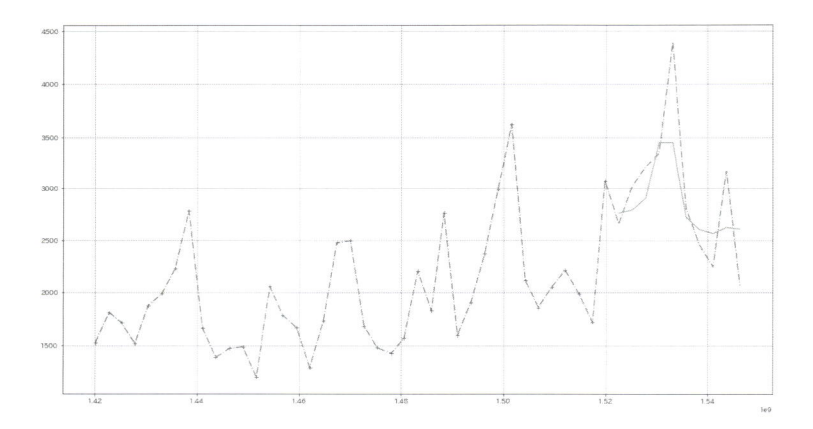

　先程と比べると一気に精度があがりましたが、それでも55％程度でコインの表と裏よりちょっとマシというレベルです。このことは平均気温以外にも、旅行の家計消費に影響を及ぼす特徴量があるということを示唆しています。ただ、旅行の家計消費は平均気温の変動と関係があるという仮説はある程度証明されました。

　仮説はある程度検証されましたが、ほかにも影響を及ぼす特徴量がありそうなことがわかりました。それは景気であったり、物価であったり、地政学的なリスク（日本人がよく行く観光地で災害や治安悪化などがあったなど）であったりするかもしれません。

　もし、興味があれば新たに仮説を作り、様々なデータを取得し、より有効なモデル作りにトライしてみてください。

# Collaborative filtering を活用したレコメンデーションモデル

##  レコメンデーションモデルについて

この項ではレコメンデーションのデータセットでよく使われるMovieLensデータを使います（https://grouplens.org/datasets/movielens/）。MovieLensは研究分野でもモデルの評価用データとして使われています。画像認識の世界でいうとMNISTのようなポジションにあるくらいデファクトなデータといえます。

MovieLensのデータを使ってレコメンデーションモデルを作ってみましょう。

ビッグデータの時代になり、情報があふれ、人が欲しい情報にヒットする時間的コストが年々高くなっています。解決策の1つがレコメンデーションモデルといえます。一番わかりやすくレコメンデーションモデルの威力がわかるのがAmazonです。

サイトにアクセスすると「あなたにおすすめの商品はこちら」と誘導されて買った経験のある人もいるかもしれません。これはあなたの過去の購買行動とほかの人の購買行動から、あなたが欲しいと思うであろう商品情報を提供するレコメンデーションモデルの代表的なものです。

Netflixはログインした画面が人によって違います。過去の視聴行動やほかの人の視聴行動から、あなたが見たいと思う可能性の高い作品を個別に並べています。Netflixは80%がレコメンデーションモデル経由の視聴といわれています（Carlos A Gomez-Uribe and Neil Hunt. 2016. The netflix recommender system: Algorithms, business value, and innovation. TMIS 6, 4 (2016), 13.）。

この節ではレコメンデーションモデルをcollaborative filteringという手法で作っていきます。

#  レコメンデーションモデルの基礎知識

レコメンデーションモデルには次の2つのモデルがあります。

## ● 代表的なレコメンデーションモデル

### ・Memory-based

Memory-basedはユーザーの行動データそのものがモデルになります。

### ・Model-based

Model-basedはユーザーの行動データからクラスタリングなどの手法を活用してモデル構築を行ってレコメンデーションを行います。

あらかじめモデルを作るか、作らないかが大きな違いです。

今回作るモデルは、ユーザー行動データであるMovieLensデータを使った。Memory-basedとなります。

## ● 3つのフィルタリングの方法

さらにフィルタリングの方法として次の3つの方法があります。

ここでフィルタリングとは、どのデータの特徴量を使ってレコメンデーションを行うかということです。

### ・Content-based-filtering

Content-based-filteringは、ユーザーの好むコンテンツの中身・特性を活用してレコメンデーションを行います。例えば、Aさんは過去、シャーロック・ホームズ、刑事コロンボ、など推理もののジャンルを好むので、Xという新しい推理ものの作品も好きに違いない、とレコメンデーションを行います。

### ・Collaborative-filtering

Collaborative-filteringは、似た行動をしているほかのユーザーやデータ特性から似たアイテム、その人の好みをレコメンデーションをします。例えば、AさんやBさんがX、Y、Zという商品を買っているとします。CさんはX、Yという商品を買っており、AさんとBさんの行動に似ているので、Zも買う可能性が高いと判断し、レコメンデーションを行います。

・**Hybrid-filtering**

Hybrid-filteringは、Content-basedとCollaborativeのハイブリッドです。

#  Collaborative-filteringでモデルを作る

今回はCollaborative-filteringでモデルを作ります。

ところで、レコメンデーションモデルでは活用するデータに大きく2種類に区分されます。

・Implicit data（暗示的データ）
・Explicit data（明示的データ）

## ● Implicit data

Implicit dataとは、ユーザーが明確にその意思・意見を表明していないけれども、その行動が結果として意思を表明したとみなせるユーザー行動です。例えば、WEBページを見た、動画を見た、商品を買った、などのデータのことです。行動による間接的なユーザーの意思表示であり、データも自動的に取れるものが多いため、非常に有効なデータです。

## ● Explicit data

Explicit dataとは、ユーザーが明確にその意思・意見を表明したデータになります。レビューやアンケートなどが代表的なものです。Explicit dataは明確な意思表示でありますが、その場の空気や他の人の評価に引っ張られてしまうことがあります（例えば評価の高いレビューがある中で、マイナスのレビューはしにくいなど）。

有効なデータではありますが、不確実性があったりレビューしたくない人もいるので、すべてのユーザーのレーティングが取れるわけではありません。

MovieLensデータはユーザーの作品に対する評価を明示したExplicit dataを使います。

今回はちょっと違った進め方をします。

　今までのように、レコメンデーションシステムに関しては、デファクトとなっているライブラリがまだありません。

　そのため、最初にレコメンデーションシステムのプロトタイプを作ります。レコメンデーションシステムの基本的な構造を理解し、そこからどのようにscikit-learnのライブラリを使って効率的なレコメンデーションシステムを作っていけばよいかを考えていきます。さらにMovieLensのデータセットを活用して、レコメンデーションシステムを構築していきます。

※ scikit-surprise というレコメンデーションシステムのライブラリがありますが、まだ一般的でないためこの本では扱いません。

 ## 論文からレコメンデーションシステムの仕組みを 理解しよう

　ここで協調フィルタリングの金字塔的な研究からレコメンデーションシステムを作ってみましょう。アルゴリズムは非常にシンプルなものです。是非、論文も読んでみてください。Google scholarで検索すればPDFもヒットします。この研究が今WEBサービスで展開されているレコメンデーションシステムの基礎になり、多くのWEBサービスの発展に寄与したといわれています。

　Grouplensチームはレコメンデーションシステムの研究をはじめとしてMovieLensというデータ・セットを広く提供し、この分野での貢献は大きなものとなっています。このデータ・セットを用いて、世界中の研究者がレコメンデーションシステムの研究を行っています。共通のデータセットが存在するというのは、共通の評価指標を作ることになり非常に重要なことです。

　今回参考にする論文の題名は「GroupLens: an open architecture for collaborative filtering of netnews」P. Resnick, N. Iacovou, M. Suchak, P. Bergstrom, and J. Riedl,"Grouplens: an open architecture for collaborative filtering ofnetnews," inProceedings of the ACM Conference on ComputerSupported Cooperative Work, pp. 175–186, New York, NY,USA, 1994. です。

　この論文ではいわゆる User-User collaborttive filtering という手法でモデルが

構築されています。その名のとおり、ユーザー間の相関から他のユーザーの評価を予測するモデルです。論文内で、4人のユーザーと6つの記事のレーティングのサンプルが示されてるので、そのサンプルを使ってモデルを作っていきましょう。アイテム（論文内では message）はわかりやすく、A～Fで振り直しました。

## Users

| message | Ken | Lee | Meg | Nan |
|---|---|---|---|---|
| A | 1 | 4 | 2 | 2 |
| B | 5 | 2 | 4 | 4 |
| C |  |  | 3 |  |
| D | 2 | 5 |  | 5 |
| E | 4 | 1 |  | 1 |
| F | ? | 2 | 5 | ? |

　各ユーザーの各記事のレーティングをマトリックスにしたものです。例えば Ken は記事Bの評価が5ですから記事Bを高く評価していることになります。逆に記事Dは2であまり高く評価していないようです。

　ここで Ken は記事Fを読んでいませんが、Ken におすすめすると、Ken は記事Fを読むのでしょうか？　読んだとしたらどんな評価を与えるのでしょうか？
　Ken がまだ読んでいない記事Fをどのように評価をするかを、ほかのユーザーとの好みの類似度を表すを活用して予測するのが協調フィルタリングです。

　論文の方法では、ユーザー同士の類似度を数値化し、その類似度を基にユーザーのレーティング予測をしています。例えば、Ken と Lee は各記事に対して

まったく逆の評価をしています。Kenは記事Aをあまり評価していませんが、Leeは非常に高く評価しています。逆にKenは記事B を非常に高く評価していますが、Leeはあまり高く評価していません。この場合、KenとLeeの類似度はとても低くなります。つまり似ていないということになります。

ではKenとMegとの類似性どうでしょうか？　KenもMegも記事Aはあまり評価せず、記事Bはどちらも高く評価しているので、この場合2人の類似度は高い数値になります。同様に、KenとNanは記事Aと記事Bは同じ傾向で評価していますが、記事4と記事5で真逆の評価をしているので、類似度はプラスマイナス0といえます。

この類似度を数値で示すのに様々な指標が使われるのですが、論文内ではピアソン相関が使われているので、ピアソン相関を使って類似度を出してみましょう。まずサンプルをデータフレームで作ります。いつものライブラリを読み込みます。

ライブラリを読み込みます。

In

```
import pandas as pd
import numpy as np
import seaborn as sb
import matplotlib.pyplot as plt
%matplotlib inline
```

In

```
U = [[1,4,2,2],[5,2,4,4],[np.nan,np.nan,3,np.nan],[2,5,np.
nan,5],[4,1,np.nan,1],[np.nan,2,5,np.nan]]
U = pd.DataFrame(U)
U.columns = ['Ken','Lee','Meg','Nan']
U.index = ['A','B','C','D','E','F']
U
```

`Out`

|   | Ken | Lee | Meg | Nan |
|---|-----|-----|-----|-----|
| **A** | 1.0 | 4.0 | 2.0 | 2.0 |
| **B** | 5.0 | 2.0 | 4.0 | 4.0 |
| **C** | NaN | NaN | 3.0 | NaN |
| **D** | 2.0 | 5.0 | NaN | 5.0 |
| **E** | 4.0 | 1.0 | NaN | 1.0 |
| **F** | NaN | 2.0 | 5.0 | NaN |

ユーザー同士の類似度を表すピアソン相関を求めます。

`In`

```
pear = U.corr()
pear
```

`Out`

|   | Ken | Lee | Meg | Nan |
|---|-----|-----|-----|-----|
| **Ken** | 1.0 | -0.800000 | 1.000000 | 0.0 |
| **Lee** | -0.8 | 1.000000 | -0.944911 | 0.6 |
| **Meg** | 1.0 | -0.944911 | 1.000000 | 1.0 |
| **Nan** | 0.0 | 0.600000 | 1.000000 | 1.0 |

先程の類推のとおり、Ken と Lee の類似度は − 0.8 と低く、Ken と Meg の類似度は 1.0 で非常に高くなっています。また、Ken と Nan は類似度が 0 でまったく好みが似ていないと、数値としてでました。論文では類似度を活用して次のような式を立てて、Ken の記事 F のレーティングの予測をしています。

$$Ken_{Fpred} = \overline{K} + \frac{\displaystyle\sum_{J \in raters}(J_F - \overline{J})r_{KJ}}{\displaystyle\sum_{J}|r_{KJ}|}$$

数式が出てきて戸惑うかもしれませんが、式自体は非常にシンプルなので1つ
ずつ説明していきます。基本はKenのレーティングの平均と他のユーザーとの類
似度とユーザーのレーティングの加重平均の足し合わせです。

User-User collaborative filteringのレコメンデーションシステムの基礎となる
エンジンはこの数式のみです。このシンプルな数式一つが、WEBサービスの大き
な発展に寄与してきたと思うとコンピュータ・サイエンスのおおきな力を実感し
ます。

$Ken_{Fpred}$はKenがFの記事を読んだときに評価するであろう予測値を示しま
す。

$\bar{K}$はKenのレーティングの平均値を表します。

$J \in raters$は対象なる記事を評価している人達(raters)の値のみを計算する
というこです。今回はKent記事Fをどう評価するかの予測をしたいのですが、記
事Fの評価をしているのはLeeとMegなので、LeeとMegがratersになります。

$J_F$は記事Fの各ユーザー（raters）のレーティング、$\bar{J}$はレーティング全体の平
均です。

$r_{KJ}$はKenとそれぞれのユーザーの類似度、この場合はKenとLee,Megとの類
似度（ピアソン相関）になります。

右側の項の分子について少し説明をします。式を日本語にしてみると分子は

> 分子 = (Leeの記事Fのレーティング ― レーティング全体の平均) × Kenと
> Leeの類似度 + (Megの記事Fのレーティング ― レーティング全体
> の平均) × KenとMegの類似度

となります。分母は

> 分母 = KenとLeeの類似度の絶対値 + KenとMegの類似度の絶対値

となります。それぞれのユーザーの評価と類似度の加重平均を算出しています。
数式は複雑に見えますがシンプルな内容ですので、順を追っていきましょう。
Kenの記事Fのレーティング予測をしていきます。

もう一度、ピアソン相関を求めてみましょう。

In

```
pear = U.corr()
pear
```

Out

| | Ken | Lee | Meg | Nan |
|---|---|---|---|---|
| **Ken** | 1.0 | -0.800000 | 1.000000 | 0.0 |
| **Lee** | -0.8 | 1.000000 | -0.944911 | 0.6 |
| **Meg** | 1.0 | -0.944911 | 1.000000 | 1.0 |
| **Nan** | 0.0 | 0.600000 | 1.000000 | 1.0 |

次に求めたいのが、式の中の$\overline{K}$、つまりKenのレーティングの平均です。ここでは各ユーザーの平均を求めてから、Kenの平均を抽出します。

In

```
mean = U.mean()
mean
```

Out

```
Ken     3.0
Lee     2.8
Meg     3.5
Nan     3.0
dtype: float64
```

meanはリストになっているので、スライシングでKenの平均値を取り出せます。

```
In
```
```
ken_mean = mean[0]
ken_mean
```
```
Out
```
```
3.0
```

数式の分子部分にとりかかります。記事Fの各ユーザーの評価を抽出しましょう。数式だと$J_F$のパートです。

```
In
```
```
U.iloc[5,:]
```
```
Out
```
```
Ken    NaN
Lee    2.0
Meg    5.0
Nan    NaN
Name: 6, dtype: float64
```

次に記事全体のレーティングの平均、$\overline{J}$を求めます。このとき、端数を切り捨てるかどうか、それぞれスタイルはあるようですが、ここではResnickの論文にならって端数を切り捨てます。

```
In
```
```
round(U.mean().mean())
```
```
Out
```
```
3
```

ここまでを図示してみます。

$$J_F = U.iloc[5,:] \longrightarrow$$

|   | Ken | Lee | Meg | Nan |
|---|-----|-----|-----|-----|
| A | 1.0 | 4.0 | 2.0 | 2.0 |
| B | 5.0 | 2.0 | 4.0 | 4.0 |
| C | NaN | NaN | 3.0 | NaN |
| D | 2.0 | 5.0 | NaN | 5.0 |
| E | 4.0 | 1.0 | NaN | 1.0 |
| F | NaN | 2.0 | 5.0 | NaN |

$$\bar{J} = round(U.mean().mean())$$

Kenと各ユーザーの類似度をiloc()関数でスライシングして取り出します。KenとKenの類似度は本人そのものなので、1となります。

In
```
pear.iloc[0,:]
```

Out
```
Ken     1.0
Lee    -0.8
Meg     1.0
Nan     0.0
Name: (Ken,), dtype: float64
```

これで分子部分が求められます。$(J_F - \bar{J}) * r_{ken.raters}$ の部分です。

In
```
(U.iloc[5,:] - round(U.mean().mean()))*pear.iloc[0,:]
```

Out
```
Ken    NaN
Lee    0.8
Meg    2.0
Nan    NaN
dtype: float64
```

この和をとれば

$$\sum_{J \in raters} (J_F - \overline{J}) * r_{ken.raters}$$

が求められます。先ほど求めたコードに sum() を加えるだけです。

In
```
bunsi = ((U.iloc[5,:] - round(U.mean().mean()))*pear.iloc[0,:]).
sum()
bunsi
```

Out
```
2.8
```

分母部分の $\Sigma |r_{ken.raters}|$ は、類似度の絶対値の総和ですから、絶対値化する abs() 関数と総和の sum() 関数を使います。ただし、このとき自分自身との類似度、つまり Ken と Ken の類似度もはいってしまっているので、その数値を引きます。

In
```
bunbo = pear.iloc[0,:].abs().sum()-1
bunbo
```

Out
```
1.7999999999999998
```

これで Ken が記事6を見るレーティングの予測を見ることができます。つまり

$$Ken_{Fpred} = \overline{K} + \frac{\sum\limits_{J \in raters} (J_F - \overline{J}) r_{KJ}}{\sum\limits_{J} |r_{KJ}|}$$

In
```
ken_mean   + bunsi/bunbo
```

Out
```
4.555555555555555
```

となります。Kenは記事Fを読んだら高い評価を下すであろうということが予測されたので、Kenに記事Fをレコメンドしよう、というのがレコメンデーションシステムです。

このように他人のユーザーの類似度とそのユーザーのレーティングを参考にしながら、未知のレーティングを予測していくのが協調フィルタリングです。今回はユーザー間の類似度を算出して予測したので、最初に述べたようにuser-user collaborative filtering となります。

もう30年も前の論文になりますが、このように非常にシンプルな数式で表されるモデルがAmazonをはじめとした多くのWEBサービスの発展の礎の1つとなったことを考えると、非常に興味深いですね。

もちろん、最新の研究やモデルはもっと複雑かつ難解になっておりますが、この論文のように、人間として当然もつ興味や疑問、思いをどう実装してコンピュータでどう動くようにするかという非常にシンプルなモチベーションが、強力なモデル構築につながっていきます。こういったところが、コンピュータサイエンスの非常に面白いところだと考えています。

# 8.5

# MovieLens を使ったモデル作り

レコメンデーションシステムというものがどういったものか概要ががわかってきたところで、MovieLens を使ったモデル作りをしていきましょう。

##  データを入手しよう

改めて MovieLens[※] とはミネソタ大学の研究グループである GroupLens が提供しているデータです。先程の項で紹介したレコメンデーションシステムを構築したチームです。

GroupLens のホームページ（https://grouplens.org/datasets/movielens/）の recommended for education and development にある ml-latest-small.zip（容量 1MB）をダウンロードします。

クリックすればダウンロードが始まるので、Jupytenotebook を保存したフォルダにダウンロードして保存してください。

[※] F.Maxwell Harper and Joseph A. Konstan. 2015. The MovieLens Datasets: History and Context. ACM Transactions on Interactive Intelligent Systems (TiiS) 5, 4: 19:1–19:19. <https://doi.org/10.1145/2827872>

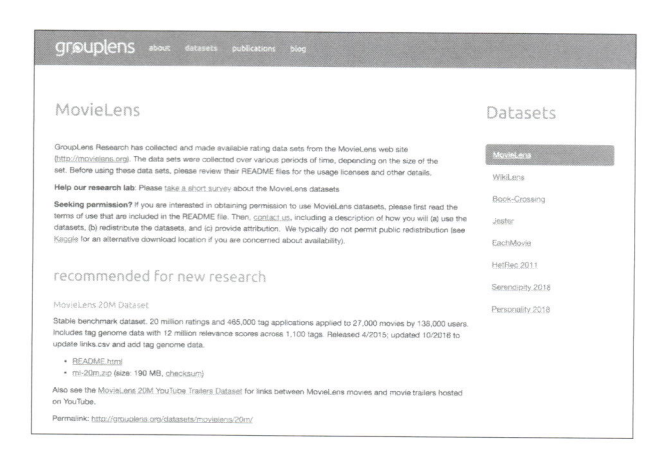

先程の MovieLens のデータがダウンロードできたかを確認しましょう。

```
ls
```

```
ml-latest-small/          レコメンデーション.ipynb
ml-latest-small.zip
```

ml-latest-small/というフォルダが見えます（筆者の環境では青文字で記載されています）。フォルダー内には、「links.csv movies.csv,rating.csv,tags.csv,README.txt」の5つのファイルが入っています。今回は movies.csv、rating.csv の2つのデータを使います。

In
```
rating = pd.read_csv('ml-latest-small/ratings.csv')
movie = pd.read_csv('ml-latest-small/movies.csv')
```

 ## データの概要を理解しよう

データセットの概要を理解するところから始めます。

In
```
rating.info()
```

Out
```
<class 'pandas.core.frame.DataFrame'>
RangeIndex: 100836 entries, 0 to 100835
Data columns (total 4 columns):
userId        100836 non-null int64
movieId       100836 non-null int64
rating        100836 non-null float64
timestamp     100836 non-null int64
dtypes: float64(1), int64(3)
memory usage: 3.1 MB
```

userId,movieId,ratingとも100836あり、データ欠損はないようです。中身を見ていきます。

In

```
rating.head()
```

Out

|   | userId | movieId | rating | timestamp |
|---|--------|---------|--------|-----------|
| 0 | 1 | 1 | 4.0 | 964982703 |
| 1 | 1 | 3 | 4.0 | 964981247 |
| 2 | 1 | 6 | 4.0 | 964982224 |
| 3 | 1 | 47 | 5.0 | 964983815 |
| 4 | 1 | 50 | 5.0 | 964982931 |

フォルダに入っているREADMEファイルをみるとtimestampは、時系列の項でも説明したPOSIXtimeのようです。データ全体の基本統計量を見てみます。

In

```
rating.describe()
```

Out

|       | userId | movieId | rating | timestamp |
|-------|--------|---------|--------|-----------|
| count | 100836.000000 | 100836.000000 | 100836.000000 | 1.008360e+05 |
| mean | 326.127564 | 19435.295718 | 3.501557 | 1.205946e+09 |
| std | 182.618491 | 35530.987199 | 1.042529 | 2.162610e+08 |
| min | 1.000000 | 1.000000 | 0.500000 | 8.281246e+08 |
| 25% | 177.000000 | 1199.000000 | 3.000000 | 1.019124e+09 |
| 50% | 325.000000 | 2991.000000 | 3.500000 | 1.186087e+09 |
| 75% | 477.000000 | 8122.000000 | 4.000000 | 1.435994e+09 |
| max | 610.000000 | 193609.000000 | 5.000000 | 1.537799e+09 |

userIdはmin:1、max:610とあるので、ユーザー数は610人でしょうか。movieIdは1～193,609とあるので20万近い作品があることになるのでしょうか。

ratingは min：0、max：5となっています。平均は3.5なので全体的にちょっと高めの評価になっています。

評価されている作品数を数えます。

```
In
```

```
rating['movieId'].nunique()
```

```
Out
```

```
9724
```

ユーザーの数を数えます。

```
In
```

```
rating['userId'].nunique()
```

```
Out
```

```
610
```

以上からこのデータは、610人のユーザーが9,742作品を評価したデータということになります。

次にmovieの中を見てみます。movieは作品名とIDが割り振られたデータです。

```
In
```

```
movie.info()
```

```
Out
```

```
<class 'pandas.core.frame.DataFrame'>
RangeIndex: 9742 entries, 0 to 9741
Data columns (total 3 columns):
movieId    9742 non-null int64
title      9742 non-null object
genres     9742 non-null object
dtypes: int64(1), object(2)
memory usage: 228.4+ KB
```

先程調べた作品数 9,742 と同じ数です。movie のデータの中身をさらに見ていきましょう。

```
In
movie.head()
```

```
Out
```

| | movieId | title | genres |
|---|---|---|---|
| **0** | 1 | Toy Story (1995) | Adventure\|Animation\|Children\|Comedy\|Fantasy |
| **1** | 2 | Jumanji (1995) | Adventure\|Children\|Fantasy |
| **2** | 3 | Grumpier Old Men (1995) | Comedy\|Romance |
| **3** | 4 | Waiting to Exhale (1995) | Comedy\|Drama\|Romance |
| **4** | 5 | Father of the Bride Part II (1995) | Comedy |

movieId に作品名、ジャンルが割り振られています。基本統計量を見てみます。

```
In
movie.describe()
```

```
Out
```

| | movieId |
|---|---|
| **count** | 9742.000000 |
| **mean** | 42200.353623 |
| **std** | 52160.494854 |
| **min** | 1.000000 |
| **25%** | 3248.250000 |
| **50%** | 7300.000000 |
| **75%** | 76232.000000 |
| **max** | 193609.000000 |

rating のデータ概要で出てきたように、作品数は 9,742。movieId の max が 193,609 です。20 万 ID が割り振られれた作品群のうち、9,742 作品が評価されているデータだということがわかります。

データを加工しよう

2つのデータ・セットを加工して、論文のサンプルででてきたようなユーザー×作品の行列を作ります。

あらためてデータ・セットの中身を見ます。

In

```
rating.head()
```

Out

|   | userId | movieId | rating | timestamp |
|---|--------|---------|--------|-----------|
| 0 | 1 | 1 | 4.0 | 964982703 |
| 1 | 1 | 3 | 4.0 | 964981247 |
| 2 | 1 | 6 | 4.0 | 964982224 |
| 3 | 1 | 47 | 5.0 | 964983815 |
| 4 | 1 | 50 | 5.0 | 964982931 |

2つのデータフレームに共通するのはmovieIdです。movieIdをKeyとして2つのデータフレームをマージします。Keyはonで指定します。

In

```
df= pd.merge(rating,movie,on = 'movieId',how = 'left')
df.head()
```

Out

|   | userId | movieId | rating | timestamp | title | genres |
|---|--------|---------|--------|-----------|-------|--------|
| 0 | 1 | 1 | 4.0 | 964982703 | Toy Story (1995) | Adventure\|Animation\|Children\|Comedy\|Fantasy |
| 1 | 1 | 3 | 4.0 | 964981247 | Grumpier Old Men (1995) | Comedy\|Romance |
| 2 | 1 | 6 | 4.0 | 964982224 | Heat (1995) | Action\|Crime\|Thriller |
| 3 | 1 | 47 | 5.0 | 964983815 | Seven (a.k.a. Se7en) (1995) | Mystery\|Thriller |
| 4 | 1 | 50 | 5.0 | 964982931 | Usual Suspects, The (1995) | Crime\|Mystery\|Thriller |

2つのデータをマージできました。

データセットを作ります。drop関数を使っても良いですが、削除する特徴量も多いのでデータフレームのスライシングを使って次のように処理します。

In

```
data = df[['userId','title','rating']]
data.head()
```

Out

| | userId | title | rating |
|---|---|---|---|
| **0** | 1 | Toy Story (1995) | 4.0 |
| **1** | 1 | Grumpier Old Men (1995) | 4.0 |
| **2** | 1 | Heat (1995) | 4.0 |
| **3** | 1 | Seven (a.k.a. Se7en) (1995) | 5.0 |
| **4** | 1 | Usual Suspects, The (1995) | 5.0 |

　作ったデータフレームの中身を見ていきましょう。一番多く評価された映画はどの映画でしょうか？

In

```
data.groupby('title')['userId'].count().sort_values(ascending =
False).head()
```

Out

```
title
Forrest Gump (1994)                  329
Shawshank Redemption, The (1994)     317
Pulp Fiction (1994)                  307
Silence of the Lambs, The (1991)     279
Matrix, The (1999)                   278
Name: userId, dtype: int64
```

　「フォレスト・ガンプ」「ショーシャンク」「パルプフィクション」「羊たちの沈黙」など、ビッグネームが並びます。329人が評価しているので、610人中、半分以上が観ているということになります。

　逆に、一番評価されていない作品を見てみます。headをtailにするだけです。

In

```
data.groupby('title')['userId'].count().sort_values(ascending =
False).tail()
```

Out

```
title
Late Night Shopping (2001)                                              1
Late Night with Conan O'Brien: The Best of Triumph the Insult
Comic Dog (2004)      1
Late Shift, The (1996)                                                  1
Latter Days (2003)                                                      1
'71 (2014)                                                              1
Name: userId, dtype: int64
```

各作品は最低でも一回は評価されていることがわかります。
タイトルごとの評価数を可視化します。

In

```
title_rating = data.groupby('title')['rating'].count().sort_
values(ascending = False)
```

可視化してみましょう。

In

```
plt.figure(figsize = (15,10))
title_rating.plot()
pt.grid()
```

Out

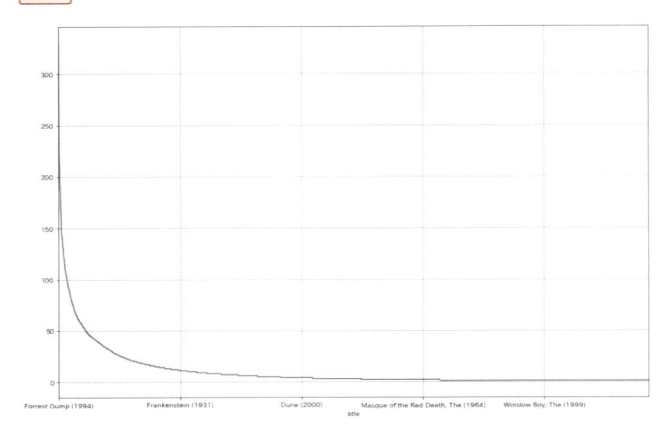

　典型的なロングテイルの曲線です。グラフを見ると評価されている作品はほんの一握りで、殆どの作品は評価されていない、つまり観られていないことがわかります。

　次に、ユーザー1人あたりどれくらい作品を評価しているのか見ていきます。

In

```
data.groupby('userId')['userId'].count().sort_values(ascending =
False).head()
```

Out

```
userId
414    2698
599    2478
474    2108
448    1864
274    1346
Name: userId, dtype: int64
```

　userId414の人は2,700近くの作品を評価しています。逆に作品の評価数が一番少ないのはどのユーザーでしょうか。

In

```
data.groupby('userId')['userId'].count().sort_values(ascending =
False).tail()
```

Out

```
userId
569    20
194    20
147    20
406    20
442    20
Name: userId, dtype: int64
```

　userIdが442の人が作品視聴数が少ないユーザーということになります。最低でも20作品を評価したユーザーのセットということがわかります。

　最後に評価値の分布を見てみましょう。

In

```
plt.figure(figsize = (15,10))
sb.barplot(x = 'rating',y = 'userId',data = data)
```

Out

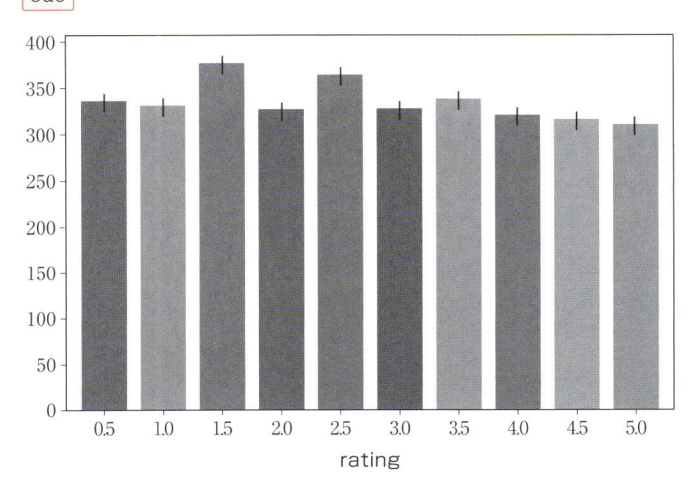

評価値にばらつきがなく、各評価値が均等になっています。

データの中身をみてきたところで、これから作るモデルで処理するためにユーザー×作品の行列データを作りましょう。pivot_tabel() 関数を使います。

`In`

```
df = pd.pivot_table(data,index = 'userId',columns = 'title')
df.head()
```

`Out`

| title | '71 (2014) | 'Hellboy': The Seeds of Creation (2004) | 'Round Midnight (1986) | 'Salem's Lot (2004) | 'Til There Was You (1997) | 'Tis the Season for Love (2015) | 'burbs, The (1989) | 'night Mother (1986) | (500) Days of Summer (2009) | *batteries not included (1987) | ... | Zulu (2013) | [REC] (2007) | [REC]² (2009) |
|---|---|---|---|---|---|---|---|---|---|---|---|---|---|---|
| userId | | | | | | | | | | | | | | |
| 1 | NaN | NaN | NaN | NaN | NaN | NaN | NaN | NaN | NaN | NaN | ... | NaN | NaN | NaN |
| 2 | NaN | NaN | NaN | NaN | NaN | NaN | NaN | NaN | NaN | NaN | ... | NaN | NaN | NaN |
| 3 | NaN | NaN | NaN | NaN | NaN | NaN | NaN | NaN | NaN | NaN | ... | NaN | NaN | NaN |
| 4 | NaN | NaN | NaN | NaN | NaN | NaN | NaN | NaN | NaN | NaN | ... | NaN | NaN | NaN |
| 5 | NaN | NaN | NaN | NaN | NaN | NaN | NaN | NaN | NaN | NaN | ... | NaN | NaN | NaN |

ユーザー×作品の行列になっていますが、NaN が非常に多いですね。

これは当たり前の話で、世の中に映画の数は非常に数多く存在するため、観られていない映画（あるいは評価されなかった）も数多くあるため結果的に NaN が非常に多くなります。

この行列を seaborn のヒートマップ関数 heatmap() を使って可視化します。

`In`

```
plt.figure(figsize = (18,18))
sb.heatmap(df)
```

Out

　cmapを使って見やすくすることもできます。他のカラーパレットは以下の
URLのページを参照してください（https://seaborn.pydata.org/tutorial/color_
palettes.html）。

In

```
plt.figure(figsize = (18,18))


Sb.heatmap(df,cmap = 'Blues')
```

Out

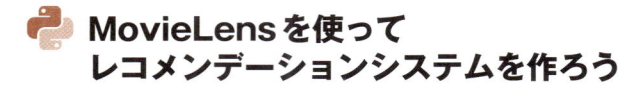

## MovieLens を使って レコメンデーションシステムを作ろう

作ったデータ全部を試すのではなく、少しデータを切り出してレコメンデーションシステムを作ってみましょう。

先程作ったデータを小さく切り取っていきます。

データは非常にスパース（疎）な行列、つまり NaN や 0 が多い行列となっているので、データの中身が把握しやすいようにデータの並べ替えを行ってからデータを切り出していきます。

次の手順でデータを作ります。

1. pivot_table() で並べ替えできるように合計値を入れたデータフレームを作る
2. 合計の項が加えられたデータフレームで、列方向で sort_values() を使って並べ替える

3. 行方向でsort_values()を使って並べ替える

4. ilocでスライスして小さく切り出したデータフレームを作る

それでは、まずは各行、各列の合計の項を作ります。先程のpivot_tableにaggfuncとmarginsのパラメータを加えるだけです。

`In`

```
test = pd.pivot_table(data,index = 'userId',columns =
'title',aggfunc = 'sum',margins = True)
test.tail()
```

`Out`

| rating | | | | | | | | | | | | | | |
|---|---|---|---|---|---|---|---|---|---|---|---|---|---|---|
| title | '71 (2014) | 'Hellboy': The Seeds of Creation (2004) | 'Round Midnight (1986) | 'Salem's Lot (2004) | 'Til There Was You (1997) | 'Tis the Season for Love (2015) | 'burbs, The (1989) | 'night Mother (1986) | (500) Days of Summer (2009) | *batteries not included (1987) | ... | [REC] (2007) | [REC]² (2009) | [REC]³ 3 Génesi (2012) |
| userId | | | | | | | | | | | | | | |
| 607 | NaN | NaN | NaN | NaN | NaN | NaN | NaN | NaN | NaN | NaN | ... | NaN | NaN | NaN |
| 608 | NaN | NaN | NaN | NaN | NaN | NaN | NaN | NaN | NaN | NaN | ... | NaN | NaN | NaN |
| 609 | NaN | NaN | NaN | NaN | NaN | NaN | NaN | NaN | NaN | NaN | ... | NaN | NaN | NaN |
| 610 | 4.0 | NaN | NaN | NaN | NaN | NaN | NaN | NaN | 3.5 | NaN | ... | 4.0 | 3.5 | 3. |
| All | 4.0 | 4.0 | 7.0 | 5.0 | 8.0 | 1.5 | 54.0 | 3.0 | 154.0 | 23.0 | ... | 32.5 | 11.0 | 6. |

行と列両方に、合計和を表すAllの項が加わりました（上の画像では切れていますが、行方向のAllの項は右にスクロールすると表示されます）。このAllをもとに並び替えます。注意したいのが、列はby='All'で指定して並び変えればよいのですが、行は特殊な指定方法になっています。

これはpivot_table()を使った結果、データフレームが特殊なデータ構造になっているためです。どんなデータ構造になっているかカラムを抽出してみます。

`In`

```
test.columns[0]
```

`Out`

```
('rating', "'71 (2014)")
```

　このようなタプルといわれるデータ構造になっていたので、この情報を参考に by = ('rating','All')を指定してソートします。

`In`

```
test = test.sort_values(by = 'All',ascending = False,axis =
1).sort_values(by =('rating', 'All'),ascending = False)
```

　可視化します。

`In`

```
plt.figure(figsize = (18,18))
sb.heatmap(test)
```

`Out`

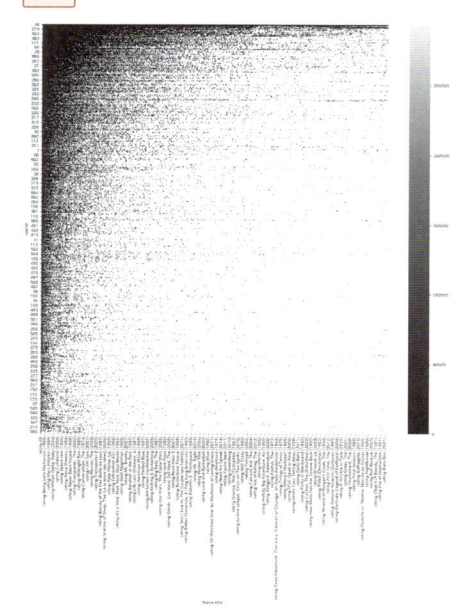

ここからデータを切り出していきます。

`In`

```python
toy = test.iloc[50:70,50:100].T
toy.head()
```

`Out`

| userId | 57 | 42 | 462 | 45 | 580 | 202 | 357 | 339 | 509 | 62 | 103 | 292 | 156 | 21 | 596 | 391 | 125 | 66 | 221 | 51 |
|---|---|---|---|---|---|---|---|---|---|---|---|---|---|---|---|---|---|---|---|---|
| **title** | | | | | | | | | | | | | | | | | | | | |
| rating Pirates of the Caribbean: The Curse of the Black Pearl (2003) | NaN | NaN | 4.0 | 5.0 | 4.0 | NaN | NaN | 3.0 | 3.5 | 4.0 | 4.5 | 4.0 | 4.0 | 4.0 | 3.0 | NaN | 4.0 | 3.5 | 3.5 | NaN |
| Die Hard (1988) | 4.0 | 4.0 | 1.5 | 3.0 | 4.0 | 4.0 | NaN | NaN | NaN | NaN | NaN | 4.0 | NaN | 3.5 | 4.0 | 5.0 | NaN | 4.0 | NaN | NaN |
| One Flew Over the Cuckoo's Nest (1975) | 4.0 | NaN | NaN | NaN | 4.0 | NaN | NaN | 5.0 | NaN | 4.0 | 4.5 | 2.5 | 4.0 | NaN | NaN | 5.0 | 5.0 | NaN | 5.0 | NaN |
| Finding Nemo (2003) | NaN | NaN | NaN | 5.0 | 4.5 | NaN | 4.5 | 4.0 | 3.5 | NaN | 3.5 | 3.5 | 4.0 | NaN | 4.0 | NaN | NaN | 4.5 | 4.0 | NaN |
| Reservoir Dogs (1992) | NaN | 5.0 | 3.5 | NaN | 5.0 | 5.0 | 3.0 | NaN | NaN | 5.0 | 4.5 | NaN | 4.0 | NaN | NaN | 5.0 | NaN | 4.0 | 4.5 | NaN |

データの切り出しができました。このデータを作って、モデルを作っていきましょう。

##  User-User collaborative filtering

先程Resnickの論文で学んだUser-User collaborative filteringは一般的には次の式であらわすことができます。

$$s(u, i) = \overline{r_u} + \frac{\sum_{v \in V}\left(r_{vi} - \overline{r_v}\right) * w_{uv}}{\sum_{v \in V}|w_{uv}|}$$

それぞれの項が何を指すのかを図示します。

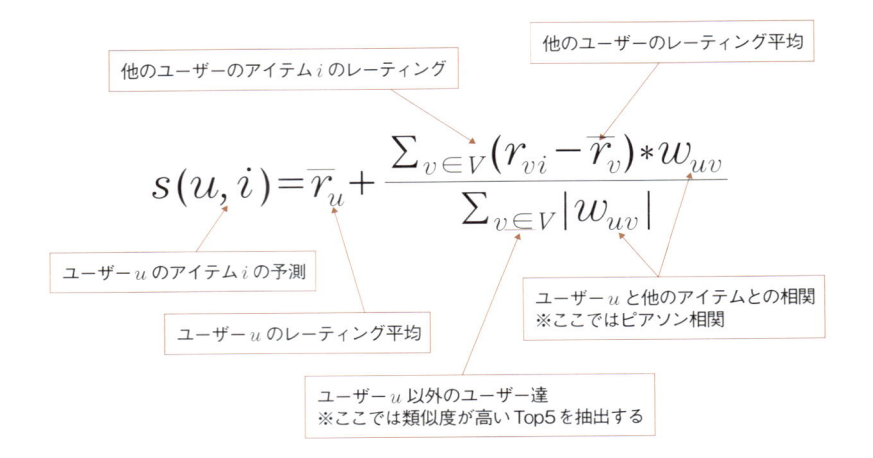

となります。この数式を使って、評価値を予測しましょう。

まずユーザー間のピアソン相関を求めます。

In

```
corrs = toy.corr()
corrs.head()
```

Out

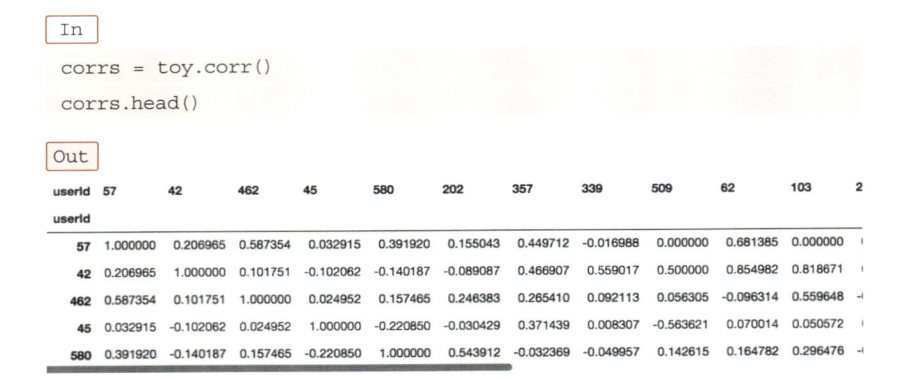

| userId | 57 | 42 | 462 | 45 | 580 | 202 | 357 | 339 | 509 | 62 | 103 | 2 |
|---|---|---|---|---|---|---|---|---|---|---|---|---|
| userId | | | | | | | | | | | | |
| 57 | 1.000000 | 0.206965 | 0.587354 | 0.032915 | 0.391920 | 0.155043 | 0.449712 | -0.016988 | 0.000000 | 0.681385 | 0.000000 | |
| 42 | 0.206965 | 1.000000 | 0.101751 | -0.102062 | -0.140187 | -0.089087 | 0.466907 | 0.559017 | 0.500000 | 0.854982 | 0.818671 | |
| 462 | 0.587354 | 0.101751 | 1.000000 | 0.024952 | 0.157465 | 0.246383 | 0.265410 | 0.092113 | 0.056305 | -0.096314 | 0.559648 | |
| 45 | 0.032915 | -0.102062 | 0.024952 | 1.000000 | -0.220850 | -0.030429 | 0.371439 | 0.008307 | -0.563621 | 0.070014 | 0.050572 | |
| 580 | 0.391920 | -0.140187 | 0.157465 | -0.220850 | 1.000000 | 0.543912 | -0.032369 | -0.049957 | 0.142615 | 0.164782 | 0.296476 | |

今回はuserId357の人のレーティングを予測してみます。userId357の人と他の人とのピアソン相関を抽出します。

In

```
corrs.loc[:,357].head()
```

```
Out
```

```
userId
57      0.449712
42      0.466907
462     0.265410
45      0.371439
580     -0.032369
Name: 357, dtype: float64
```

相関の高いユーザーを抽出したいので、並び替えます。

```
In
```

```
user_corr = corrs.loc[:,357].sort_values(ascending = False)
user_corr.head()
```

```
Out
```

```
userId
357     1.000000
125     0.774597
42      0.466907
57      0.449712
45      0.371439
Name: 357, dtype: float64
```

User-User collaborative filtering は類似度の高いユーザーのレーティングを参考にレーティングを予測するものです。そのため、相関が高いユーザーのみを抽出し、ほかは考慮しないでも良いという考え方もできるわけです。相関の低いユーザーの数値はノイズになってしまうこともあるからです。

日常生活でも、好みがまったく違う人の意見は（例えば映画が面白かったか面白くなかったか）あまり考慮にいれないものです。自分が面白そうだなと思っている映画をまったく好みが違う人から面白くないといわれても、その人の意見はあまり参考にせず好みが同じ人から面白いといわれたら必ず観に行くのと同じで、レコメンデーションモデルでも類似度が高いユーザーの意見を参考にして、

類似度が低いユーザーの意見は考慮しない場合もあります。参考にするユーザー上位 N 個をとって TopN と表現したりします。今回は Top5 でモデルを作っていきます。Top5 の相関を抽出します。つまり、好みが似ている 5 人の意見を参考にするということです。

```
In
user_corr_top5 = user_corr[1:6]
user_corr_top5
```

```
Out
userId
125    0.774597
42     0.466907
57     0.449712
45     0.371439
339    0.312097
Name: 357, dtype: float64
```

userId357 と userId [125,42,57,45,339] との類似度です。数式でいうと $w_{uv}$ は $w\_{357,[125,42,57,45,339]}$ と表せるわけです。

Top5 の人たちのレーティングも必要なので、それを抽出します。

この Top5 の人たちの userId は

```
In
user_corr_top5.index
```

```
Out
Index([125, 42, 57, 45, 339], dtype='object', name='userId')
```

でリスト化されているので次のように抽出できます。

```
In
rating_top5 = toy.loc[:,user_corr_top5.index]
rating_top5.head()
```

Out

| userId | | 125 | 42 | 57 | 45 | 339 |
|---|---|---|---|---|---|---|
| | title | | | | | |
| rating | Pirates of the Caribbean: The Curse of the Black Pearl (2003) | 4.0 | NaN | NaN | 5.0 | 3.0 |
| | Die Hard (1988) | NaN | 4.0 | 4.0 | 3.0 | NaN |
| | One Flew Over the Cuckoo's Nest (1975) | 5.0 | NaN | 4.0 | NaN | 5.0 |
| | Finding Nemo (2003) | NaN | NaN | NaN | 5.0 | 4.0 |
| | Reservoir Dogs (1992) | NaN | 5.0 | NaN | NaN | NaN |

　ここからもとのレーティングからユーザーのレーティング平均を引いた行列を作りたいので、それぞれのユーザーのレーティングの平均を求めます。

In

```
usermean = rating_top5.mean()
```

　レーティングからユーザーのレーティングの平均を引きます。

In

```
normratings = rating_top5 - usermean
```

　正規化が結果としてどういうことになったのか見てみましょう。

In

```
normratings.mean()
```

Out

```
userId
125   0.000000e+00
42   -7.836868e-17
57    4.229421e-17
45    2.960595e-16
339  -2.486900e-16
dtype: float64
```

　正規化したあとのユーザーのレーティングの平均値がほぼ0になっていますね。

　一般的にユーザーごとに評価の基準が違います。ユーザーによっては評価が甘めだったり辛めだったりします。例えばAさんにとっては、普通に楽しめるレベルだと3と評価しますが、Bさんはもしかしたら4と評価するかもしれません。Cさんは辛めに2と評価するかもしれません。こういったユーザー毎の甘め辛めの評価を差し引いて、絶対的な指標に近づけるためにこういった処理を行います。

　ではここで、各ユーザーの評価とユーザーとの相関の加重和を求めます。数式でいうと分子の項です。

`In`

```
weighted_ratings = (normratings*user_corr_top5).sum(axis = 1)
```

　次に類似度の和を求めますが、ここで注意したいことがあります。類似度の和といっても単純にすべてを足し合わせるといいわけではなく、各ユーザーの評価がついていない作品の類似度のぶんについては、足し合わせてはいけません。つまり、ユーザーの評価がついている作品の類似度だけを足し合わせるのです。

　分子では、ユーザーが評価していない作品についてはNaNになっているため、計算しても自動的に評価がついていない作品については、値として入っていませんでした。

　何がいいたいかというと、下の図でいえば、userId42、userId57の人はPirates of the caribbeanを評価していないので、類似度の和の足し合わせには入れたくないということです。

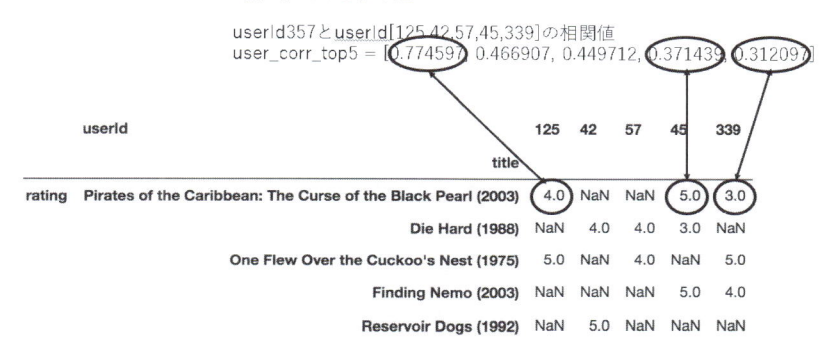

相関の高いユーザーが評価しているアイテムとユーザー同士の類似度の
積の和だけを求めたい

userId357とuserId[125,42,57,45,339]の相関値
user_corr_top5 = [0.774597, 0.466907, 0.449712, 0.371439, 0.312097]

| userId | | 125 | 42 | 57 | 45 | 339 |
|---|---|---|---|---|---|---|
| | title | | | | | |
| rating | Pirates of the Caribbean: The Curse of the Black Pearl (2003) | 4.0 | NaN | NaN | 5.0 | 3.0 |
| | Die Hard (1988) | NaN | 4.0 | 4.0 | 3.0 | NaN |
| | One Flew Over the Cuckoo's Nest (1975) | 5.0 | NaN | 4.0 | NaN | 5.0 |
| | Finding Nemo (2003) | NaN | NaN | NaN | 5.0 | 4.0 |
| | Reservoir Dogs (1992) | NaN | 5.0 | NaN | NaN | NaN |

では、評価がついている作品の類似度だけ足し合わせたい場合はどうしたら良いでしょうか。

あらためてnormratingで評価されているのか、されていないのか。つまり、数値が入っているのか、入っていない（NaN）のかを見てみましょう。

こういうときはnotnull()という関数を使います。NaNではないかどうかをBooleanで返します。NaNではないときはTrue、NaNのときはFlaseを返します。

`In`

```
normratings.notnull().head()
```

`Out`

| userId | | 125 | 42 | 57 | 45 | 339 |
|---|---|---|---|---|---|---|
| | title | | | | | |
| rating | Pirates of the Caribbean: The Curse of the Black Pearl (2003) | True | False | False | True | True |
| | Die Hard (1988) | False | True | True | True | False |
| | One Flew Over the Cuckoo's Nest (1975) | True | False | True | False | True |
| | Finding Nemo (2003) | False | False | False | True | True |
| | Reservoir Dogs (1992) | False | True | False | False | False |

normatinngs.notnull()とuser_corr_top5をかけて足すだけで、評価している作品の類似度だけ足し合わせることができます。評価がついていない作品はFalse

になり、かけあわせた結果、Falseつまり計算に考慮されない項となるのです。こ
こは検算してみてください。

```In
sumweight = (normratings*user_corr_top5).sum(axis = 1)
```

最後に357のユーザーのレーティング平均を求めます。

```In
toy.loc[:,357].mean()
```

```Out
4.048387096774194
```

では数式にすべてあてはめて予測値を導き出します。

```In
predict = toy.loc[:,357].mean() + weighted_ratings/sumweight
predict.sort_values(ascending = False)
```

```Out
       title
rating  Reservoir Dogs (1992)              5.460152
        American History X (1998)          5.130028
        Beauty and the Beast (1991)        5.028003
        Goodfellas (1990)              4.896278
        One Flew Over the Cuckoo's Nest (1975)   4.768497
dtype: float64
```

userId357に一番オススメできるのはReservoir Dogs（1992）であるという予測
が出てきました。ここで予想値が評価の最大値であるはずの5を大きくはみ出し
ていますが、これはuserId357の平均値が4.048387096774194と高いためです。

# scikit-learn で Item-Item collaborative filtering を実装してみる

次に Item-Item collaborative filtering で評価を予測してみましょう。今度は scikit-learn を使って実装します。User-User collaborative filtering がユーザー間の類似度から評価を予測したのに対して、Item-Item collaborative filtering はアイテム間の類似度から評価を予測します。類似度はアイテムベースの場合、コサイン類似度が使われることが多いです。

一般的な数式は

$$s(i;u) = \overline{r_i} + \frac{\sum_{j \in N(i)} \left( r_{uj} - \overline{r_j} \right) * w_{ij}}{\sum_{j \in N(i;u)} |w_{ij}|}$$

で表されます。上記の式を噛み砕くと

他のアイテムのレーティング平均

ユーザ u の他のアイテムのレーティング

$$s(i,u) = \overline{r_i} + \frac{\sum_{j \in N(i)} \left( r_{uj} - \overline{r_j} \right) * w_{ij}}{\sum_{v \in V} |w_{uv}|}$$

ユーザー u のアイテム i の予測

アイテム i のレーティング平均

アイテム i と他のアイテム j との相関
※ここではコサイン類似度

アイテム i 以外のアイテム群

先程の User-User collaborative filtering と同様、数式に従って実装していきましょう。

userId357 番の人の、Pirates of the Caribbean: The Curse of the Black Pearl (2003) のレーティングを予測します。

計算しやすいよう、データフレームをユーザー×作品に組み替えます。

In

```
toy = toy.T
toy.head()
```

Out

| rating | | | | | | | | | | | ... | | |
|---|---|---|---|---|---|---|---|---|---|---|---|---|---|
| title | Pirates of the Caribbean: The Curse of the Black Pearl (2003) | Die Hard (1988) | One Flew Over the Cuckoo's Nest (1975) | Finding Nemo (2003) | Reservoir Dogs (1992) | Beauty and the Beast (1991) | Godfather: Part II, The (1974) | Eternal Sunshine of the Spotless Mind (2004) | American History X (1998) | Goodfellas (1990) | ... | Shining, The (1980) | R Tl (1 |
| userId | | | | | | | | | | | | | |
| 57 | NaN | 4.0 | 4.0 | NaN | NaN | 5.0 | 5.0 | NaN | NaN | NaN | ... | NaN | |
| 42 | NaN | 4.0 | NaN | NaN | 5.0 | NaN | 5.0 | NaN | 5.0 | 5.0 | ... | NaN | |
| 462 | 4.0 | 1.5 | NaN | NaN | 3.5 | NaN | 4.5 | NaN | NaN | 4.5 | ... | 2.5 | |
| 45 | 5.0 | 3.0 | NaN | 5.0 | NaN | 5.0 | 4.0 | NaN | 5.0 | 5.0 | ... | 5.0 | |
| 580 | 4.0 | 4.0 | 4.0 | 4.5 | 5.0 | NaN | 4.0 | 4.0 | 4.0 | 4.0 | ... | NaN | |

まずアイテム平均をとります。

In

```
itemmean = toy.mean()
itemmean.head()
```

Out

```
        title
rating  Pirates of the Caribbean: The Curse of the Black Pearl (2003)   3.857143
        Die Hard (1988)                                                 3.727273
        One Flew Over the Cuckoo's Nest (1975)                          4.300000
        Finding Nemo (2003)                                             4.090909
        Reservoir Dogs (1992)                                           4.409091
dtype: float64
```

$\overline{r_i}$ の部分、Pirates of the Caribbean: The Curse of the Black Pearl(2003) の平均は

In

```
itemmean[0]
```

```
Out
```

```
3.857142857142857
```

レーティングからアイテム平均を引いて正規化します。

```
In
```

```
normrating = (toy- itemmean)
normrating.head()
```

```
Out
```

| title | rating | | | | | | | | | | ... | |
| | Pirates of the Caribbean: The Curse of the Black Pearl (2003) | Die Hard (1988) | One Flew Over the Cuckoo's Nest (1975) | Finding Nemo (2003) | Reservoir Dogs (1992) | Beauty and the Beast (1991) | Godfather: Part II, The (1974) | Eternal Sunshine of the Spotless Mind (2004) | American History X (1998) | Goodfellas (1990) | ... | Shini The (1980 |
| userId | | | | | | | | | | | | |
| 57 | NaN | 0.272727 | -0.3 | NaN | NaN | 1.0 | 0.78125 | NaN | NaN | NaN | ... | N |
| 42 | NaN | 0.272727 | NaN | NaN | 0.590909 | NaN | 0.78125 | NaN | 0.416667 | 0.545455 | ... | N |
| 462 | 0.142857 | -2.227273 | NaN | NaN | -0.909091 | NaN | 0.28125 | NaN | NaN | 0.045455 | ... | -1.9: |
| 45 | 1.142857 | -0.727273 | NaN | 0.909091 | NaN | 1.0 | -0.21875 | NaN | 0.416667 | 0.545455 | ... | 0.5( |
| 580 | 0.142857 | 0.272727 | -0.3 | 0.409091 | 0.590909 | NaN | -0.21875 | -0.333333 | -0.583333 | -0.454545 | ... | N |

正規化された作品群は、先程と同じように平均をとると0になっているので各自確認してください。

数式の中の $w$ の部分コサイン類似度を求めるためにここで scikit-learn が出てきます。ライブラリをインポートします。

```
In
```

```
from sklearn.metrics.pairwise import cosine_similarity

cosine = pd.DataFrame(cosine_similarity(normrating.T.fillna(0)))
cosine.index = normrating.columns
cosine.columns= normrating.columns
```

　userId357の人の評価を予測したいので、userId357の人が評価したアイテムのレーティングと類似度との加重平均を求めるために、ユーザーの正規化後のユーザーレーティングを抽出します。数式の $(r_{uj} - \bar{r}_j)$ の部分です。

In

```
user_rating = normrating.loc[357,:]
```

　先程のUser-User collaborative filteringとロジックは一緒なので、一気に進めましょう。Pitrates of Caribbeanの他のアイテムとの類似度は

In

```
pirates_sim = cosine.iloc[0,:]
```

となります。

　次に、計算式に従って加重平均を計算します。計算式の中の右の項の分子部分です。

In

```
weighted_ratings = (user_rating*pirates_sim).sum()
```

　次に分母部分です。のUser-User collaborative filteringと同様に評価されている類似度だけ、絶対値をとって足し上げます。評価がついているかついていないかをnotnull()関数を用いてTrueか、Falseかで判定し、足し上げます。

In

```
sumweight = ((user_rating.notnull())*pirates_sim.abs()).sum()
```

　最後に、Pitrates of Caribbeanのアイテム平均とほかのアイテムとレーティングの加重平均を足して、userId357番の人がPitrates of Caribbeanを見る評価値を予測します。

In

```
itemmean[0]+weighted_ratings /sumweight
```

Out

```
3.998460472335855
```

上記のような数値が出たでしょうか。

それでは、userId357の、ほかの作品の評価の値も予測していきます。上記でやったPirates of Caribbean とほかの作品群の類似度pirates_sim を、ほかの作品群の類似度も含めてcosineに変えるだけです。

In

```
weighted_ratings = (user_rating*cosine).sum(axis =1)
sumweight = ((user_rating.notnull())*cosine.abs()).sum(axis = 1)
```

数式に従って加重平均を求めて、作品平均を足して評価の予測をします。

In

```
predict = itemmean + weighted_ratings/sumweight
predict.head()
```

Out

```
      title
rating Pirates of the Caribbean: The Curse of the Black Pearl (2003)   3.998460
       Die Hard (1988)                                   3.749986
       One Flew Over the Cuckoo's Nest (1975)            4.279355
       Finding Nemo (2003)                               4.395758
       Reservoir Dogs (1992)                             4.078542
dtype: float64
```

以上、Item-Item collaborative filterlingを活用したレコメンデーションシステムの構築を行いました。

#  scikit-learnのNearestNeighborsを使ってみる

次はNearestNeighborsを使って実装してみます。

KNNのモデルをインポートします。

`In`

```
from sklearn.neighbors import NearestNeighbors
```

cosine類似度を出すためにmetricをcosineに指定します。

`In`

```
knn = NearestNeighbors(metric = 'cosine',n_neighbors = 50)
```

正規化したnormratingで類似度を出したいので、normratingのデータで学習させます。NearestNeighborsはNaNを読み込めないので、fillna(0)でNaNを0に置き換えます。

`In`

```
knn.fit(normrating.T.fillna(0))
distance,indices = knn.kneighbors(normrating.T.fillna(0))
```

distanceには類似度が格納され、indicesにはdistanceの大きさに応じてソートされたアイテムがインデックスとして格納されます。言葉でいってもわかりにくいので中身を見てみましょう。

`In`

```
distance[0]
```

```
Out
```

```
array([0.        ,0.50291411,0.53183315,0.55701881,0.57076771,
       0.64296122,0.68551455,0.68729911,0.69374289,0.69582556,
       0.70803061,0.71206222,0.73663367,0.76671196,0.78572277,
       0.79755744,0.81042706,0.81655015,0.83294733,0.8332189,
       0.84177813,0.85236328,0.86382381,0.86981526,0.88266508,
       0.88865716,0.90066216,0.91894744,0.96293753,0.96426375,
       0.97028392,1.,1.,1.02546874,1.03209704,
       1.05006171,1.05909405,1.07607609,1.09589566,1.12757115,
       1.12804544,1.13533299,1.15848577,1.16887531,1.17915133,
       1.22083068,1.24581966,1.26865931,1.48765991,1.50070017])
```

これはインデックス0の、つまりPirates of caribbeanと他の作品群の類似度が格納されています、ただし通常のcosine類似度と合わせるためにdistanceから1を引かなければいけません。

またindicesには類似度に応じたインデックスがソートされて格納されています。

```
In
```

```
indices[0]
```

```
Out
```

```
array([0,34,47,12,17,9,44,7,8,36,3,41,46,19,21,32,39,
       5,43,27,38,33,13,22,11,6,48,25,31,4,10,20,30,42,
       35,49,29,26,40,18,24,28,37,16,23,2,45,1,14,15])
```

pandasを使って見やすく加工すると…

```
In
```

```
distance_0 = pd.DataFrame(1-distance[0])
distance_0.index = normrating.iloc[:,indices[0]].columns
distance_0.head()
```

Out

|  | title | 0 |
|---|---|---|
| rating | Pirates of the Caribbean: The Curse of the Black Pearl (2003) | 1.000000 |
|  | Ocean's Eleven (2001) | 0.497086 |
|  | Bourne Identity, The (2002) | 0.468167 |
|  | Die Hard: With a Vengeance (1995) | 0.442981 |
|  | Mask, The (1994) | 0.429232 |

と Pirates of the Caribbean と類似度の高い順に作品を並べてくれて、さらに類似度の数値も格納されています。

どのような数値が格納されているかがわかったところで、今度はscikit-learnを使ってuserId357の人がPirates of the Caribbeanにつける評価の予測値を見てみましょう。

Pirates of the Caribbeanの他の作品とのコサイン類似度は、1 - distance[0]で求められます。userId357はインデックス番号6で表され、加重平均の分子部分は以下のようにして求められます。

In
```
(normrating.iloc[6,indices[0]]*(1 - distance[0])).sum()
```

分母部分は以下のように求められます。

In
```
((normrating.iloc[6,indices[0]].notnull())*(np.abs(1-distance[0]))).
sum()
```

userId357の平均は以下のように求められます。

```
In
```
```
toy.iloc[:,indices[0][0]].mean()
```

以上を数式にあてはめると、評価の予測値は以下のように求められます。

```
In
```
```
toy.iloc[:,indices[0][0]].mean()+(normrating.iloc[6,indices[0]]*(1
- distance[0])).sum()/((normrating.iloc[6,indices[0]].
notnull())*(np.abs(1-distance[0]))).sum()
```

```
Out
```
```
3.998460472335855
```

先程と同じ結果が得られました。この結果を用いて、userId357のすべての作品についての評価値を予測します。まず、すべての予測値を格納する変数を作ります。n_neighbors = 50としているので、50個の作品評価の予測をすることなりますので、次のような変数になります。

```
d = np.zeros(distance.shape[0])
```

先程はPirates of the caribbeanがインデックス0で表されていたので、0だけでしたが、すべての作品について計算したいので次のようにfor文を組みます。

```
In
```
```
for i in range(distance.shape[0]):
    a = (normrating.iloc[6,indices[i]]*(1 - distance[i])).sum()
    b = ((normrating.iloc[6,indices[i]].notnull())*(np.abs(1-
distance[i]))).sum()
    c = toy.iloc[:,indices[i][0]].mean()
    d[i] =c + a/b
```

作品情報をPandasで組み込んで見やすくします。

`In`

```
d = pd.DataFrame(d)
d.index = toy.columns
d.head()
```

`Out`

|  | title | 0 |
|---|---|---|
| rating | Pirates of the Caribbean: The Curse of the Black Pearl (2003) | 3.998460 |
|  | Die Hard (1988) | 3.749986 |
|  | One Flew Over the Cuckoo's Nest (1975) | 4.279355 |
|  | Finding Nemo (2003) | 4.395758 |
|  | Reservoir Dogs (1992) | 4.078542 |

cosine_similarityで行ったときと同じ結果が得られました。

この章では、簡単なレコメンデーションシステムの実装を行いました。MAE、RMSE、HitRate、NDCGなど様々な方法でモデルを評価したり、Netflix Prizeを席巻したMatrix Factorizationなど、レコメンデーションシステムは非常に面白い世界が広がっています。レコメンデーションモデルの基礎知識

レコメンデーションモデルには次の2つのモデルがあります。興味が持てたら、ぜひ調べてみてください。

## この章のまとめ

これまで実データを活用して、分類、時系列解析、レコメンデーションシステムのモデルをscikit-learnを活用して学んできました。モデルを作る手順としては大きなステップとして次の4つにまとまります。

1. データを入手する　　2. データの概要をしる
3. データを加工する　　4. 機械学習を使ってモデルを作る

### ● データを入手する

これらの中で実は1のデータを入手するというのが一番難しい問題です。世の中の機械学習、深層学習の研究領域では、データの整備（正解であるか否かの情報を付与したり、画像にテキスト情報をラベリングしたり）から始めている研究者も多くいます。もし、あなたがすでに活用できるデータを持っていたらそれは非常に幸運なことです。

### ● データの概要を知る

次にデータの概要を調べます。データの中身を知ること、理解することは、精度の高いモデルを作るために非常に重要なことです。データを入手したとき、まずはその生データのすべてと、にらめっこしてから研究に着手するという研究者もおられます。それくらいデータの中身を知ること、理解することは重要です。中身を調べてみたら、機械学習を使うまでもなく、求めたいことがわかったり、そもそも使いものにならないデータだったりすることもあるので、必ずデータの中身を把握しましょう。

### ● データを加工する

これまでnumpyやPandasを活用してモデルをデータ加工をしてきました。単にテキストデータを数値データに変換することから、平均値を0にした正規化することまで、実に様々なことを行ってきました。numpyやPandasは非常に強力なライブラリですので、他の本やセミナーなどで学んでマスターすることをおすすめします。

### ● モデルを作る

最後に加工したデータを活用してモデルを作りました。scikit-learnのライブラリが非常に充実しているため、ただライブラリを使えばモデルを作ればよいのもあれば、レコメンデーションシステムのようにライブラリが充実していないため自分で実装し、その補助としてscikit-learnを活用した例も学びました。

# memo

# scikit-learn API

# regression（回帰）

##  SGD Regressor（確率的線形勾配降下法）

◦ 概要

SGDを回帰に適用した手法。

| 書式 | class sklearn.linear_model.SGDRegressor（<br>    loss='squared_loss',<br>    penalty='l2',<br>    alpha=0.0001,<br>    l1_ratio=0.15,<br>    fit_intercept=True,<br>    max_iter=None,<br>    tol=None,<br>    shuffle=True,<br>    verbose=0,<br>    epsilon=0.1,<br>    random_state=None,<br>    learning_rate='invscaling',<br>    eta0=0.01,<br>    power_t=0.25,<br>    early_stopping=False,<br>    validation_fraction=0.1,<br>    n_iter_no_change=5,<br>    warm_start=False,<br>    average=False,<br>    n_iter=None<br>） | | |
|---|---|---|
| 引数 | loss：str<br>(default='squared_<br>loss') | 損失関数名<br>'squared_loss', 'huber', 'epsilon_insensitive',<br>'squared_epsilon_insensitive' |
| | penalty：str<br>(default=l2) | ペナルティ（正規化項）<br>'none', 'l2', 'l1', 'elasticnet' |

| alpha：float (default=0.0001) | 正則化項を乗算する定数 |
|---|---|
| l1_ratio：float (default=0.15) | Elastic Net ミキシングパラメータ |
| fit_intercept：bool (default=True) | 切片を推定するかの真偽値 |
| max_iter：int, optional(default=5) | 訓練データを通過する最大回数（別名エポック） |
| tol：float or None, optional (default=None) | 学習停止基準の許容誤差（Tolerance for stoppingcriterion） |
| shuffle：bool, optional (default=Ture) | 訓練データを各エポック後にシャッフルするかどうか |
| verbose：integer, optional | 詳細出力を有効にするかどうか |
| epsilon：float | 損失関数のイプシロン値 |
| random_state：int (default=None), RandomState instance または None optional | 乱数生成器のシード値またはインスタンス |
| learning_rate：string (default=irvscaling) optional | 学習率スケジューラ 'constant', 'optional', 'irvscaling', 'adaptive' |
| eta0：double (default=0.0) | スケジュールの初期学習率 'constant', 'invscaling', 'adaptive' |
| power_t：double (default=0.5) | 逆スケーリング学習率の指数 |
| early_stopping：bool (default=False) | 検証スコアが向上していない場合に訓練処理を終了させるかどうか |
| validation_fraction：float (default=0.1) | 検証用として確保しておく訓練データの割合 |
| n_iter_no_change：int (default=5) | 学習の改善が見られず、早期終了するまで待つ実行ループの数 |

| | | |
|---|---|---|
| | warm_start：bool, optional | 前に実行して得た解を初期化処理時に再利用するかどうか |
| | average：bool or int, optional | 平均SGDウェイトの計算結果をcoef_ 属性に格納するかどうか |
| | n_iter：int, optional (default=None) | 訓練データの通過回数（別名エポック）（廃止予定・非推奨） |
| 戻り値 | coef_：array, shape (n_features,) | 特徴量に割り当てられた重み |
| | intercept_：array, shape (1,) | 中断時間 |
| | average_coef_：array, shape (n_features,) | 特徴量に割り当てられた重みの平均値 |
| | average_intercept_：array, shape (1,) | 中断時間の平均値 |
| | n_iter_：int | 停止時間に達するまでのイテレーション（再試行）の数 |

```
>>> import numpy as np
>>> from sklearn import linear_model
>>> n_samples, n_features = 10, 5
>>> np.random.seed(0)
>>> y = np.random.randn(n_samples)
>>> X = np.random.randn(n_samples, n_features)
>>> clf = linear_model.SGDRegressor(max_iter=1000, tol=1e-3)
>>> clf.fit(X, y)
...
SGDRegressor(alpha=0.0001, average=False, early_stopping=False,
       epsilon=0.1, eta0=0.01, fit_intercept=True, l1_ratio=0.15,
       learning_rate='invscaling', loss='squared_loss', max_
iter=1000,
       n_iter=None, n_iter_no_change=5, penalty='l2', power_
t=0.25,
       random_state=None, shuffle=True, tol=0.001, validation_
fraction=0.1,
       verbose=0, warm_start=False)
```

#  Lasso（ラッソ）

## 概要

線形回帰に正則化の概念を加えた回帰手法。

| 書式 | class sklearn.linear_model.Lasso（<br>　　alpha=1.0,<br>　　fit_intercept=True,<br>　　normalize=False,<br>　　precompute=False,<br>　　copy_X=True,<br>　　max_iter=1000,<br>　　tol=0.0001,<br>　　warm_start=False,<br>　　positive=False,<br>　　random_state=None,<br>　　selection='cyclic'<br>　） | |
|---|---|---|
| 引数 | alpha：<br>float,optional | L1項を乗算する定数 |
| | fit_intercept：<br>boolean, optional<br>(default=True) | このモデルの切片を計算するかどうか |
| | normalize：boolean,<br>optional<br>(default=False) | 正規化するかどうか |
| | precompute：bool or<br>array-like<br>(default=False) | 計算を高速化するために事前計算済みのGram行列<br>を使用するかどうか |
| | copy_X：bool,<br>optional<br>(default=True) | Xをコピーするかどうか |
| | max_iter：int,optional | イテレーションの最大回数 |
| | tol：float, optional | 学習停止基準の許容誤差<br>(Tolerance for stoppingcriterion) |
| | warm_start：<br>bool,optional | 前に実行して得た解を初期化処理時に再利用するか<br>どうか |
| | positive：<br>bool,optional | 係数を正の値に設定するかどうか |

| | | |
|---|---|---|
| | random_state：int, optional (default=None) | 乱数生成器のシード値またはインスタンス RandomStateinstance または None, |
| | selection：str (default='cyclic') | 特徴量の更新サイクル 'cyclic', 'random' |
| 戻り値 | alpha_：float | 交差検定によって選択されたペナルティの量 |
| | l1_ratio_：float | 交差検定によって選択されたl1とl2ペナルティの割合 |
| | coef_：array, shape(n_features,) or(n_targets, n_features) | パラメーターベクタ（コスト関数式中のw） |
| | intercept_：float orarray, shape (n_targets) | 決定関数における独立項 |
| | mse_path_：array, shape (n_l1_ratio, n_alpha, n_folds) | l1ratioとalphaを変化させたときの、各分割のテストセットの平均二乗誤差 |
| | alphas_：numpyarray, shape (n_alphas) or (n_l1_ratio, n_alphas) | 各l1_ratioに対して学習に使用されるalphaの格子 |
| | n_iter_：int \| arraylike, shape (n_targets) | 指定された許容誤差に達するまでに座標降下ソルバーによって実行されたイテレーション回数 |

```
>>> from sklearn import linear_model
>>> clf = linear_model.Lasso(alpha=0.1)
>>> clf.fit([[0,0], [1, 1], [2, 2]], [0, 1, 2])
Lasso(alpha=0.1, copy_X=True, fit_intercept=True, max_iter=1000,
    normalize=False, positive=False, precompute=False, random_
state=None,
    selection='cyclic', tol=0.0001, warm_start=False)
>>> print(clf.coef_)
[0.85 0.  ]
>>> print(clf.intercept_)
0.15...
```

#  Elastic Net（エラスティックネット）

### 概要

正則化経路に沿ったイテレーション学習による Elastic Net モデル。

| 書式 | class sklearn.linear_model.ElasticNetCV（<br>　　l1_ratio=0.5,<br>　　eps=0.001,<br>　　n_alphas=100,<br>　　alphas=None,<br>　　fit_intercept=True,<br>　　normalize=False,<br>　　precompute='auto',<br>　　max_iter=1000,<br>　　tol=0.0001,<br>　　cv='warn',<br>　　copy_X=True,<br>　　verbose=0,<br>　　n_jobs=None,<br>　　positive=False,<br>　　random_state=None,<br>　　selection='cyclic'<br>　）| |
|---|---|---|
| 引数 | l1_ratio：float orarray of floats | elastic net に渡される 0 から 1 の間の浮動小数点値（l1 と l2 ペナルティ間のスケーリング） |
| | eps：float | 経路の長さ |
| | n_alphas：integer | 各 l1_ratio に使用される、正則化経路に沿った alpha の数 |
| | alphas：numpy array | モデルを計算する alpha のリスト |
| | fit_intercept：boolean（default=True） | このモデルの切片を計算するかどうか |
| | normalize：boolean（default=False） | 正規化するかどうか |
| | precompute：Boolean or array-like（default= False） | 計算を高速化するために事前計算済みの Gram 行列を使用するかどうか |
| | max_iter：int | イテレーションの最大回数 |
| | tol：float | 最適化の許容範囲 |

| | cv：int, crossva lidationgeneratoror an iterable | 交差検証の分割を行う戦略 |
|---|---|---|
| | copy_X：boolean | x をコピーするかどうか |
| | verbose：bool or integer | 詳細出力レベル |
| | n_jobs：intger or None (default=None) | 交差検証に使用するCPU数 |
| | positive：boolean | 係数を正の値にするかどうか |
| | random_state：int, Random Stateinstance or None (default=None) | 乱数生成に使用されるシード値またはインスタンス |
| | selection：str (default値='cyclic') | 特徴量の更新法 |
| 属性 | alpha_：float | 交差検定によって選択されたペナルティの量 |
| | l1_ratio_：float | 交差検定によって選択されたl1とl2ペナルティの割合 |
| | coef_：array, shape (n_features,) \| (n_targets, n_features) | パラメーターベクタ（コスト関数式中のw） |
| | intercept_：float orarray, shape (n_targets) | 決定関数における独立項 |
| | mse_path_：array, shape (n_l1_ratio, n_alpha, n_folds) | l1ratioとalphaを変化させたときの、各分割のテストセットの平均二乗誤差 |
| | alphas_：numpyarray, shape (n_alphas,) or (n_l1_ratio, n_alphas) | 各l1_ratioに対して学習に使用されるalphaの格子 |
| | n_iter_：int \| arraylike, shape (n_targets) | 指定された許容誤差に達するまでに座標降下ソルバーによって実行されたイテレーション回数 |

```
>>> from sklearn.linear_model import ElasticNetCV
>>> from sklearn.datasets import make_regression

>>>
>>> X, y = make_regression(n_features=2, random_state=0)
>>> regr = ElasticNetCV(cv=5, random_state=0)
>>> regr.fit(X, y)
ElasticNetCV(alphas=None, copy_X=True, cv=5, eps=0.001, fit_
intercept=True,
       l1_ratio=0.5, max_iter=1000, n_alphas=100, n_jobs=None,
       normalize=False, positive=False, precompute='auto', random_
state=0,
       selection='cyclic', tol=0.0001, verbose=0)
>>> print(regr.alpha_)
0.1994727942696716
>>> print(regr.intercept_)
0.398...
>>> print(regr.predict([[0, 0]]))
[0.398...]
```

 ## sklearn.svm.SVR（サポートベクタマシン）

### 概要

イプシロンサポートベクタ回帰。

| 書式 | class sklearn.svm.SVR (<br>　　kernel='rbf',<br>　　degree=3,<br>　　gamma='auto_deprecated',<br>　　coef0=0.0,<br>　　tol=0.001,<br>　　C=1.0,<br>　　epsilon=0.1,<br>　　shrinking=True,<br>　　cache_size=200,<br>　　verbose=False,<br>　　max_iter=-1<br>) |
| --- | --- |

| 引数 | kernel：string (default='rbf') | カーネルの種類<br>'linear', 'poly', 'rbf', 'sigmoid', 'precomputed' or 'callable' |
|---|---|---|
| | degree：integer (default=3) | 多項式カーネル関数（'poly'）の次数 |
| | gamma：float (default='auto') | カーネル係数<br>'rbf', 'poly', 'sigmoid' |
| | coef0：float (default=0.0) | カーネル関数の切片の値 |
| | tol：float (default=1e-3) | 学習停止基準に対する許容量 |
| | C：float (default=1.0) | エラー項のペナルティパラメータ C |
| | epsilon：float (default=0.1) | イプシロンSVRモデルにおけるイプシロン |
| | shrinking：boolean (default=True) | 縮小ヒューリスティックを使用するかどうか |
| | cache_size：float | カーネルキャッシュのサイズを指定します（メガバイト単位） |
| | verbose：boolean (default=False) | 詳細な出力を有効にするかどうか |
| | max_iter：integer (default=-1) | ソルバ内での反復回数のハードリミット |
| 属性 | support_：array-like, shape = [n_SV] | サポートベクタのインデックス |
| | support_vectors_：array-like, shape=[n_SV, n_features] | サポートベクタ |
| | dual_coef_：array,shape = [n_class-1, n_SV] | 決定関数におけるサポートベクタの係数 |
| | coef_：array, shape=[n_class * (n_class-1) / 2, n_features] | 特徴量に割り当てられた重み |
| | integerercept_：array,shape = [n_class*(n_class-1) / 2] | 決定関数における定数項 |

```
>>> from sklearn.svm import SVR
>>> import numpy as np
>>> n_samples, n_features = 10, 5
>>> np.random.seed(0)
>>> y = np.random.randn(n_samples)
>>> X = np.random.randn(n_samples, n_features)
>>> clf = SVR(gamma='scale', C=1.0, epsilon=0.2)
>>> clf.fit(X, y)
SVR(C=1.0, cache_size=200, coef0=0.0, degree=3, epsilon=0.2,
gamma='scale',
    kernel='rbf', max_iter=-1, shrinking=True, tol=0.001,
verbose=False)
```

#  RidgeRegression（リッジ）

### 概要

l2正則化を伴う線形最小二乗法。

| 書式 | class sklearn.linear_model.Ridge (<br>　　alpha=1.0,<br>　　fit_intercept=True,<br>　　normalize=False,<br>　　copy_X=True,<br>　　max_iter=None,<br>　　tol=0.001,<br>　　solver='auto',<br>　　random_state=None<br>) | |
|---|---|---|
| 引数 | alpha：{float, arraylike}, shape (n_targets) | 正則化の強度（正の浮動小数点） |
| | fit_integerercept：boolean | このモデルの切片を計算するかどうか |
| | normalize：boolean (default=False) | 正規化するかどうか |

| | | |
|---|---|---|
| | copy_X：boolean (default True) | Xをコピーするかどうか |
| | max_iter：integer, | 共益勾配ソルバーをイテレーションする最大回数 |
| | tol：float | 解の精度 |
| | solver：string | 使用するソルバーの種類 'auto', 'svd', 'cholesky', 'lsqr', 'sparse_cg', 'sag', 'saga' |
| | random_state： integer,Random Stateinstance or None (default=None) | 乱数生成器のシード値orインスタンス |
| 属性 | coef_：array, shape(n_features,) or(n_targets, n_features) | 重みベクタ |
| | integerercept_：float orarray, shape =(n_targets,) | 決定関数における独立項 |
| | n_iter_:array or None,shape（n_targets） | n_iter_：array orNone, shape (n_targets,)各ターゲットの実際のイテレーション回数 |

```
>>> from sklearn.linear_model import Ridge
>>> import numpy as np
>>> n_samples, n_features = 10, 5
>>> np.random.seed(0)
>>> y = np.random.randn(n_samples)
>>> X = np.random.randn(n_samples, n_features)
>>> clf = Ridge(alpha=1.0)
>>> clf.fit(X, y)
Ridge(alpha=1.0, copy_X=True, fit_intercept=True, max_iter=None,
      normalize=False, random_state=None, solver='auto',
tol=0.001)
```

#  RandomForestRegressor（ランダムフォレスト）

### 概要

ランダムフォレスト回帰分析器。

| 書式 | class sklearn.ensemble.RandomForestRegressor（<br>  n_estimators='warn',<br>  criterion='mse',<br>  max_depth=None,<br>  min_samples_split=2,<br>  min_samples_leaf=1,<br>  min_weight_fraction_leaf=0.0,<br>  max_features='auto',<br>  max_leaf_nodes=None,<br>  min_impurity_decrease=0.0,<br>  min_impurity_split=None,<br>  bootstrap=True,<br>  oob_score=False,<br>  n_jobs=None,<br>  random_state=None,<br>  verbose=0,<br>  warm_start=False<br>） |
|---|---|
| 引数 | n_estimators：integer<br>(default=10) | 森の中の木の数 |
| | criterion：string<br>(default="gini") | 分割の品質を測定する関数 |
| | max_depth：integeror<br>None<br>(default=None) | 木の深さの最大値 |
| | min_samples_split：<br>integer, float<br>(default=2) | 内部ノードを分割するのに必要なサンプルの最小数 |
| | min_samples_leaf：<br>integer, float<br>(default=1) | 葉ノードが必要とする最小のサンプル数 |
| | min_weight_fraction_<br>leaf：float<br>(default=0.) | 葉ノードが必要とする最小の重みの加重率の合計 |

|  | max_features：<br>integer,float, string or<br>None<br>(default="auto") | 最適なスプリットを探す際に考慮する特徴量の数 |
|---|---|---|
|  | max_leaf_nodes：<br>integeror None<br>(default=None) | 葉ノードの最大数 |
|  | min_impurity_<br>decrease：float<br>(default=0.0) | 不純物の減少量 |
|  | min_impurity_split：<br>float<br>(default=1e-7) | 木の成長を早期終了する閾値 |
|  | bootstringap：<br>boolean<br>(default=True) | 木を構築する際にブートストラップサンプルを使用するかどうか |
|  | oob_score：boolean<br>(default=False) | 汎化精度を推定するためにout-of-bagサンプルを使用するかどうか |
|  | n_jobs：integer or<br>None<br>(default=None) | 学習と予測を並行して実行するジョブ数 |
|  | random_state：<br>integer, Random<br>Stateinstance or<br>None (default=None) | 乱数生成に使用されるシード値orインスタンス |
|  | verbose：integer<br>(default=0) | 詳細出力のレベル |
|  | warm_start：boolean<br>(default=False) | 前回の実行時の解を再利用するかどうか |
| 属性 | estimators_：list<br>of DecisionTree<br>Classifier | 決定木のリスト |
|  | feature_<br>importances_：<br>arrayof shape = [n_<br>features] | 特徴量の重要度 |
|  | n_features_：integer | 学習が実行されたときの特徴量の数 |

| n_outputs_：integer | 学習が実行されたときの出力の数 |
|---|---|
| oob_score_：float<br>out-of-bag | float out-of-bag を推定を利用して取得した訓練デー<br>タセットのスコア |
| oob_decision_<br>function_：array<br>ofshape = [n_<br>samples,n_classes] | 訓練データセットの out-of-bag 推定を利用して計算<br>された決定関数 |

```
>>> from sklearn.ensemble import RandomForestRegressor
>>> from sklearn.datasets import make_regression

>>> X, y = make_regression(n_features=4, n_informative=2,
...                         random_state=0, shuffle=False)
>>> regr = RandomForestRegressor(max_depth=2, random_state=0,
...                         n_estimators=100)
>>> regr.fit(X, y)
RandomForestRegressor(bootstrap=True, criterion='mse', max_
depth=2,
           max_features='auto', max_leaf_nodes=None,
           min_impurity_decrease=0.0, min_impurity_split=None,
           min_samples_leaf=1, min_samples_split=2,
           min_weight_fraction_leaf=0.0, n_estimators=100, n_
jobs=None,
           oob_score=False, random_state=0, verbose=0, warm_
start=False)
>>> print(regr.feature_importances_)
[0.18146984 0.81473937 0.00145312 0.00233767]
>>> print(regr.predict([[0, 0, 0, 0]]))
[-8.32987858]
```

# classification（分類）

分類に関するアルゴリズムを集めたパッケージです。

 **SGDClassifier（確率的線形勾配法）**

・**概要**

SGD訓練を用いた線形分類器。

| 書式 | class sklearn.linear_model.SGDClassifier（<br>　　loss='hinge',<br>　　penalty='l2',<br>　　alpha=0.0001,<br>　　l1_ratio=0.15,<br>　　fit_intercept=True,<br>　　max_iter=None,<br>　　tol=None,<br>　　shuffle=True,<br>　　verbose=0,<br>　　epsilon=0.1,<br>　　n_jobs=None,<br>　　random_state=None,<br>　　learning_rate='optimal',<br>　　eta0=0.0,<br>　　power_t=0.5,<br>　　early_stopping=False,<br>　　validation_fraction=0.1,<br>　　n_iter_no_change=5,<br>　　class_weight=None,<br>　　warm_start=False,<br>　　average=False,<br>　　n_iter=None<br>　　） | | |
|---|---|---|
| 引数 | loss：string<br>（default='hinge'） | 損失関数名 |
| | penalty：string<br>（default=l2） | ペナルティ<br>'none', 'l2', 'l1', 'elasticnet' |

| | alpha：float<br>(default=0.0001) | 正則化項を乗算する定数 |
|---|---|---|
| | l1_ratio：float<br>(default=0.15) | Elastic Net ミキシングパラメータ |
| | fit_integerercept：<br>boolean<br>(default=True) | 切片を推定するかどうか |
| | max_iter：integer<br>(default=5) | 訓練データを通過する最大回数(別名エポック) |
| | tol：float or None<br>(default=None) | 学習停止基準の許容誤差<br>(Tolerance for stoppingcriterion) |
| | shuffle：boolean<br>(default=Ture) | 訓練データを各エポック後にシャッフルするかどう<br>か |
| | verbose：integer | 詳細出力レベル |
| | epsilon：float | 損失関数のイプシロン値 |
| | random_state：<br>integer, RandomState<br>instance or None<br>(default=None) | 乱数生成器のシード値orインスタンス |
| | learning_rate：string<br>(default=irvscaling) | 学習率スケジューラ<br>'constant', 'irvscaling', 'adaptive' |
| | eta0：double<br>(default=0.0) | スケジュールの初期学習率<br>'constant', 'invscaling', 'adaptive' |
| | power_t：double<br>(default=0.5) | 逆スケーリング学習率の指数 |
| | early_stopping：<br>boolean<br>(default=False) | 検証スコアが向上していない場合に訓練処理を終了<br>させるかどうか |
| | validation_fraction：<br>float<br>(default=0.1) | 検証用として確保しておく訓練データの割合 |
| | n_iter_no_change：<br>integer<br>(default=5) | 学習の改善が見られず、早期終了するまで待つ実行<br>ループの数 |
| | warm_start：boolean | 前に実行して得た解を初期化処理時に再利用するか<br>どうか |

| | | |
|---|---|---|
| | average：boolean or integer | 平均SGDウェイトの計算結果をcoef_ 属性に格納するかどうか |
| | n_iter：integer (default=None) | 訓練データの通過回数（別名エポック） (廃止予定・非推奨) |
| 属性 | coef_ ：array, shape(n_features) | 特徴量に割り当てられた重み |
| | integerercept_： array,shape (1,) | 中断時間 |
| | n_iter_ ：integer | 停止時間に達するまでのイテレーション（再試行）の数 |
| | loss_function_： concrete LossFunction | 損失関数 |

```
>>> import numpy as np
>>> from sklearn import linear_model
>>> X = np.array([[-1, -1], [-2, -1], [1, 1], [2, 1]])
>>> Y = np.array([1, 1, 2, 2])
>>> clf = linear_model.SGDClassifier(max_iter=1000, tol=1e-3)
>>> clf.fit(X, Y)
...
SGDClassifier(alpha=0.0001, average=False, class_weight=None,
        early_stopping=False, epsilon=0.1, eta0=0.0, fit_
intercept=True,
        l1_ratio=0.15, learning_rate='optimal', loss='hinge', max_
iter=1000,
        n_iter=None, n_iter_no_change=5, n_jobs=None, penalty='l2',
        power_t=0.5, random_state=None, shuffle=True, tol=0.001,
        validation_fraction=0.1, verbose=0, warm_start=False)

>>> print(clf.predict([[-0.8, -1]]))
[1]
```

#  kernel approximation（カーネル近似）

### 概要

フーリエ変換のモンテカルロ近似によるRBFカーネルの特徴マップの近似。
Random Kitchen Sinksの変種の実装です。

| 書式 | class sklearn.kernel_approximation.RBFSampler（<br>    gamma=1.0,<br>    n_components=100,<br>    random_state=None<br>） | |
|---|---|---|
| 引数 | gamma:float | RBFカーネルのパラメータ |
| | n_components:<br>integer | 元の特徴量あたりのモンテカルロサンプル数 |
| | random_state:<br>integer<br>(default=None) | 乱数生成に使用されるシード値orインスタンス |

```
>>> from sklearn.kernel_approximation import RBFSampler
>>> from sklearn.linear_model import SGDClassifier
>>> X = [[0, 0], [1, 1], [1, 0], [0, 1]]
>>> y = [0, 0, 1, 1]
>>> rbf_feature = RBFSampler(gamma=1, random_state=1)
>>> X_features = rbf_feature.fit_transform(X)
>>> clf = SGDClassifier(max_iter=5, tol=1e-3)
>>> clf.fit(X_features, y)
...
SGDClassifier(alpha=0.0001, average=False, class_weight=None,
        early_stopping=False, epsilon=0.1, eta0=0.0, fit_
intercept=True,
        l1_ratio=0.15, learning_rate='optimal', loss='hinge', max_
iter=5,
        n_iter=None, n_iter_no_change=5, n_jobs=None, penalty='l2',
        power_t=0.5, random_state=None, shuffle=True, tol=0.001,
        validation_fraction=0.1, verbose=0, warm_start=False)
>>> clf.score(X_features, y)
1.0
```

9

scikit-learn API

#  linear SVC（線形SVC）

### 概要

カーネルを使用しないSVM（サポートベクタマシン）に基づく分類手法。

| 書式 | class sklearn.svm.LinearSVC (<br>　　penalty='l2',<br>　　loss='squared_hinge',<br>　　dual=True,<br>　　tol=0.0001,<br>　　C=1.0,<br>　　multi_class='ovr',<br>　　fit_intercept=True,<br>　　intercept_scaling=1,<br>　　class_weight=None,<br>　　verbose=0,<br>　　random_state=None,<br>　　max_iter=1000<br>) | |
|---|---|---|
| 引数 | penalty：string<br>(default='l2') | ペナルティに使用されるノルム<br>'l1''l2' |
| | loss：string<br>(default='squared_<br>hinge') | 損失関数 'hinge' 'squared_hinge' |
| | dual：boolean<br>(default=True) | 双対最適化問題を解くためのアルゴリズムかどうか |
| | tol：float<br>(default=1e-4) | 停止基準に対する許容量 |
| | C：float<br>(default=1.0) | エラー項のペナルティパラメータC |
| | multi_class：string<br>(default='ovr') | 多クラス戦略<br>'ovr','crammer_singer' |
| | fit_integerercept：<br>boolean<br>(default=True) | モデルの切片を計算するかどうか |
| | ntercept_scaling：<br>float<br>(default=1) | 合成特徴量の重み |

| | class_weight：dict | SVCにおけるクラスの重み<br>'balanced' |
|---|---|---|
| | verbose：<br>integer(default=0) | 詳細出力レベル |
| | random_state：<br>integer, RandomState<br>instance orNone<br>(default=None) | 乱数生成器のシード値orインスタンス |
| | max_iter：integer<br>(default=1000) | イテレーションが行われる最大回数 |
| 属性 | coef_：array, shape=<br>[n_features] ifn_<br>classes == 2 else[n_<br>classes, n_features] | 特徴量に割り当てられた重み（主問題の係数） |
| | ntercept_：<br>array,shape = [1] if<br>n_classes == 2 else<br>[n_classes] | 決定関数における定数項 |

```
>>> from sklearn.svm import LinearSVC
>>> from sklearn.datasets import make_classification
>>> X, y = make_classification(n_features=4, random_state=0)
>>> clf = LinearSVC(random_state=0, tol=1e-5)
>>> clf.fit(X, y)
LinearSVC(C=1.0, class_weight=None, dual=True, fit_intercept=True,
     intercept_scaling=1, loss='squared_hinge', max_iter=1000,
     multi_class='ovr', penalty='l2', random_state=0, tol=1e-05,
verbose=0)
>>> print(clf.coef_)
[[0.085... 0.394... 0.498... 0.375...]]
>>> print(clf.intercept_)
[0.284...]
>>> print(clf.predict([[0, 0, 0, 0]]))
[1]
```

#  KNeighbors Classifier（k近傍法）

- **概要**

　未知のデータが与えられたとき、まずは、最も近い位置にあるk個の入力デー
タを取り出し、次に、未知のデータを取り出したデータの中から最も数が多い
データと同じクラスに分類する手法。

| 書式 | class sklearn.neighbors.KNeighborsClassifier（<br>　　n_neighbors=5,<br>　　weights='uniform',<br>　　algorithm='auto',<br>　　leaf_size=30,<br>　　p=2,<br>　　metric='minkowski',<br>　　metric_params=None,<br>　　n_jobs=None,<br>　　**kwargs<br>　）| |
|---|---|---|
| 引数 | n_neighbors：integer<br>(default=5) | kneighbors クエリにデフォルトで使用する近傍の数 |
| | weights：string<br>orcallable<br>(default='uniform') | 予測に使用される重み関数<br>'uniform' また 'distance' |
| | algorithm：string<br>(default=auto) | 最近傍の計算に使用されるアルゴリズム<br>'auto', 'ball_tree', 'kd_tree', 'brute' |
| | leaf_size：integer<br>(default=30) | BallTree orKDTree に渡される葉のサイズ |
| | p：integer<br>(default=2) | ミンコフスキー計量の電力パラメーター |
| | metric：string<br>orcallable<br>(default='minkowski') | 木に使用する計量基準 metric_params：dict<br>(default=None)計量関数で使用される追加のキー<br>ワード引数 |
| | n_jobs：integer or<br>None<br>(default=None) | 近傍検索を実行する並列ジョブ数 |

```
>>> X = [[0], [1], [2], [3]]
>>> y = [0, 0, 1, 1]
```

```
>>> from sklearn.neighbors import KNeighborsClassifier
>>> neigh = KNeighborsClassifier(n_neighbors=3)
>>> neigh.fit(X, y)
KNeighborsClassifier(...)
>>> print(neigh.predict([[1.1]]))
[0]
>>> print(neigh.predict_proba([[0.9]]))
[[0.66666667 0.33333333]]
```

##  SVC（サポートベクタマシン）

### 概要

サポートベクタを使用する分類手法。

| 書式 | class sklearn.svm.SVC (<br>　　C=1.0,<br>　　kernel='rbf',<br>　　degree=3,<br>　　gamma='auto_deprecated',<br>　　coef0=0.0,<br>　　shrinking=True,<br>　　probability=False,<br>　　tol=0.001,<br>　　cache_size=200,<br>　　class_weight=None,<br>　　verbose=False,<br>　　max_iter=-1,<br>　　decision_function_shape='ovr',<br>　　random_state=None<br>　) | |
|---|---|---|
| 引数 | tol：float<br>(default=1e-3) | 停止基準に対する許容量 |
| | cache_size：float | カーネルキャッシュのサイズ |
| | class_weight：dict | SVCにおけるクラスの重み<br>'balanced' |
| | verbose：boolean<br>(default=False) | 詳細出力レベル |

| | | |
|---|---|---|
| | max_iter：integer (default=-1) | ソルバ内での反復回数のハードリミット |
| | decision_function_ shape：string (default='ovr') | 決定関数<br>'ovo', 'ovr' |
| | random_state： integer,Random Stateinstance or None (default=None) | 乱数生成器のシード値orインスタンス |
| 属性 | support_：array-like, shape = [n_SV] | サポートベクタのインデックス |
| | support_vectors_： array-like, shape =[n_ SV, n_features] | サポートベクタ |
| | n_support_：arraylike, dtype=integer32, shape = [n_class] | 各クラスのサポートベクタ数 |
| | dual_coef_：array, shape = [n_class-1,n_SV] | 決定関数におけるサポートベクタの係数 |
| | coef_：array, shape= [n_class * (n_class-1) / 2, n_features] | 特徴量に割り当てられた重み（主問題の係数） |
| | integerercept_： array,shape = [n_ class * (n_class-1) / 2] | 決定関数における定数項 |
| | fit_status_：integer | 学習状況<br>正しく学習されていれば0、そうでなければ1 |
| | probA_：array, shape= [n_class * (n_ class-1) / 2] | 決定値から確率推定を行うかどうか |
| | probB_：array, shape= [n_class * (n_ class-1) / 2] | 決定値から確率推定を行うかどうか |

```
>>> import numpy as np
>>> X = np.array([[-1, -1], [-2, -1], [1, 1], [2, 1]])
>>> y = np.array([1, 1, 2, 2])
>>> from sklearn.svm import SVC
>>> clf = SVC(gamma='auto')
>>> clf.fit(X, y)
SVC(C=1.0, cache_size=200, class_weight=None, coef0=0.0,
    decision_function_shape='ovr', degree=3, gamma='auto',
kernel='rbf',
    max_iter=-1, probability=False, random_state=None,
shrinking=True,
    tol=0.001, verbose=False)
>>> print(clf.predict([[-0.8, -1]]))
[1]
```

##  Ensemble Classifiers（アンサンブル法）

### ● 概要
複数の予測手法を組み合わせることで精度をあげる分類手法。

| 書式 | class sklearn.ensemble.RandomForestClassifier ( <br> n_estimators='warn', <br> criterion='gini', <br> max_depth=None, <br> min_samples_split=2, <br> min_samples_leaf=1, <br> min_weight_fraction_leaf=0.0, <br> max_features='auto', <br> max_leaf_nodes=None, <br> min_impurity_decrease=0.0, <br> min_impurity_split=None, <br> bootstrap=True, <br> oob_score=False, <br> n_jobs=None, <br> random_state=None, <br> verbose=0, <br> warm_start=False, <br> class_weight=None <br> ) |
|---|---|

| 引数 | n_estimators：integer<br>(default=10) | 森の中の木の数 |
|---|---|---|
| | criterion：string<br>(default="gini") | 分割の品質を測定する関数 |
| | max_depth：integeror<br>None<br>(default=None) | 木の深さの最大値 |
| | min_samples_split：<br>integer, float<br>(default=2) | 内部ノードを分割するのに必要なサンプルの最小数 |
| | min_samples_leaf：<br>integer, float<br>(default=1) | 葉ノードが必要とする最小のサンプル数 |
| | min_weight_fraction_<br>leaf：float<br>(default=0.) | 葉ノードが必要とする最小の重みの加重率の合計 |
| | max_features：<br>integer,float, string or<br>None<br>(default="auto") | 最適なスプリットを探す際に考慮する特徴量の数 |
| | max_leaf_nodes：<br>integeror None<br>(default=None) | 葉ノードの最大数 |
| | min_impurity_<br>decrease：float<br>(default=0.0) | 不純物の減少量 |
| | min_impurity_split：<br>float<br>(default=1e-7) | 木の成長を早期終了する閾値 |
| | bootstringap：<br>boolean<br>(default=True) | 木を構築する際にブートストラップサンプルを使用するかどうか |
| | oob_score：boolean<br>(default=False) | 汎化精度を推定するためにout-of-bagサンプルを使用するかどうか |
| | n_jobs：integer or<br>None<br>(default=None) | 学習と予測を並行して実行するジョブ数 |

| | | |
|---|---|---|
| | random_state：integer,Random Stateinstance or None (default=None) | 乱数生成に使用されるシード値orインスタンス |
| | verbose：integer (default=0) | 詳細出力のレベル |
| | warm_start：boolean (default=False) | 前回の実行時の解を再利用するかどうか |
| | class_weight：dict,list of dicts (default=None) | クラスに関連付けられた重み "balanced", "balanced_subsample" or None |
| 属性 | estimators_：list of DecisionTree Classifier | 決定木のリスト |
| | feature_ importances_：arrayof shape = [n_ features] | 特徴量の重要度 |
| | n_features_：integer | 学習が実行されたときの特徴量の数 |
| | n_outputs_：integer 学習が実行されたときの出力の数oob_ score_： | float out-of-bagfloat out-of-bagを推定を利用して取得した訓練データセットのスコア |
| | oob_decision_ function_：array of shape = [n_ samples,n_classes] | 訓練データセットのout-of-bag推定を利用して計算された決定関数 |

**活用メモ**

# ランダムフォレスト使用時の注意事項

木のサイズを制御するパラメータ（max_depth や min_samples_leaf など）の
デフォルトはいくつかのデータセットで、完全に成長すると、潜在的に非常
に大きくなる未剪定木をもたらします。メモリ消費量を減らすために、木の
複雑さとサイズはパラメーターを設定することで制御します。
特徴量はそれぞれの分割でランダムに並べ替えられます。したがって、改善
の尺度が最良の分割の探索中に数え上げられたいくつかの分割について同
一の場合、同じ訓練データ、max_features=n_features、bootstrap=False で
あっても異なる最良の分割が発見されることがあります。

```
>>> from sklearn.ensemble import RandomForestClassifier
>>> from sklearn.datasets import make_classification
>>>
>>> X, y = make_classification(n_samples=1000, n_features=4,
...                            n_informative=2, n_redundant=0,
...                            random_state=0, shuffle=False)
>>> clf = RandomForestClassifier(n_estimators=100, max_depth=2,
...                            random_state=0)
>>> clf.fit(X, y)
RandomForestClassifier(bootstrap=True, class_weight=None,
criterion='gini',
           max_depth=2, max_features='auto', max_leaf_
nodes=None,
           min_impurity_decrease=0.0, min_impurity_split=None,
           min_samples_leaf=1, min_samples_split=2,
           min_weight_fraction_leaf=0.0, n_estimators=100, n_
jobs=None,
           oob_score=False, random_state=0, verbose=0, warm_
start=False)
>>> print(clf.feature_importances_)
[0.14205973 0.76664038 0.0282433  0.06305659]
```

```
>>> print(clf.predict([[0, 0, 0, 0]]))
[1]
```

#  Naïve Bayes（ナイーブベイズ）

### 概要

　説明変数の独立性を仮定し、単純な確率モデルを基にベイズの識別法則（単純に事後確率が最大となるクラスに観測したデータを分類するという法則）に沿って予測を行う分類手法。

| 書式 | class sklearn.naive_bayes.MultinomialNB (<br>　　alpha=1.0,<br>　　fit_prior=True,<br>　　class_prior=None<br>) | |
|---|---|---|
| 引数 | alpha：float<br>(default=1.0) | スムージングのパラメータ（スムージングを行わない場合は0） |
| | fit_prior：boolean<br>(default=True) | クラス事前確率を学習するかどうか |
| | class_prior：<br>arraylike,size (n_<br>classes,)<br>(default=None) | クラスの事前確率 |
| 属性 | class_log_prior_：<br>array, shape (n_<br>classes) | 各クラスに対するスムージングされた経験対数確率 |
| | integerercept_：<br>array,shape (n_<br>classes) | MultinomialNB を線形モデルとして解釈するために反転した<br>class_log_prior_ |
| | feature_log_prob_：<br>array, shape (n_<br>classes, n_features) | 与えられたクラス P(x_i/y) に対する特徴量の経験対数確率 |
| | coef_：array,<br>shape(n_classes,<br>n_features) | MultinomialNB を線形モデルとして解釈するために反転した<br>class_lofeature_log_prob_g_prior_ |

| | class_count_： array,shape (n_ classes) | 学習中に各クラスで検出されたサンプル数 |
|---|---|---|
| | feature_count_： array, shape (n_ classes, n_features) | 学習中に各{class, feature}が検出された数 |

```
>>> import numpy as np
>>> X = np.random.randint(5, size=(6, 100))
>>> y = np.array([1, 2, 3, 4, 5, 6])
>>> from sklearn.naive_bayes import MultinomialNB
>>> clf = MultinomialNB()
>>> clf.fit(X, y)
MultinomialNB(alpha=1.0, class_prior=None, fit_prior=True)
>>> print(clf.predict(X[2:3]))
[3]
```

# 9.3

# clustering（クラスタリング）

「クラスタリング」に関するアルゴリズムを集めたパッケージです。

##  KMeans（k-平均法）

### 概要

クラスタの数（k個）を決め、ランダムに選んだデータをクラスタ中心とし、残りのデータを最も近いクラスタ中心のクラスタに割り当てることでクラスタを形成する手法。

| 書式 | class sklearn.cluster.KMeans (<br>　　n_clusters=8,<br>　　init='k-means++',<br>　　n_init=10,<br>　　max_iter=300,<br>　　tol=0.0001,<br>　　precompute_distances='auto',<br>　　verbose=0,<br>　　random_state=None,<br>　　copy_x=True,<br>　　n_jobs=None,<br>　　algorithm='auto'<br>) | |
|---|---|---|
| 引数 | n_clusters：integer<br>(default=8) | クラスタ数 |
| | init：{'k-means++',<br>'random', 'orndarray'}<br>(default=k-means++) | 初期化の方法 |
| | n_init：integer<br>(default=10) | 初期値選択において、異なる乱数のシード値で初期の重心を選ぶ処理の実行回数 |
| | max_iter：integer<br>(default=300) | 繰り返し回数の最大値 |
| | tol：float<br>(default=0.0001) | 収束判定に用いる許容可能誤差 |

| | | | |
|---|---|---|---|
| | precompute_ distances：string | 距離（データのばらつき）を事前に計算 'auto', True, False | |
| | varbose：init (default=0) | 詳細出力レベル | |
| | random_state： integer, Random Stateinstance or None (default=None) | 重心を初期化する際の乱数シード値 | |
| | copy_x：boolean | 距離を事前に計算する時にメモリ内にデータのコピーを作成してから実行するかどうか | |
| | n_jobs：integer orNone (default=None) | 計算に使用するCPUの数 | |
| | algorithm：string (default=auto) | 用いるk-平均法アルゴリズム 'auto', 'full' or 'elkan' | |
| 属性 | cluster_centers_： array, [n_clusters, n_features] | クラスタ中心の座標 | |
| | labels_： | 各点のラベル | |
| | inertia_：float | 最も近いクラスタ中心までのサンプルの距離の二乗の和 | |
| | n_iter_：integer | イテレーション実行回数 | |

```
>>> from sklearn.cluster import KMeans
>>> import numpy as np
>>> X = np.array([[1, 2], [1, 4], [1, 0],
...               [4, 2], [4, 4], [4, 0]])
>>> kmeans = KMeans(n_clusters=2, random_state=0).fit(X)
>>> kmeans.labels_
array([0, 0, 0, 1, 1, 1], dtype=int32)
>>> kmeans.predict([[0, 0], [4, 4]])
array([0, 1], dtype=int32)
>>> kmeans.cluster_centers_
array([[1., 2.],
       [4., 2.]])
```

#  Spectral Clustering（スペクトラルクラスタリング）

### 概要

グラフの類似性に着目したクラスタリング手法。

| 書式 | class sklearn.cluster.SpectralClustering（<br>　n_clusters=8,<br>　eigen_solver=None,<br>　random_state=None,<br>　n_init=10,<br>　gamma=1.0,<br>　affinity='rbf',<br>　n_neighbors=10,<br>　eigen_tol=0.0,<br>　assign_labels='kmeans',<br>　degree=3,<br>　coef0=1,<br>　kernel_params=None,<br>　n_jobs=None<br>） | |
|---|---|---|
| 引数 | n_clusters：integer | 投影された線形空間の次元数 |
| | eigen_solver：string or None | 使用するソルバー<br>'arpack'、'lobpcg'、'amg' |
| | random_state：integer, RandomState インスタンス or None（default=None） | 乱数生成器 |
| | n_init：integer（default=1.0） | k-平均法が異なる重心シード値で実行される回数 |
| | gamma：float（default=1.0） | rbf、poly、sigmoid、laplacian、chi2 カーネルのためのカーネル係数 |
| | affinity：string, array-like or callable（default='rbf'） | 類似性スコア |
| | n_neighbors：integer | 最近傍法で類似性を構築するときに使用する近傍数 |
| | eigen_tol：float（default=0.0） | arpack eigen_solver を使用したときのラプラシアン行列の固有分解の停止基準 |

| | | |
|---|---|---|
| | assign_labels：string (default='kmeans') | 埋め込み（embedding）空間にラベルを割り当てる方法<br>'kmeans', 'discretize' |
| | degree：float (default=3) | 多項式カーネルの次元数 |
| | coef0：float (default=1) | 多項式とシグモイドのカーネルのゼロ係数 |
| | kernel_paramsstring, array-like orcallable | 呼び出し可能オブジェクトとして渡されるカーネルのパラメータ値 |
| | n_jobs：integer or None | 実行する並列ジョブの数 |
| 属性 | affinity_matrix_ : array-like, shape (n_samples, n_samples) | クラスタリングに使用される類似性 |
| | labels_ : | 各点のラベル |

```
>>> from sklearn.cluster import SpectralClustering
>>> import numpy as np
>>> X = np.array([[1, 1], [2, 1], [1, 0],
...               [4, 7], [3, 5], [3, 6]])
>>> clustering = SpectralClustering(n_clusters=2,
...          assign_labels="discretize",
...          random_state=0).fit(X)
>>> clustering.labels_
array([1, 1, 1, 0, 0, 0])
>>> clustering
SpectralClustering(affinity='rbf', assign_labels='discretize', coef0=1,
          degree=3, eigen_solver=None, eigen_tol=0.0, gamma=1.0,
          kernel_params=None, n_clusters=2, n_init=10, n_
jobs=None,
          n_neighbors=10, random_state=0)
```

# GMM sklearn.mixture.GaussianMixture（混合ガウスモデル）

### 概要

ガウス分布の線形重ね合わせモデルを用いる手法。

| 書式 | class sklearn.mixture.GaussianMixture (<br>　　n_components=1,<br>　　covariance_type='full',<br>　　tol=0.001,<br>　　reg_covar=1e-06,<br>　　max_iter=100,<br>　　n_init=1,<br>　　init_params='kmeans',<br>　　weights_init=None,<br>　　means_init=None,<br>　　precisions_init=None,<br>　　random_state=None,<br>　　warm_start=False,<br>　　verbose=0,<br>　　verbose_interval=10<br>) | |
|---|---|---|
| 引数 | n_components：<br>integer<br>(default=1) | 混合成分の数 |
| | covariance_type：<br>string | 共分散パラメータタイプ<br>'full', 'tied', 'diag', 'spherical' |
| | tol：float | 収束の閾値 |
| | reg_covar：float<br>(default=1e-6) | 共分散行列がすべて正であることを保証 |
| | n_init：integer<br>(default=1) | 実行する初期化の回数 |
| | init_params：string<br>(default=kmeans) | 重み、平均、および精度の初期化方法<br>'kmeans', 'random' |
| | weights_init：<br>arraylike, shape<br>(n_components)<br>(default=None) | ユーザー提供の初期の重み |

| | | | |
|---|---|---|---|
| | means_init：arraylike, shape (n_ components, n_ features) (default=None) | | ユーザー提供の初期のmeans_ |
| | precisions_init： array-like | | ユーザー提供の初期精度（共分散行列の逆数） |
| | random_state： integer,Random Stateinstance or None (default=None) | | 乱数生成に使用されるシード値 or インスタンス |
| | warm_start：boolean (default=false) | | 前回の学習の解を次のfit()の際に使用するかどうか |
| | verbose：integer (default=0) | | 詳細出力レベル |
| | verbose_ integererval：integer (default=10) | | 次の出力の前に実行されたイテレーション回数 |
| 属性 | weights_：array-like, shape (n_ components) | | 各混合成分の重み |
| | means_：array-like, shape (n_ components, n_ features) | | 各混合成分の平均値 |
| | covariances_： array-like | | 各混合成分の共分散 |
| | precisions_：arraylike | | 混合物中の各成分の精度行列 |
| | precisions_ cholesky_：array-like | | 各混合成分の精度行列のコレスキー分解 |
| | converged_：boolean | | fit()で収束に達したかどうか |
| | n_iter_：integer | | 収束までにEMの最適近似によって使用されるステップ数 |
| | lower_bound_：float | | EMの最適値の（モデルに対する訓練データの）対数尤度の下限値 |

# MiniBatch Means（ミニバッチk-平均法）

**概要**

ミニバッチK-平均法によるクラスタリング手法。

| 書式 | class sklearn.cluster.MiniBatchKMeans(<br>    n_clusters=8,<br>    init='k-means++',<br>    max_iter=100,<br>    batch_size=100,<br>    verbose=0,<br>    compute_labels=True,<br>    random_state=None,<br>    tol=0.0,<br>    max_no_improvement=10,<br>    init_size=None,<br>    n_init=3,<br>    reassignment_ratio=0.01<br>) | |
|---|---|---|
| 引数 | n_clusters：integer<br>(default=8) | クラスタ数の選択 |
| | init：string<br>(default='k-means++') | 初期化の方法<br>'k-means++' orndarray |
| | max_iter：integer | 繰り返し回数の最大値 |
| | batch_size：integer,<br>optiona<br>(default=100) | ミニバッチのサイズ |
| | verbose：boolean | 詳細出力レベル |
| | compute_labels：<br>boolean<br>(default=True) | データセットのラベル割り当て |
| | random_state：<br>integer, Random<br>State instance or<br>None (default=None) | 重心を初期化する際の乱数シード値 |
| | tol：float<br>(default=0.0) | 平均中心二乗位置の平滑化、分散正規化によって測定される相対的な中心変化に基づいて早期停止を制御 |

| | | |
|---|---|---|
| | max_no_<br>improvement：integer | 平滑化された慣性を改善しない連続バッチ数に基づいて早期停止を制御 |
| | init_size：integer<br>(default=3 * batch_<br>size) | 初期化を高速化するために無作為にサンプリングするサンプルの数 |
| | n_init：integer<br>(default=3) | 試行されるランダム初期化の数 |
| | reassignment_ratio：<br>float<br>(default=0.01) | 中心を再割り当てするための最大カウント数の割合を制御 |
| 属性 | cluster_centers_：<br>array, [n_clusters,<br>n_features] | クラスターの中心の座標 |
| | labels_： | 各点のラベル（compute_labels が True の時） |
| | inertia_：float | 最も近いクラスタの中心までのサンプルの距離の二乗の和 |

#  MeanShift（ミーンシフト法）

### ● 概要

平均的に分布する対象データの中でもっとも密度の高い点が円形の領域を発見することによりクラスタを形成する手法。

| | | |
|---|---|---|
| 書式 | class sklearn.cluster.MeanShift（<br>　　bandwidth=None,<br>　　seeds=None,<br>　　bin_seeding=False,<br>　　min_bin_freq=1,<br>　　cluster_all=True,<br>　　n_jobs=None<br>） | |
| 引数 | bandwidth：float | RBF カーネルで使用される帯域幅 |
| | seeds：array, shape<br>= [n_samples,n_<br>features] | カーネルを初期化するために使用されるシード値 |

| | bin_seeding：boolean (default=false) | ビニングのあらさ |
| 属性 | min_bin_freq：integer (default=1) | 最小ビニングシード値 |
| | cluster_all：boolean (default True) | すべてのポイントがクラスタ化するかどうか |
| | n_jobs：integer or None (default=None) | 計算に使用するジョブの数 |
| | cluster_centers_： array, [n_clusters, n_features] | クラスターの中心の座標 |
| | labels_： | 各点のラベル |

```
>>> from sklearn.cluster import MeanShift
>>> import numpy as np
>>> X = np.array([[1, 1], [2, 1], [1, 0],
...               [4, 7], [3, 5], [3, 6]])
>>> clustering = MeanShift(bandwidth=2).fit(X)
>>> clustering.labels_
array([1, 1, 1, 0, 0, 0])
>>> clustering.predict([[0, 0], [5, 5]])
array([1, 0])
>>> clustering
MeanShift(bandwidth=2, bin_seeding=False, cluster_all=True, min_
bin_freq=1,
     n_jobs=None, seeds=None)
```

## 🐍 VBGMM（ベイズ版混合ガウスモデル）

**・概要**

混合ガウスモデルのベイズバージョン。

| 書式 | class sklearn.mixture.BayesianGaussianMixture ( n_components=1, covariance_type='full', |
| --- | --- |

9
scikit-learn API

| | | | |
|---|---|---|---|
| | tol=0.001,<br>reg_covar=1e-06,<br>max_iter=100,<br>n_init=1,<br>init_params='kmeans',<br>weight_concentration_prior_type='dirichlet_process',<br>weight_concentration_prior=None,<br>mean_precision_prior=None,<br>mean_prior=None,<br>degrees_of_freedom_prior=None,<br>covariance_prior=None,<br>random_state=None,<br>warm_start=False,<br>verbose=0,<br>verbose_interval=10<br>) | | |
| 引数 | n_components：<br>integer<br>(default=1) | 混合成分の数 | |
| | covariance_type：<br>string | 共分散パラメータタイプ<br>'full', 'tied', 'diag', 'spherical' | |
| | tol：float<br>(default=1e-3) | 収束の閾値 | |
| | reg_covar：float<br>(default=1e-6) | 共分散行列がすべて正であることを保証 | |
| | max_iter：integer | EMの繰り返しの数 | |
| | n_init：integer<br>(default=1) | 実行する初期化の回数 | |
| | init_params：string<br>(default=kmeans) | 重み、平均、および精度の初期化に使用される方法<br>'kmeans', 'random' | |
| | weight_<br>concentration_prior_<br>type：string<br>(default='dirichlet_<br>distringibution') | 重み集中度の優先タイプ<br>'dirichlet_process', 'dirichlet_distringibution' | |
| | weight_<br>concentration_prior：<br>float or None | 重み分布（weight distringibution）（Dirichlet）に対する各成分の濃度 | |

| | | |
|---|---|---|
| | mean_precision_ prior：float or None | 平均分布（ガウス）の精度 |
| | mean_prior： arraylike, shape (n_features) | 平均分布（ガウス） |
| | degrees_of_freedom_ prior：float or None | 共分散の自由度の優先度（Wishart） |
| | covariance_prior： float or array-like | 共分散の優先度（Wishart） |
| | random_state： integer, Random Stateinstance or None (default=None) | 乱数生成に使用するシード値 or インスタンス |
| | warm_start：boolean (default=false) | 前回の学習を fit() の次の呼び出しで再利用するかどうか |
| | verbose：integer | 詳細出力レベル |
| | verbose_ integererval：integer (default=1.0) | 次の出力の前に実行された繰り返し回数 |
| 属性 | weights_：array-like, shape (n_ components) | 各混合成分の重み |
| | means_：array-like, shape (n_ components, n_ features) | 各混合成分の平均値 |
| | covariances_： array-like | 各混合成分の共分散 |
| | precisions_：arraylike | 混合物中の各成分の精度行列 |
| | precisions_ cholesky_：array-like | 各混合成分の精度行列のコレスキー分解 |
| | converged_：boolean | fit() で収束した場合は true、それ以外は false |
| | n_iter_：integer | 収束するまでに EM の最適近似によって使用される ステップ数 |
| | lower_bound_：float | EM の最適値の（モデルに対する訓練データの）対数 尤度の下限 |

# 9.4

# dimensionality reduction （次元削減）

「次元削減」に関するアルゴリズムを集めたパッケージです。

##  PCA（主成分分析）

- **概要**

主成分分析（PCA）。データの特異値分解を用いた線形次元削減により、データをより低い次元の空間に投影。

| 書式 | class sklearn.decomposition.PCA（<br>　　n_components=None,<br>　　copy=True,<br>　　whiten=False,<br>　　svd_solver='auto',<br>　　tol=0.0,<br>　　iterated_power='auto',<br>　　random_state=None<br>　） | |
|---|---|---|
| 引数 | n_components：<br>integer, float, None<br>or string | 抽出するコンポーネントの数 |
| | copy：boolean<br>(default=True) | データを上書きするかどうか |
| | whiten：boolean<br>(default=False) | ノイズを取り除くかどうか |
| | svd_solver：string | ソルバーの種類<br>'auto', 'full', 'arpack', 'randomized' |
| | tol：float >= 0<br>(default .0) | svd ソルバー 'arpack' で計算された特異値の許容値 |
| | iterated_power：<br>integer > = 0 or<br>'auto'<br>(default='auto') | svd ソルバー 'randomized' によって計算された電力<br>メソッドの反復回数 |

| | | |
|---|---|---|
| | random_state：integer, Random Stateinstance or None (default=None) | 乱数生成器によって使用されるシード値 or インスタンス |
| 属性 | components_：array, shape (n_components, n_features) | 特徴空間の主軸 |
| | explained_variance_：array, shape (n_components) | 選択した各コンポーネントによって説明される分散の量 |
| | explained_variance_ratio_：array, shape(n_components) | 選択した各コンポーネントによって説明される分散の割合 |
| | singular_values_：array, shape (n_components,) | 選択されたコンポーネントのそれぞれに対応する特異値 |
| | mean_：array, shape (n_features) | フィーチャごとの経験的平均 |
| | n_components_：integer | コンポーネントの推定数 |
| | noise_variance_：float | 推定ノイズ共分散 |

```
>>> import numpy as np
>>> from sklearn.decomposition import PCA
>>> X = np.array([[-1, -1], [-2, -1], [-3, -2], [1, 1], [2, 1], [3, 2]])
>>> pca = PCA(n_components=2)
>>> pca.fit(X)
PCA(copy=True, iterated_power='auto', n_components=2, random_state=None,
  svd_solver='auto', tol=0.0, whiten=False)
>>> print(pca.explained_variance_ratio_)
[0.9924... 0.0075...]
>>> print(pca.singular_values_)
```

```
[6.30061... 0.54980...]

>>>
>>> pca = PCA(n_components=2, svd_solver='full')
>>> pca.fit(X)
PCA(copy=True, iterated_power='auto', n_components=2, random_
state=None,
  svd_solver='full', tol=0.0, whiten=False)
>>> print(pca.explained_variance_ratio_)
[0.9924... 0.00755...]
>>> print(pca.singular_values_)
[6.30061... 0.54980...]

>>> pca = PCA(n_components=1, svd_solver='arpack')
>>> pca.fit(X)
PCA(copy=True, iterated_power='auto', n_components=1, random_
state=None,
  svd_solver='arpack', tol=0.0, whiten=False)
>>> print(pca.explained_variance_ratio_)
[0.99244...]
>>> print(pca.singular_values_)
[6.30061...]
```

## Isomap（Isomap 埋め込み）

• **概要**

Isomap 埋め込みによる非線形データの次元削減手法。

| 書式 | class sklearn.manifold.Isomap (<br>　　n_neighbors=5,<br>　　n_components=2,<br>　　eigen_solver='auto',<br>　　tol=0,<br>　　max_iter=None,<br>　　path_method='auto',<br>　　neighbors_algorithm='auto',<br>　　n_jobs=None<br>　) |
|---|---|

| 引数 | n_neighbors：integer | 各点で考慮する近傍の数 |
|---|---|---|
| | n_components：integer | 多様体の座標の数 |
| | eigen_solver： | ソルバーの種類<br>'auto', 'arpack', 'dense' |
| | tol：float | 収束耐性 |
| | max_iter：integerarpack | ソルバーの最大反復回数 |
| | path_method：string | 最短経路を見つけるために使用する方法<br>'auto', 'FW', 'D' |
| | neighbors_algorithm：string | 最近傍の探索に使用するアルゴリズム<br>'auto', 'brute', 'kd_tree', 'ball_tree' |
| | n_jobs：integer or None<br>(default=None) | 並列に実行 |
| 属性 | embedding_：array-like, shape<br>(n_samples, n_components) | 埋め込みベクタを格納 |
| | kernel_pca_：object | 埋め込みを実装するために使用されるKernelPCAオブジェクト |
| | training_data_：arraylike, shape<br>(n_samples, n_features) | 訓練データ |
| | nbrs_：sklearn.neighbors. Nearest Neighborsinstance | KDtree やBallTree を含む最近傍のインスタンス |
| | dist_matrix_：arraylike,shape<br>(n_samples, n_samples) | 訓練データの測地距離行列 |

```
>>> from sklearn.datasets import load_digits
>>> from sklearn.manifold import Isomap
```

```
>>> X, _ = load_digits(return_X_y=True)
>>> X.shape
(1797, 64)
>>> embedding = Isomap(n_components=2)
>>> X_transformed = embedding.fit_transform(X[:100])
>>> X_transformed.shape
(100, 2)
```

#  Spectral Embedding（スペクトル埋め込み）

• **概要**

スペクトル埋め込みによる非線形データの次元削減手法。

| 書式 | sklearn.manifold.spectral_embedding（<br>　　　adjacency,<br>　　　n_components=8,<br>　　　eigen_solver=None,<br>　　　random_state=None,<br>　　　eigen_tol=0.0,<br>　　　norm_laplacian=True,<br>　　　drop_first=True<br>） | |
|---|---|---|
| 引数 | adjacency：array-likeor sparse matrix, shape: (n_samples, n_samples) | 埋め込まれるグラフの隣接行列 |
| | n_components：integer (default=8) | 多様体の座標の数 |
| | eigen_solver：string (default=None) | 固有値分解に使用する戦略<br>'arpack', 'lobpcg', 'amg' or None |
| | random_state：integer, Random Stateinstance or None (default=None) | lobpcg固有ベクタ分解の初期化に使用される生成器 |
| | eigen_tol：float (default=0.0) | ラプラシアン行列の固有値分解にarpack ソルバーを使用するときの停止基準 |

| | norm_laplacian： boolean (default=True) | 正規化ラプラシアンかどうか |
|---|---|---|
| | drop_first：boolean (default=True) | 一番目の固有ベクタを削除するかどうか |
| 属性 | embedding：array, shape=(n_samples,n_ components) | 削減されたサンプル |

 ## Kernel Principal Component Analysis （カーネル主成分分析）

• **概要**

カーネル主成分分析（KPCA）。

| 書式 | class sklearn.decomposition.KernelPCA ( n_components=None, kernel='linear', gamma=None, degree=3, coef0=1, kernel_params=None, alpha=1.0, fit_inverse_transform=False, eigen_solver='auto', tol=0, max_iter=None, remove_zero_eig=False, random_state=None, copy_X=True, n_jobs=None ) | |
|---|---|---|
| 引数 | n_components： integer, float, None or string | コンポーネントの数 |
| | kernel：'linear' orstring | 用いるカーネルの種類 'poly', 'rbf', 'sigmoid', 'cosine', 'precomputed' |

| | | |
|---|---|---|
| | gamma：float<br>(default=1/n_<br>features) | rbf、poly、sigmoid カーネルのカーネル係数 |
| | degree：integer<br>(default=3) | poly カーネルの次元 |
| | coef0：float<br>(default=1) | poly, sigmodi カーネルの切片の値 |
| | kernel_params：<br>mapping of string<br>toany<br>(default=None) | 呼び出し可能オブジェクトとして渡されるカーネル<br>のパラメータと値 |
| | alpha：integer<br>(default=1.0) | 逆変換を学習するリッジ回帰のハイパーパラメー<br>ター（fit_inverse_transform = True の場合） |
| | fit_inverse_<br>transform：boolean<br>(default=false) | 事前計算されていないカーネルの逆変換を学習する<br>かどうか |
| | eigen_solver：string<br>(default='auto') | 使用する eigen ソルバー 'auto', 'dense', 'arpack' |
| | tol：float<br>(default=0) | arpack の収束許容誤差 |
| | max_iter：integer<br>(default=None) | arpack の最大反復回数 |
| | remove_zero_eig：<br>boolean<br>(default=False) | 固有値がゼロのすべてのコンポーネントを削除する<br>か |
| | random_state：<br>integer, Random<br>Stateinstance or<br>None (default=None) | 乱数生成に使用されるシード値 or インスタンス |
| | copy_X：boolean<br>(default=True) | 入力値 X をコピーするかどうか |
| | n_jobs：integer or<br>None<br>(default=None) | 実行する並列ジョブの数 |

| 属性 | lambdas_：array, (n_components) | 中心カーネル行列の固有値を降順に並べたもの |
|---|---|---|
| | alphas_：array, (n_samples, n_ components) | 中心行列の固有ベクタ |
| | dual_coef_：array, (n_ samples, n_features) | 逆変換行列 |
| | X_transformed_fit_：array, (n_samples,n_ components) | カーネル主成分に対する近似データの射影 |
| | X_fit_：(n_samples,n_ features) | モデルに学習させるために使用されたデータ |

```
>>> from sklearn.datasets import load_digits
>>> from sklearn.decomposition import KernelPCA
>>> X, _ = load_digits(return_X_y=True)
>>> transformer = KernelPCA(n_components=7, kernel='linear')
>>> X_transformed = transformer.fit_transform(X)
>>> X_transformed.shape
(1797, 7)
```

 ## LLE（局所線形埋め込み）

### 概要

局所線形埋め込みによる非線形データの次元削減手法。

| 書式 | class sklearn.manifold.LocallyLinearEmbedding（<br>　　n_neighbors=5,<br>　　n_components=2,<br>　　reg=0.001,<br>　　eigen_solver='auto',<br>　　tol=1e-06,<br>　　max_iter=100,<br>　　method='standard',<br>　　hessian_tol=0.0001, |
|---|---|

9

scikit-learn API

| | | |
|---|---|---|
| | modified_tol=1e-12,<br>neighbors_algorithm='auto',<br>random_state=None,<br>n_jobs=None<br>) | |
| 引数 | n_neighbors：integer | 各点が考慮する近傍点の数 |
| | n_components：<br>integer | 多様体の座標の数 |
| | reg：float | 正則化定数 |
| | eigen_solver：string | 使用するソルバーの種類<br>'auto', 'arpack', 'dense' |
| | tol：float, 'arpack' | メソッドの許容誤差 |
| | max_iter：integer | arpack ソルバーの最大反復回数 |
| | method：string | アルゴリズムの種類<br>'standard', 'hessian', 'modified', 'ltsa'<br>'standard'：標準の局所線形埋め込みアルゴリズム<br>'hessian'：ヘッセ固有マップ法<br>'modified'：修正版局所線形埋め込みアルゴリズム<br>'ltsa'：局所接空間アライメントアルゴリズムを使用 |
| | hessian_tol：float | ヘッセ固有マップ法の許容誤差 |
| | modified_tol：float | modified LLE 法の許容誤差 |
| | neighbors_algorithm：<br>string | neighbors.NearestNeighbors インスタンスに渡される、最近傍検索に使用するアルゴリズム<br>'auto', 'brute', 'kd_tree', 'ball_tree' |
| | random_state：<br>integer, Random<br>Stateinstance or<br>None<br>(default=None) | 乱数生成に使用するシード値 or インスタンス |
| | n_jobs：integer or<br>None<br>(default=None) | 実行する並列ジョブ数 |

| 属性 | embedding：<br>array,shape = (n_<br>samples, n_<br>components) | 分散行列 |
|---|---|---|
| | reconstringuction_<br>error_ ：float | embedding_ に関連する reconstringuction エラー |
| | nbrs_ ：Nearest<br>Neighborsobject | BallTree or KDtree を含む、最近傍のインスタンス |

```
>>> from sklearn.datasets import load_digits
>>> from sklearn.manifold import LocallyLinearEmbedding
>>> X, _ = load_digits(return_X_y=True)
>>> X.shape
(1797, 64)
>>> embedding = LocallyLinearEmbedding(n_components=2)
>>> X_transformed = embedding.fit_transform(X[:100])
>>> X_transformed.shape
(100, 2)
```

# 参考文献

●**オンラインコンテンツ**

[1] 総務省ICTスキル総合習得教材　コース3データ分析
http://www.soumu.go.jp/ict_skill/

[2] coursera machine learning
https://ja.coursera.org/learn/machine-learning

●**書籍**

[3] 『パターン認識と機械学習 上下』（丸善出版）

[4] 『カーネル多変量解析—非線形データ解析の新しい展開』（岩波書店）

[5] 『[第2版] Python 機械学習プログラミング 達人データサイエンティストによる理論と実践』（インプレス）

[6] 『Python機械学習ライブラリ scikit-learn活用レシピ80+』（インプレス）

[7] 『scikit-learnとTensorFlowによる実践機械学習』（オライリージャパン）

[8] 『Python機械学習クックブック』（オライリージャパン）

[9] 『Pythonではじめる機械学習 —scikit-learnで学ぶ特徴量エンジニアリングと機械学習の基礎』（オライリージャパン）

[10] 『Pythonデータサイエンスハンドブック —Jupyter、NumPy、pandas、Matplotlib、scikit-learnを使ったデータ分析、機械学習』（オライリージャパン）

[11] 『仕事ではじめる機械学習』（オライリージャパン）

[12] 『見て試してわかる機械学習アルゴリズムの仕組み 機械学習図鑑』（翔泳社）

[13] 『現場で使える! Python機械学習入門 機械学習アルゴリズムの理論と実践』（翔泳社）

# 索引

# memo

■著者プロフィール

## 毛利　拓也 （3,4,5,6 章を執筆）
もうり　たくや

大学院時代は量子コンピュータの量子ビットの理論モデルを研究し、卒業後は会計系コンサルティングファームでシステム導入プロジェクトをリード。
著書に『PyTorch ニューラルネットワーク実装ハンドブック』（秀和システム）がある。

## 北川　廣野 （8 章を執筆）
きたがわ　こうや

東京理科大学で量子ドット・量子細線の研究に従事、理学修士。現在、会社に勤務しつつ、博士過程で CS の研究に従事している。

## 澤田　千代子 （1,2,9 章を執筆）
さわだ　ちよこ

プログラミングスクール FC ∞ KIDs 主催。慶応義塾大学 SFC 研究所所員、湘南工科大学講師（非常勤）。
SE・AI エンジニアを経てフリーに転身、現在は主にプログラミングやデータサイエンスの講師をつとめている。

## 谷　一徳 （7 章を執筆）
たに　かずのり

サイバーブレイン株式会社代表取締役社長
AI や量子コンピュータを始めとする最先端技術がオンラインで学べる AI Academy を運営。これまでに 3,000 名を超える方々を中心に機械学習やプログラミングを教える。

■協力

林瑛晟（慶應義塾大学 萩野服部研究室）

眞嶋啓介（慶應義塾大学 萩野服部研究室）

■監修

萩野達也（慶應義塾大学環境情報学部 教授）

服部隆志（慶應義塾大学環境情報学部 教授）

# scikit-learnデータ分析実装ハンドブック

| 発行日 | 2019年11月15日 | 第1版第1刷 |
| --- | --- | --- |

| 著　者 | 毛利拓也／北川廣野／澤田千代子／谷一徳 |
| --- | --- |

| 発行者 | 斉藤　和邦 |
| --- | --- |
| 発行所 | 株式会社　秀和システム |
| | 〒104-0045 |
| | 東京都中央区築地2丁目1−17　陽光築地ビル4階 |
| | Tel 03-6264-3105（販売）Fax 03-6264-3094 |
| 印刷所 | 三松堂印刷株式会社　Printed in Japan |

ISBN 978-4-7980-5542-8 C3055